Aprendendo a terapia baseada em processos

A Artmed é a editora oficial da FBTC

H713a Hofmann, Stefan G.
　　　　Aprendendo a terapia baseada em processos : treinamento de habilidades para a mudança psicológica na prática clínica / Stefan G. Hofmann, Steven C. Hayes, David N. Lorscheid ; tradução: Sandra Maria Mallmann da Rosa ; revisão técnica: Wilson Vieira Melo. – Porto Alegre : Artmed, 2023.
　　　　221 p. : il. ; 25 cm.

　　　　ISBN 978-65-5882-105-2

　　　　1. Terapia cognitivo-comportamental – Psicoterapia. 2. Psicologia. I. Hayes, Steven C. II. Lorscheid, David. N. III. Título.

CDU 159.9:616.89

Catalogação na publicação: Karin Lorien Menoncin – CRB 10/2147

Stefan G. **Hofmann**
Steven C. **Hayes**
David N. **Lorscheid**

Aprendendo a terapia baseada em processos

treinamento de habilidades para a mudança psicológica na prática clínica

Tradução
Sandra Maria Mallmann da Rosa

Revisão técnica
Wilson Vieira Melo
Psicólogo. Mestre em Psicologia Clínica pela Pontifícia Universidade Católica do
Rio Grande do Sul (PUCRS). Doutor em Psicologia pela Universidade Federal do Rio Grande do Sul
(UFRGS)/University of Virginia, Estados Unidos. Presidente da Federação Brasileira de
Terapias Cognitivas (FBTC; gestões 2019-2021/2021-2023).

Porto Alegre
2023

Obra originalmente publicada sob o título
Learning process-based therapy: a skills training manual for targeting the core processes of psychological change in clinical practice
ISBN 9781684037551

Copyright © 2021 by Stefan G. Hofmann, Steven C. Hayes and David N. Lorscheid
Context Press An imprint of New Harbinger Publications, Inc. 5674 Shattuck Avenue Oaklank, CA 94609
www.newharbinger.com

Gerente editorial
Letícia Bispo de Lima

Colaboraram nesta edição:

Coordenadora editorial
Cláudia Bittencourt

Capa
Paola Manica | Brand&Book

Preparação de original
Fernanda Luzia Anflor Ferreira

Leitura final
Marcela Bezerra Meirelles

Editoração
Ledur Serviços Editoriais Ltda.

Reservados todos os direitos de publicação, em língua portuguesa, ao
GRUPO A EDUCAÇÃO S.A.
(Artmed é um selo editorial do GRUPO A EDUCAÇÃO S.A.)
Rua Ernesto Alves, 150 – Bairro Floresta
90220-190 – Porto Alegre – RS
Fone: (51) 3027-7000

SAC 0800 703 3444 – www.grupoa.com.br

É proibida a duplicação ou reprodução deste volume, no todo ou em parte, sob quaisquer formas ou por quaisquer meios (eletrônico, mecânico, gravação, fotocópia, distribuição na Web e outros), sem permissão expressa da Editora.

IMPRESSO NO BRASIL
PRINTED IN BRAZIL

Autores

Stefan G. Hofmann, PhD, é Alexander von Humboldt Professor do departamento de psicologia clínica da Philipps-University Marburg, Marburg/Lahn, Alemanha; e professor de psicologia do departamento de ciências psicológicas e do cérebro da Boston University. Foi presidente de inúmeras organizações profissionais, e atualmente é editor-chefe da *Cognitive Therapy and Research*. Publicou mais de 500 artigos científicos e 25 livros. É um pesquisador altamente citado, tendo recebido muitas premiações, incluindo o Humboldt Research Award. Sua pesquisa foca no mecanismo de mudança no tratamento, traduzindo descobertas da neurociência em aplicações clínicas, regulação emocional e expressões culturais da psicopatologia. Ele é codesenvolvedor, com Steven C. Hayes, da terapia baseada em processos (PBT).

Steven C. Hayes, PhD, é Foundation Professor do departamento de psicologia da University of Nevada, Reno. Foi presidente de inúmeras organizações profissionais, é autor de 47 livros e de mais de 650 artigos científicos e está entre os psicólogos vivos mais citados. Demonstrou em sua pesquisa como a linguagem e o pensamento levam ao sofrimento humano e é criador e codesenvolvedor com Stefan G. Hofmann, da terapia de aceitação e compromisso (ACT), um método terapêutico poderoso e útil em uma grande variedade de áreas; da teoria dos quadros relacionais (RFT), um programa empírico em linguagem e cognição; e da PBT.

David N. Lorscheid é *coach* em psicologia e escritor de ciências. Depois de concluir seu BSc em psicologia na Radboud University em Nijmegen, Países Baixos, especializou-se em ajudar pessoas com baixa autoestima e ansiedade social. Sua empresa, Feel Confidence, usa técnicas de terapia baseada em evidências de forma agradável e descontraída para ajudar as pessoas a vencerem seus medos e se tornarem mais confiantes. Até este momento, seus *workshops* e seminários já tiveram a participação de milhares de pessoas de mais de 20 países, e seus artigos já somam mais de um milhão de leitores.

Prólogo

Há décadas, tem sido dito aos profissionais de saúde mental e comportamental em seus programas de treinamento de pós-graduação que seu trabalho precisa ser "baseado em evidências". Eles aprendem a ler a literatura científica, são cuidadosamente orientados em "diagnósticos", aprendem protocolos baseados em evidências e adquirem habilidades estatísticas.

Mas alguma coisa está errada. Seus resultados não estão melhorando. A prevalência de problemas em saúde mental e comportamental não está diminuindo. O tratamento baseado em evidências está muito longe de ser comum. Muitos profissionais acham o modelo de atendimento baseado em evidências complicado, e o campo propriamente dito está progredindo muito lentamente.

Em nossa opinião, estamos testemunhando o fim de uma era — e o começo de uma nova. O tratamento baseado em evidências foi definido como a aplicação de protocolos testados empiricamente que focam em síndromes psiquiátricas. A biomedicalização do sofrimento humano na qual este modelo se embasa não corresponde ao que seus promotores esperavam. Protocolos proliferaram e pouco se adaptaram às necessidades dos indivíduos.

É o momento para algo fundamentalmente diferente.

A terapia baseada em processos (PBT, do inglês *process-based therapy*)* é uma nova definição do que pretende a terapia baseada em evidências. Ela não é um novo método de tratamento — é uma nova maneira de pensar acerca dos métodos de tratamento. Entendemos que, ao adotar uma abordagem muito mais idiográfica e aprender uma nova forma de análise funcional baseada em processos de mudança, o campo poderá avançar. Essa nova abordagem relaciona processos baseados em evidências com núcleos de tratamento baseados em evidências, organizados em modelos mais parcimoniosos, porém mais abrangentes, que abordarão melhor o que os clientes realmente querem.

Neste livro, apresentamos um robusto conjunto de habilidades e ferramentas para a aprendizagem dessa nova abordagem que se baseia no melhor de nossas tradições clínicas e na essência sólida da ciência intervencionista.

É o momento para algo fundamentalmente diferente. Se você está pronto para começar, nós também estamos.

Stefan G. Hofmann
Steven C. Hayes
David N. Lorscheid

---

* N. de R. T. Optou-se por utilizar a sigla em inglês para facilitar tanto o entendimento deste livro como sua relação com outras publicações no idioma original.

Sumário

	Prólogo *Stefan G. Hofmann, Steven C. Hayes e David N. Lorscheid*	vii
1	Repensando a ciência e a prática clínica	1
2	Abordagem de rede	15
3	O metamodelo evolucionário estendido	29
4	As dimensões cognitiva, afetiva e atencional	45
5	As dimensões do *self*, motivacional e comportamental	69
6	Os níveis biofisiológico e sociocultural	91
7	Sensibilidade ao contexto e retenção	113
8	Um olhar mais atento aos processos	131
9	Interferindo no sistema	149
10	Núcleos de tratamento	163
11	Curso do tratamento	181
12	Dos problemas à prosperidade: mantendo e expandindo os ganhos	199
13	Usando as ferramentas da PBT na prática	209
	Epílogo	217
	Referências	219

1

Repensando a ciência e a prática clínica

Bill, um homem de 30 anos, buscou tratamento após se sentir deprimido com o término recente de sua relação com a namorada. O rompimento levou-o a ruminar com mais frequência, o que agravou ainda mais seu estado de humor. Sara é uma jovem terapeuta empática que acabou de concluir seu estágio, no qual estudou um protocolo popular de terapia cognitivo-comportamental (TCC) para tratar depressão. Ela conduziu habilmente cada sessão de acordo com um manual de tratamento estruturado para depressão. Depois de realizar a avaliação inicial e fornecer psicoeducação, ela apresentou o modelo do humor de três componentes, descrevendo suas dimensões cognitiva, emocional e biopsicológica. Ela administrou formas de monitoramento para rastrear comportamentos, pensamentos e sentimentos de Bill e, então, prosseguiu focando em seus pensamentos disfuncionais e seus comportamentos mal-adaptativos. Sara focou sobretudo nas tendências ruminativas de Bill, conforme estava descrito no manual de terapia.

Depois de 12 sessões, Sara abordou a depressão de Bill usando o Inventário de Depressão de Beck (BDI, do inglês Beck Depression Inventory), que demonstrou declínio moderado, porém significativo, e ambos ficaram bastante satisfeitos com o resultado. Com base na melhora de Bill, ele ainda poderia ter sido considerado um "respondente" se tivesse feito parte de um ensaio clínico. Depois que Sara chegou à última sessão do protocolo, decidiu que estava na hora de parar o tratamento. Ela mandou Bill para casa com a instrução de continuar praticando as habilidades que havia aprendido durante o tratamento, incluindo seus exercícios de ativação comportamental e as habilidades para focar na ruminação e em outros erros cognitivos.

Quando Bill saiu do consultório de Sara, ele agradeceu. No caminho para casa, no entanto, teve uma sensação de intranquilidade. Ele sentia-se menos deprimido do que antes, mas se deu conta de que não estava nem perto de onde queria estar emocionalmente e na sua vida em geral. Ele ainda se sentia solitário e desconectado depois do rompimento. Deixou para lá, com o pensamento de que a terapia não pode fazer tudo, e talvez ele não fosse o tipo de pessoa que consegue ter relacionamentos de compromisso. A sensação de desconforto permaneceu, e ele se perguntou o que faria agora.

Sara sentiu-se satisfeita em relação ao seu caso. Ela seguiu um protocolo de tratamento bem validado para depressão e achou que fez um ótimo trabalho com ele. Com base em medidas tradicionais dos resultados, o caso foi claramente um sucesso, e foi assim que ela considerou. Sua atenção logo se voltou para outros casos e clientes, e Bill gradualmente virou uma lembrança.

Sara nunca soube que Bill estava se sentindo inquieto e vulnerável, mesmo quando ele foi embora em sua última sessão. Ela jamais saberia que em alguns meses a solidão de Bill se tornaria um foco abrangente e que ele cairia novamente em depressão, tendo inclusive pensamentos suicidas.

O que teria dado errado? Não podemos garantir que todas as questões de Bill poderiam ter sido tratadas com sucesso, mas podemos assegurar que várias delas, na verdade, absolutamente não foram abordadas. Sara não focou em alguns aspectos dos problemas de Bill — como solidão, relacionamentos e seu sentimento de isolamento e infelicidade. Bill frequentemente pensava sobre estas questões e se questionava de onde vinham e o que as mantinha. Sara tocou nessas questões apenas brevemente e achou que elas se resolveriam de maneira natural depois que tivesse focado na tendência de Bill a ruminar e em seu humor deprimido e suas ações. As habilidades de relacionamento não eram parte marcante do manual de tratamento estruturado que ela conhecia tão bem. Como havia tratado com sucesso a depressão com um conjunto de métodos baseados em evidências, ela acreditava que isso seria suficiente.

No entanto, não foi.

JOGO DOS PROTOCOLOS PARA SÍNDROMES

Bill tem uma doença chamada depressão? Como a depressão pode ser definida? Estas parecem ser perguntas óbvias e facilmente respondidas, mas não são. Enquanto escrevemos estas palavras, estamos em meio a uma pandemia mundial, causada pelo vírus SARS-CoV-2. Muitas pessoas morreram devido à doença causada pelo vírus, a covid-19. Outras que foram infectadas quase não tiveram sintomas da doença, algumas, absolutamente nenhum. Medir a temperatura corporal é uma forma rápida de identificar aqueles que podem ter o vírus, mas deixa de identificar muitos. Um teste muito mais acurado é procurar anticorpos ou fragmentos de RNA do próprio vírus. A presença desses marcadores biológicos define claramente a presença do vírus no organismo.

Não existe um teste como esse para depressão, ansiedade, esquizofrenia ou qualquer outro transtorno. Absolutamente nenhum. E não há vacina que imunize as pessoas contra um transtorno mental particular. No entanto, há décadas a psiquiatria tem se aferrado a um modelo médico de doença que pressupõe que os sintomas de um transtorno psicológico são expressões de uma doença subjacente. O *Manual diagnóstico e estatístico de transtornos mentais* (DSM) e a *Classificação internacional de doenças* (CID) são ferramentas para atingir esse fim. As versões anteriores do DSM e da CID estavam baseadas na teoria psicanalítica e presumiam que os transtornos mentais são o resultado de conflitos profundamente arraigados. As versões modernas apontam para disfunções em processos biológicos, psicológicos e desenvolvimentais como a causa primária. Acima de tudo, nos últimos 40 anos, a psiquiatria acadêmica tem a expectativa de identificar marcadores para os transtornos mentais, por exemplo, nos genes ou em circuitos cerebrais.

Essa busca permanece infrutífera e, à medida que o conhecimento científico aumentou, esse desfecho há tanto tempo esperado se perdeu ainda mais na distância. Por exemplo, análises genômicas completas de quase meio milhão de pessoas não conseguiram corroborar a relevância de algum dos genes frequentemente estudados para transtornos psiquiátricos comuns (p. ex., Border et al., 2019). Aparentemente, fatores genéticos podem interagir entre si e com a história e ou contexto de uma pessoa para produzir conflitos mentais de inúmeras formas diferentes.

A falta de sucesso não levou ao abandono do modelo de doença latente. Seguramente, a ideia mais popular tem sido que os transtornos mentais são causados por algum desequilíbrio dos neurotransmissores. Assim sendo, as empresas farmacêuticas desenvolveram, testaram e comercializaram substâncias para alterar o sistema neurotransmissor, especialmente a serotonina, a dopamina, o GABA e o glutamato. Essas substâncias foram testadas em ensaios randomizados controlados por placebo; alguns estudos relataram efeito modesto em alguns dos sintomas do transtorno considerado (mas muitos outros estudos não). Alguns pesquisadores psicológicos ousados e inovadores começaram a comparar a eficácia dessas substâncias com intervenções psicológicas, principalmente a TCC, mas também com algumas outras formas de tratamento baseado em evidências. Para manter os tratamentos psicológicos focados nos sintomas e conduzir de modo adequado esses ensaios, tiveram que ser desenvolvidos protocolos de tratamento.

Os resultados abalaram o campo. Frequentemente publicados em revistas psiquiátricas de alto nível, eles geraram muita controvérsia. A boa notícia é que esses ensaios constataram que a TCC em particular era tão boa quanto ou até mesmo melhor do que a maioria das substâncias farmacológicas. A má notícia, no entanto, é que a TCC começou a perder seu fundamento teórico e se tornou uma intervenção com foco nos sintomas e baseada em protocolos, focando no transtorno em vez de tratar o cliente. Atualmente, a TCC é considerada um tratamento consagrado padrão-ouro, aceito e reconhecido até pelo psiquiatra mais biologicamente orientado.

O custo científico e o social dessa conquista foi alto. Apesar da riqueza de conhecimentos reunidos nos ensaios clínicos e nas metanálises das várias formas de terapia baseada em evidências, os resultados pouco fizeram em relação à explicação de importantes diferenças individuais na apresentação e na resposta ao tratamento ou para promover uma compreensão dos mecanismos de mudança no tratamento, especialmente quando diferenças desses tipos foram ponderadas entre os grupos. Um ensaio clínico randomizado comparando os níveis de depressão dos participantes em várias intervenções usando uma medida do resultado central (p. ex., Escala de Impressão Clínica Global) trata a variabilidade nas respostas entre os participantes meramente como estimativa de fatores estranhos e erro na medida. Consequentemente, são perdidas informações sobre o padrão único de melhora ou a deterioração do indivíduo e sua relação com a apresentação, o contexto e o tratamento. Muitas dessas pesquisas envolvem a investigação da chance de o tratamento funcionar para um diagnóstico e não para os processos, as circunstâncias e os sintomas que caracterizam o indivíduo.

Entretanto, uma geração inteira cresceu com a ideia comercialmente útil, mas cientificamente falsa, de que experimentar dificuldades mentais significa que você tem uma disfunção cerebral de base biológica. Em consequência, os consumidores estão menos interessados em psicoterapia, independentemente do que os dados sugerem. De 1998 a 2007 (a década mais recente com bons números), a quantidade de pessoas usando apenas métodos de mudança psicológica caiu em quase 50%, enquanto o número daqueles que usam abordagens psicológicas associadas a medicamentos caiu cerca de 30%. O que disparou foi o uso de medicação de forma isolada — aproximadamente duas em cada três pessoas com problemas psicológicos atualmente recebem *apenas* medicamentos como intervenções (Olfson & Marcus, 2010).

O sucesso definitivo do jogo dos "protocolos para síndromes" dependia da identificação de entidades patológicas funcionais ou pelo menos de ver os efeitos do tratamento altamente específicos organizados por síndromes. Quando nenhum dos dois apareceu, o caminho científico em direção a um modo maduro de terapia baseada em evidências se transformou em empirismo de força bruta em que quase tudo deve ser comparado com quase tudo em uma ampla variedade de síndromes ou subsíndromes. A matemática dessa abordagem de pesquisa torna impossível de ser contabilizada, mesmo que o número de novos métodos de intervenção e entidades sindrômicas pudesse ser magicamente mantido conforme atualmente — o que não ocorre.

A era dos protocolos para síndromes tinha um conjunto coerente de pressupostos básicos incorporado à sua estratégia científica e de saúde pública — mas cada um deles está agora sendo abertamente desafiado e, atualmente, sabe-se que alguns são falsos. Ao mesmo tempo, está emergindo uma poderosa agenda estratégica alternativa que ecoa alguns dos pressupostos idiográficos e baseados em processos dos dias iniciais da pesquisa comportamental, além da terapia nela baseada.

Essa agenda alternativa levou tempo para se tornar completamente visível devido aos outros efeitos indesejáveis do modelo de doença latente. Com efeito, esse modelo tendia a cegar os desenvolvedores de tratamento quanto ao papel dos processos psicológicos normais nos resultados comportamentais. Além do mais, negligenciava as preferências dos clientes por resultados pragmáticos, e, em vez disso, priorizava a lista preferível de sinais e sintomas. Isso reduzia o sofrimento humano a supostas anormalidades no cérebro e disfunções biológicas, ao mesmo tempo retirando a ênfase na centralidade do indivíduo e em seu contexto cultural e biopsicossocial. Os críticos do DSM e da CID defendiam que os transtornos são rótulos arbitrários usados para descrever experiências humanas típicas que são consideradas anormais. Um exemplo desse conceito é que diferentes países têm expectativas e visões variadas do que é considerado normal. Uma pessoa que alega falar com espíritos pode ser considerada esquizofrênica em uma cultura, enquanto é entendida como uma pessoa santa em outra.

As abordagens do DSM e da CID deixam de lado a utilidade do diagnóstico e da avaliação, como se o propósito final dessa categorização — melhores resultados — fosse uma consideração secundária. A falta de utilidade do DSM e da CID para o tratamento foi considerada uma dádiva, em vez da chocante indicação de fracasso que ela é.

Em resposta a todas essas críticas, o National Institute of Mental Health (NIMH) estabeleceu a estrutura dos Critérios de Domínio de Pesquisa (RDoC, do inglês Research Domain Criteria), que visa a classificar os transtornos mentais com base em dimensões do comportamento observável e medidas neurobiológicas (Insel et al., 2010). A estrutura do RDoC propôs que anormalidades psicobiológicas subjacentes originam padrões observáveis que se sobrepõem em várias patologias. Além disso, a iniciativa usou diferentes níveis de análises — incluindo molecular, circuitos cerebrais, nível dos sintomas e comportamental — para definir construtos que são propostos como sintomas centrais dos transtornos mentais.

Embora o RDoC coloque o foco nos processos subjacentes, em sua implementação ele foi quase inteiramente focado nos processos biológicos e equiparava problemas psiquiátricos com transtornos cerebrais (Hofmann & Hayes, 2019). Tanto o DSM e a CID quanto o RDoC compartilham a visão de que o sofrimento psicológico é causado por uma doença latente. Enquanto no DSM e na CID a crença é de que os construtos latentes são medidos a partir das impressões clínicas e dos relatos dos sintomas, no RDoC, a visão é de que doenças latentes podem ser medidas com testes biológicos e comportamentais. No entanto, se o próprio modelo de doença latente for falso, o RDoC é um passo muito pequeno na direção do processo. A falta de evidências para o modelo de doença latente precisa ser enfrentada para que os profissionais mudem para um foco central nos *processos de mudança*: os mecanismos que levam um indivíduo a mudar, que são relevantes para o indivíduo no contexto, que oferecem maior utilidade no tratamento e orientação para a intervenção e simplificam a complexidade humana.

No entanto, depois que a estrutura RDoC foi estabelecida, os profissionais, as entidades governamentais e o público em muitas partes do mundo continuaram não convencidos do valor do atendimento psicológico baseado em evidências. Os protocolos eram, algumas vezes, difíceis de implementar, e a falta de componentes e processos de mudança conhecidos faziam com que fosse difícil se adequar aos indivíduos e à sua complexidade. A maioria dos clientes que recebeu tratamento psicossocial não recebeu atendimento baseado em evidências.

O QUE OS CLÍNICOS E OS CLIENTES QUEREM DA CIÊNCIA?

Praticamente todos os clínicos já encontraram uma pessoa como Bill. E, assim como Sara, podem acreditar que fizeram a diferença na vida do cliente, embora ainda meramente arranhando a superfície. Bill e Sara podem ser atraídos pelo foco na "depressão" como algo que Bill "tem" e perder os detalhes ricos e importantes de um homem que está passando por um rompimento que desencadeou sentimentos profundos de solidão e inadequação.

As pessoas não são categorias diagnósticas; elas são seres humanos que sofrem, cada um com sua própria história, sua trajetória e seus objetivos. Bill não "tem" depressão. Ele se sente deprimido (e solitário e desconectado) devido a fatores biopsicossociais idiográficos, os quais também incluem sua história pessoal, sua experiência passada e suas formas mal-adaptativas de enfrentamento das adversidades.

Bill tem sua própria história que o trouxe até o ponto da terapia. As vidas humanas individuais são contextuais e longitudinais, assim como são os processos de mudança que alteram essas trajetórias de vida. Os clínicos não precisam adaptar a pessoa a um conjunto de categorias ou rótulos pseudobiomédicos para o sofrimento. Em vez disso, eles precisam de modelos coerentes e amplamente aplicáveis dos processos de mudança que precisam ocorrer — psicológica, biofisiológica e socioculturalmente — de modo a criar os desejados resultados positivos de longo prazo para as pessoas que eles atendem. Como é reconhecido que os processos de mudança são caminhos funcionalmente importantes, um foco na utilidade do tratamento pode ser o primeiro passo na categorização, não o passo tão esperado que nunca chega. Afinal de contas, aumentar a probabilidade de um resultado verdadeiramente bom é o que clínicos e clientes esperam da ciência intervencionista.

As ferramentas metodológicas e analíticas mais populares em uso na ciência intervencionista não estão completamente preparadas para a tarefa, mesmo quando estão voltadas para os processos de mudança. Quando começamos do zero, no entanto, vemos novas maneiras de estruturar as dificuldades humanas usando outras ferramentas metodológicas e analíticas disponíveis. Vemos novas maneiras de fazer progresso.

Os processos de mudança representam características aproximadas de um caso clínico ao longo do tempo que confiavelmente preveem os resultados a longo prazo. Sua natureza próxima é importante. Por exemplo, sabemos que mudanças na forma como os clientes falam acerca dos seus pensamentos e das suas dificuldades durante as primeiras sessões de psicoterapia pode mediar os resultados no *follow-up*, desse modo, fornecendo um marcador precoce do real progresso para os clínicos rastrearem na sessão. Diferentemente de outras áreas de *expertise*, os clínicos não ficam mais competentes com mais experiência, pois eles não recebem *feedback* imediato sobre sua prática. Um foco baseado em processos, no entanto, pode proporcionar aos clínicos o tipo de *feedback* imediato e funcionalmente útil necessário para que a experiência leve à *expertise*.

Definimos processos de mudança terapêutica como mudanças ou mecanismos baseados na teoria, dinâmicos, progressivos, vinculados ao contexto, modificáveis e multinível que ocorrem em sequências previsíveis, empiricamente estabelecidas e que podem ser usados para produzir resultados desejáveis (note que este é um pequeno refinamento de Hofmann & Hayes, 2018, p. 38):

- **baseados na teoria** porque os associamos a uma afirmação científica clara de relações entre os eventos que conduzem a previsões testáveis e métodos de influência;
- **dinâmicos** porque podem envolver ciclos de *feedback* e mudanças não lineares;
- **progressivos** porque podemos precisar organizá-los em sequências particulares para atingir o objetivo do tratamento;
- **vinculados ao contexto e modificáveis** porque sugerem diretamente mudanças práticas ou núcleos de tratamento dentro do alcance dos clínicos; e
- **multinível** porque alguns processos suplantam ou estão instalados dentro de outros.

Por fim, "deve ser observado que o termo processo terapêutico é algumas vezes usado na literatura para se referir de forma abrangente à relação paciente-terapeuta que inclui os chamados fatores comuns, tais como aliança terapêutica e outros fatores da relação terapêutica. O termo processo terapêutico, como o usamos, pode incluir este uso mais tradicional do termo na medida em que esses processos estão baseados em uma teoria claramente definida e testável e cumprem os padrões empíricos que estamos sugerindo. No entanto ele não é sinônimo desse uso tradicional" (Hofmann & Hayes, 2019, p. 38). Voltaremos a essa definição no Capítulo 2, quando explicamos as diferentes partes da definição em mais detalhes.

No paradigma corrente do modelo médico, os terapeutas baseados em evidências precisam restringir sua prática a síndromes específicas ou adquirir *expertise* em uma ampla variedade de protocolos para uma variedade de síndromes. Isso é insustentável, impraticável e irracional e se baseia em suposições inválidas. O campo tem lutado para alcançar uma resolução ampla acerca de muitas dessas questões, e a abordagem dos protocolos para síndromes não conseguiu resolvê-las. Nosso argumento (Hofmann & Hayes, 2019) é de que a ciência intervencionista precisa adotar e se apoiar em processos de mudança baseados em evidências associados a procedimentos baseados em evidências. Está na hora de avançar.

A VANTAGEM DA ABORDAGEM BASEADA EM PROCESSOS

Cada abordagem de tratamento tem seus próprios métodos de avaliação, terminologia e técnicas que precisam ser adaptadas ao indivíduo quando necessário. A visão baseada em processos é de conjuntos coerentes de processos de mudança que podem ser aplicados a uma ampla gama de domínios de problemas de maneira individualmente adaptada — apresentando aos clínicos uma tarefa de treinamento menos assustadora de usar os processos de mudança para adaptar os fundamentos do tratamento às necessidades do cliente. Nessa abordagem não existe a necessidade de compromissos *a priori* com "escolas" ou "orientação terapêutica" ou protocolos. Existem diferenças filosóficas legítimas que precisam ser abordadas, e são necessários modelos de processos de mudança para simplificar e organizar as evidências disponíveis. Mas escolas de tratamento amplas, diferenças na orientação e intervenções com "nome comercial" colocam em segundo plano as necessidades individuais dos clientes.

Um sistema orientado para processos pode ajudar a diminuir debates estéreis sobre os níveis de análise (p. ex., é o cérebro; não, é a relação terapêutica) ou as dimensões preferidas do desenvolvimento psicológico (p. ex., é cognitivo; não, é comportamental) que ali se encontram antes mesmo de serem consideradas as necessidades específicas de uma pessoa. Em vez disso, os terapeutas e pesquisadores mudariam seu foco para os processos biopsicossociais mais importantes para determinado cliente, levando em consideração seus objetivos e circunstâncias atuais e identificando os métodos que mais o ajudam a avançar na direção desses objetivos com maior liberdade para considerar os métodos e processos entre as tradições e abordagens (Hayes & Hofmann, 2018; Hofmann & Hayes, 2019).

A orientação da intervenção precisa ser cientificamente coerente e ter utilidade para o tratamento que se adapta às necessidades do indivíduo (Hayes et al., 2019). Nosso argumento para uma abordagem baseada em processos é de que ela permitirá que a terapia baseada em evidências vá além dos obstáculos dos protocolos para síndromes que retardaram o progresso científico e clínico e tornaram a noção de terapia baseada em evidências impalatável para muitos. Focando nas necessidades individuais do cliente e nos processos de mudança, podem ser desenvolvidos programas de pesquisa intervencionista que integrem mais plenamente abordagens focadas no indivíduo (idiográficas) e o que compartilhamos com as outras abordagens (nomotéticas).

Esse problema não é a numerosidade — é o nível da análise. Uma avaliação intensiva e frequente associada a análises de rede dinâmicas (as quais escreveremos no Capítulo 2) pode ser incluída em ensaios intervencionistas controlados randomizados. Isso permite a emergência de um programa de pesquisa que seja sensível ao indivíduo enquanto as questões nomotéticas são examinadas, sem violar pressupostos lógicos e estatísticos. O objetivo é derivar um modelo guiado pela teoria e testável dos processos que estão envolvidos no tratamento. Muitos dos procedimentos necessários para focar nesses processos já são conhecidos; eles só precisam ser reunidos de forma adequada ao indivíduo (Hayes & Hofmann, 2018).

Essa visão da terapia baseada em evidências altera a clássica "pergunta clínica" de tal terapia que conduziu os primeiros dias da terapia comportamental. Em vez de perguntar: "Que tratamento, realizado por quem, é o mais efetivo para este indivíduo com esse problema específico, em que conjunto de circunstâncias, e como ele se dá?" (Paul, 1969; p. 44), uma abordagem moderna baseada em processos pergunta: "Que processos biopsicossociais nucleares devem ser focados com este cliente, considerando este objetivo nesta situação, e como eles podem ser mudados mais eficiente e efetivamente?" (Hofmann & Hayes, 2019).

Essa mudança no questionamento subjacente desvia a atenção da identificação de pacotes de tratamento efetivos para os tipos de problema na aplicação de elementos do tratamento com base em sistemas de processos de mudança terapêutica. Por exemplo, em vez de encontrar o melhor tratamento para depressão, o foco muda para encontrar a melhor maneira de melhorar o humor, reduzir a solidão e promover relações mais significativas e íntimas em um cliente que desenvolveu rigidez e padrões de evitação emocional depois do rompimento de um relacionamento. Essa simples mudança pode proporcionar a Bill uma experiência terapêutica muito mais ampla e fornecer para Sara uma série de ferramentas baseadas em evidências mais ricas necessárias para abordar a situação de Bill.

Nosso nome para a terapia baseada em evidências realizada na busca de uma visão baseada em processos é *terapia baseada em processos* (PBT). A PBT não é uma terapia nova — é um novo modelo de terapia baseada em evidências. O objetivo da PBT é avançar na compreensão e focar nos processos de mudança em um determinado indivíduo e desviar das análises nomotéticas baseadas em grupos que tendem a negligenciar importantes processos individuais que podem ser vitais para o tratamento efetivo e eficiente. A PBT enfatiza a importância da função sobre o conteúdo e está baseada na identificação e no teste de importantes processos de mudança que se apoiam uns nos outros para melhor tratar o indivíduo em um contexto particular em determinado ponto no tempo. Como tal, o tratamento é personalizado para questões específicas do indivíduo, no momento presente, ao mesmo tempo reconhecendo que tratamentos efetivos não precisam estar limitados a uma orientação terapêutica particular (p. ex., comportamental ou psicodinâmica) ou a uma estratégia de tratamento, mas a processos de mudança específicos e mensuráveis que podem resolver problemas individuais e promover o bem-estar.

CRIANDO UMA NOVA ESTRUTURA

O campo tentou uma abordagem biomédica, buscando um modelo de doença latente, por meio século. Essa abordagem não foi bem-sucedida. Acreditamos que isso já é suficiente. O indivíduo que está sofrendo não pode ser reduzido a um sistema genético, a um transtorno cerebral ou a um desequilíbrio nos neurotransmissores. Por décadas, o desenvolvimento da terapia baseada em evidências esteve baseado em testes experimentais de protocolos concebidos para impactar as síndromes psiquiátricas. À medida que esse paradigma enfraquece, em seu lugar está surgindo uma abordagem terapêutica baseada em processos em situações específicas para determinados clientes com determinados objetivos. Esta é uma questão inerentemente mais idiográfica do que normalmente está em causa na terapia baseada em evidências. Neste livro, descreveremos métodos de avaliação e análise que podem integrar dados idiográficos e levar a generalizações nomotéticas em uma era baseada em processos.

Questionar pressupostos na ciência é disruptivo. Dentro de uma área de estudo definida, pressupostos analíticos *a priori* fornecem a base para as perguntas que são feitas, os métodos que são usados e os dados que são considerados relevantes. Os profissionais frequentemente encaram perguntas, métodos e unidades analíticas simplesmente como as ferramentas necessárias da boa ciência — não como reflexos dos pressupostos — e, em consequência, podem ter uma sensação de desorientação quando ocorrem momentos de turbulência e os pressupostos são apontados e examinados criticamente.

A mudança para uma estrutura da PBT requer reestruturação das nossas perguntas no campo da psicologia clínica de "Que tratamentos funcionam?" para "Como os tratamentos funcionam?". O objetivo da PBT é entender melhor em quais processos biopsicológicos nucleares focar em um indivíduo, considerando seus objetivos específicos e o estágio da intervenção, e como melhor fazer isso usando análise funcional, abordagens de redes complexas e a identificação de processos de mudança nucleares desenvolvidos a partir de tratamentos baseados em evidências (Hayes & Hofmann, 2018). A abordagem da PBT envolve identificar e abordar processos de mudança nucleares com foco nas inquietações do cliente.

A intervenção envolve usar hipóteses testáveis para se apoiar nos pontos fortes do indivíduo e focar em áreas problemáticas de acordo com seus objetivos. A classificação sindrômica trata os indivíduos como pertencentes a um grupo homogêneo, com a justificativa de que esses indivíduos compartilham a mesma doença latente subjacente, mesmo que décadas de pesquisa tenham mostrado que mesmo indivíduos com problemas semelhantes frequentemente experimentam desafios e trajetórias diferentes na vida. A abordagem sindrômica recebeu milhões de dólares e décadas de tempo para obter êxito e ainda não o obteve. Está na hora de mudar, mesmo que sem o apoio financeiro das grandes empresas farmacêuticas e agências de financiamento tradicionais.

O foco nos processos de mudança levanta questões práticas, metodológicas e estatísticas fundamentais que se tornam mais óbvias depois que uma abordagem diagnóstica padrão é abandonada. As "populações homogêneas" prometidas pelas categorias diagnósticas do DSM e da CID nunca foram obtidas, mas retardaram o reconhecimento de que sem homogeneidade é matematicamente impossível generalizar a partir de análises de grupos para o indivíduo (Gates & Molenaar, 2012). O campo da pesquisa clínica e psicológica está preparado para aplicar abordagens estatísticas e de tratamento específicas para a pessoa — embora mais desafiadoras — para aumentar nosso conhecimento da psicopatologia e intervenções cognitivo-comportamentais. Uma abordagem baseada em processos permite essa ênfase no indivíduo e em seu contexto e sintomas.

UMA ANÁLISE FUNCIONAL PARA FOCAR NOS PROCESSOS DE MUDANÇA

A PBT foca em processos de mudança funcionalmente importantes, assegurando a utilidade do tratamento. Portanto, seus objetivos, como considerar o contexto e a utilidade de comportamentos particulares, são semelhantes aos da análise funcional clássica. No entanto, a PBT é mais abrangente na gama de processos considerados e adaptados para uso clínico. Nós nos restringimos quando limitamos a aplicação de tratamentos baseados em evidências a diagnósticos específicos, nos encapsulamos ao tratarmos um grupo específico ou ao aplicarmos um método de intervenção com "denominação comercial". Embora tratamentos baseados em evidências com diagnósticos específicos sejam tipicamente baseados em métodos bem estabelecidos, imagine como esses tratamentos poderiam ser muito mais precisos se fossem adaptados ao indivíduo ou às suas necessidades? Aprender como fazer isso é o propósito deste livro.

A análise funcional foi originalmente usada dentro da terapia comportamental para descrever o controle do comportamento por princípios como contingências de reforço. Ela pode ser pensada como a identificação e a modificação de processos relevantes, impactantes e controláveis relacionados a comportamentos específicos de um indivíduo. Essas relações podem variar em força dependendo da quantidade de influência que as variáveis têm uma sobre a outra.

Embora muitos pesquisadores tenham reconhecido a importância do trabalho funcional, a análise funcional não tem sido utilizada em alto grau fora da análise comportamental tradicional, cujo foco nas contingências diretas ainda é dominante. A PBT está reenfatizando a análise funcional, e recentemente (Hayes et al., 2019) descrevemos como associar o modelo que apresentaremos neste livro a um novo tipo de *análise funcional baseada em processos*, que trataremos no Capítulo 3. Este, por sua vez, será o veículo para adaptar procedimentos baseados em evidências a processos relevantes baseados em evidências.

Para aplicar a análise funcional baseada em evidências, procedimentos terapêuticos devem ser diferenciados de processos terapêuticos. *Procedimentos terapêuticos* são técnicas que um terapeuta usa para alcançar os objetivos de tratamento de um cliente (Hayes & Hofmann, 2018). *Processos terapêuticos*, em contrapartida, podem ser descritos como as sequências subjacentes de mudanças biopsicossociais que levam o cliente a atingir seus objetivos no tratamento (Hayes & Hofmann, 2018). Como aplicar essa distinção será abordado em detalhes no desenvolvimento deste livro.

Como clínicos, monitoramos a função e as circunstâncias de pensamentos, emoções, mudanças atencionais, senso de identidade, motivação e comportamentos dos nossos clientes, além de aumentarmos a consciência dos domínios biofisiológicos e socioculturais relevantes para os objetivos dos nossos clientes. Examinando essas áreas em termos de processos de mudança e relacionando os dados com decisões intervencionistas, podemos ter ferramentas concretas para aplicar uma estrutura analítica funcional baseada em evidências para identificar e focar em processos de mudança que possam ajudar os clientes a atingirem seus objetivos.

UM METAMODELO DOS ALVOS DE TRATAMENTO

Os clínicos diferem, em suas orientações terapêuticas, suas percepções e mesmo suas estratégias terapêuticas favoritas. Em consequência, o mesmo cliente poderia encontrar uma variedade de terapeutas com abordagens diferentes. A PBT não restringe a variação nessas abordagens clínicas. Na verdade, a PBT encoraja os clínicos a considerarem processos baseados em evidências que emergiram fora da sua própria abordagem terapêutica e usar aqueles que funcionam melhor para o seu cliente.

Assim sendo, a PBT precisa estar baseada em uma visão de intervenção que acomode quaisquer processos de mudança baseados em evidências, independentemente da orientação terapêutica específica. Para isso, precisamos de um sistema abrangente, internamente coerente e funcional para organizar os processos da PBT. Os fundamentos teóricos desse metamodelo estão baseados em princípios evolucionários que nos ajudam a entender o desenvolvimento de sistemas complexos nas ciências da vida. Nosso *Metamodelo Evolucionário Estendido* (EEMM, do inglês Extended Evolutionary Meta-Model) fornece coerência e uma linguagem comum para esse sistema (Hayes, Hofmann, & Wilson, no prelo). Como discutiremos, o EEMM aplica os conceitos evolucionários de variação, seleção e retenção apropriados ao contexto às principais dimensões e níveis evolucionários relacionados ao sofrimento, problemas e funcionamento positivo humanos. Essa é a essência da PBT e o propósito aplicado deste manual de treinamento de habilidades. Vamos dar início à jornada.

Passo de ação 1.1 Identifique um problema

Em cada capítulo, periodicamente, iremos parar e lhe pedir para aplicar o que estamos discutindo em exercícios curtos de "passo de ação". Esses exercícios também estão disponíveis para *download* na página do livro em loja.grupoa.com.br. Em alguns deles, pediremos que você explore as ideias aplicando-as à sua própria vida. Fazemos isso por duas razões. Uma é porque você conhece os detalhes da sua vida e pode trazer essa história rica para a tarefa. A outra é que você pode se beneficiar mais com uma noção intuitiva ou sensação profunda de como as perspectivas realmente se estabelecem quando você tenta aplicá-las a si próprio. Para muitos exercícios forneceremos exemplo de resposta. Portanto, tenha à mão um caderno ou dispositivo eletrônico enquanto lê o livro, e vamos mergulhar em nosso primeiro passo de ação.

Por favor, escolha uma ou duas áreas de problema na sua vida que, caso fosse procurar ajuda psicológica, seriam áreas nas quais escolheria trabalhar. Elas podem ter uma história longa ou curta — a única exigência é que estejam presentes atualmente. Sua tarefa é simplesmente descrever em um parágrafo cada área de problema, muito semelhante à forma como faria em uma consulta inicial com um terapeuta. Forneça todos os detalhes que considerar relevantes.

Estamos sugerindo que você considere "uma ou duas" áreas de problema, pois do próximo capítulo em diante iremos nos referir à área que você escolher e poderá ser preciso alguma reflexão para restringir seu foco a uma área que melhor se adapte aos propósitos dos exercícios de passo de ação e que pareça suficientemente importante. Se você já sabe, neste momento, que uma área particular é melhor, apenas prossiga com ela.

A seguir, com base no que sabe de treinamentos anteriores, tente nomear o que você escreveu usando somente diagnósticos do DSM e da CID. Sinta-se à vontade para usar "sem outras especificações" ou transtorno da adaptação. Se achar que precisa usar múltiplos diagnósticos, isso também é possível.

Por fim, escreva um parágrafo curto sobre os sentimentos e pensamentos que você tem quando pensa sobre o rótulo do DSM e o da CID. Para onde vai a sua mente? Como você reage quando olha para as áreas-problema pelas lentes do DSM e da CID?

A seguir, apresentamos um exemplo de como alguém pode completar este exercício. Acompanharemos esta mesma pessoa ao longo de nossos exemplos de passo de ação.

Exemplo

Área-problema: fico ansioso e inseguro quando falo com outras pessoas, especialmente com pessoas que não conheço, pessoas que considero atraentes ou pessoas em posições superiores de poder. Observo que fico travado na minha mente, preocupo-me sobre o que elas pensam de mim, preocupo-me que elas possam não gostar de mim. Como resultado, eu me refugio cada vez mais dentro da minha cabeça. Eu me preocupo que posso dizer alguma coisa idiota e me constranger. Lido com esses medos supercompensando e tentando ser a pessoa mais divertida e interessante da sala ou então me retraindo, desculpando-me pela situação e indo para casa. Esses medos estão comigo desde que consigo me lembrar.

Diagnóstico no DSM e na CID: Transtorno de ansiedade social/fobia social.

Que sentimentos e pensamentos me ocorrem: o rótulo do DSM parece excessivamente simplista e ameaçador ao mesmo tempo. Parece que toda a complexidade da minha situação está compactada em um único rótulo. E parece ser uma confirmação de que há algo de errado com quem eu sou. Alguma coisa está danificada dentro de mim e sou uma pessoa menor por causa disso. Também parece que preciso de medicação para reparar meu problema.

2

Abordagem de rede

Quando deixamos de lado a ideia de tentar encaixar os clientes em moldes do DSM e da CID, podemos avançar para uma abordagem mais útil e progressiva. Essa nova abordagem reflete muito melhor a realidade do cliente porque está focada no que a ciência pode nos dizer sobre as dificuldades do indivíduo e o que precisa ser feito para satisfazer suas necessidades e atingir seus objetivos. Chamamos isso de abordagem baseada em processos. Neste capítulo, examinaremos o primeiro elemento da abordagem baseada em processos — o modelo de rede — que descreve a situação atual do cliente, sua história pessoal e todos os outros processos que você pode escolher focar. Este modelo de rede formará a base do nosso trabalho com o cliente. Mas antes que possamos chegar lá, vamos primeiro definir os termos básicos.

O QUE É UM PROCESSO?

A palavra "processo" vem da raiz latina que significa "ir adiante", como em uma parada ou uma procissão, e sua definição moderna — *uma série de ações que visam a atingir algum resultado* — existe há 400 anos. Um processo na PBT é uma sequência de eventos que sabidamente influenciam o bem-estar de uma pessoa. Pode ser uma influência direta (p. ex., exercícios regulares influenciam seu bem-estar) ou pode ser uma influência indireta (p. ex., conhecer alguém que se exercita regularmente pode inspirá-lo a se exercitar mais, o que, por sua vez, influencia seu bem-estar). Em um dado momento, acontece uma multiplicidade de processos dentro de cada pessoa, interagindo com outros processos e afetando o seu bem-estar.

Nem todos os processos têm uma influência positiva. De fato, muitos processos têm um efeito negativo no bem-estar de uma pessoa, como evitar sentimentos de ansiedade ou suprimir uma memória traumática. Além disso, o mesmo evento pode originar processos mal-adaptativos em algumas pessoas e adaptativos em outras, apesar da sua semelhança superficial. Por exemplo, a morte precoce de um dos pais pode lançar uma pessoa que é incapaz de enfrentar o luto em um ciclo de afastamento social, tristeza e desespero, enquanto faz com que outra pessoa, ao enfrentar o luto, cresça conectada com as pessoas amadas e resiliente quando confrontada pelos estressores da vida. Isso depende da pessoa individualmente, do seu contexto e dos processos específicos em jogo.

Há um número praticamente ilimitado de processos biopsicossociais ativos dentro de cada pessoa, e é por isso que queremos nos limitar aos que são relevantes para as intervenções clínicas. O termo geral "processos de mudança" pode ser aplicado tanto a processos mal-adaptativos quanto a adaptativos. Processos mal-adaptativos são especialmente relevantes terapeuticamente em termos de diagnóstico, análise funcional e alvos de intervenção negativos, ao passo que processos adaptativos fornecem alvos positivos a serem fortalecidos. Quando os processos de mudança são relevantes para alcançar os objetivos terapêuticos, eles são *processos terapêuticos*. Eles se apresentam em muitos formatos e formas, embora todos os processos terapêuticos mais úteis exibam as mesmas cinco qualidades. Como um lembrete, os processos terapêuticos são baseados na teoria, dinâmicos, progressivos, contextualmente vinculados e fazem parte de um sistema multinível. Definimos brevemente essas cinco qualidades no último capítulo; aqui, desvendaremos melhor seus significados.

Baseado na teoria: um processo terapêutico está associado a uma indicação clara das relações entre os eventos que levam a previsões testáveis. Por exemplo, suponha que uma teoria particular enfatizasse como pensamentos de possível humilhação provocam emoções intensas em situações sociais que então tornam difícil o funcionamento social. Um conceito de processo como esse pode fazer com que você ficasse animado quando um cliente que é socialmente evitativo diz: "Eu me preocupo que as pessoas possam rir de mim". Isso faria com que você procurasse cuidadosamente sinais de ansiedade aumentada que inibem o comportamento social. Um processo não é um evento único — é uma relação conceitualmente prevista entre um evento (p. ex., pensar "as pessoas vão rir de mim") e outros eventos (sentir ansiedade e ser menos funcional socialmente).

Dinâmico: um processo terapêutico envolve ciclos de *feedback* e mudanças não lineares. Por exemplo, suponha que uma pessoa tem o pensamento *"Não tenho valor"*, e acredite nisso. Essa combinação pode levá-la a renunciar as rotinas higiênicas básicas, como tomar banho. A resposta social dos outros (p. ex., um nariz torcido ou comentários sarcásticos), por sua vez, pode encorajá-la a acreditar ainda mais no pensamento de que ela não tem valor. Assim, acreditando no pensamento *"Não tenho valor"*, a falta de higiene e uma expressão social de aversão dos outros estão agora em um ciclo de *feedback* autorreforçador, e cada evento fortalece os outros em um processo de autoamplificação.

Progressivo: um processo terapêutico pode precisar ser organizado em uma sequência particular para atingir o objetivo do tratamento. Por exemplo, pode não ser suficiente meramente identificar que a fissura de um cliente por cocaína leva ao consumo da droga. Se quisermos que o tratamento tenha sucesso, também precisamos revelar as violações de valores que ocorreram como resultado da adição para que o cliente tenha motivação suficiente para fazer alguma coisa diferente com a fissura. A sequência correta dos processos lhe ajuda a atingir o objetivo do tratamento.

Contextual: um processo terapêutico precisa ser contextualmente vinculado e modificável para que esteja dentro do seu alcance sugerir diretamente mudanças práticas ou núcleos de tratamento. Por exemplo, nenhuma quantidade de terapia será capaz de reverter o abuso sexual que um cliente experienciou em sua vida. No entanto, a história de abuso sexual pode afetar muitos aspectos da vida do cliente no aqui e agora, que é onde você pode intervir, como as condições sob as quais a desconfiança dos outros leva ao teste excessivo dos parceiros íntimos em um esforço para se sentir mais seguro. Uma "história de abuso sexual" não é por si só contextualmente vinculada ou modificável, mas, como produz seu dano em parte devido aos processos de mudança que ocorrem em situações particulares (tentando modificar um sentimento produzido por essa história no contexto de relações íntimas), os principais processos terapêuticos estão no âmbito de nossas intervenções.

Multinível: um processo terapêutico pode substituir outros processos ou pode estar incluído em outro processo. Por exemplo, falta de concentração pode levar a crises de choro de um cliente devido ao sentimento de vergonha, mas esse processo pode estar inserido em um emaranhado pouco saudável com pensamentos de culpa acerca da morte de um parceiro. Ao focar no processo de luto associado à autoacusação, outros processos podem se tornar obsoletos ou ser colocados em uma nova perspectiva mais ampla.

Essas são as cinco qualidades dos processos terapêuticos, e é importante termos estas qualidades em mente quando quisermos entender a situação de um cliente. Ao focarmos nos processos de mudança terapêutica que estão alinhados com as cinco qualidades, podemos reunir os profissionais de muitas orientações teóricas diferentes. Com frequência, existem conceitos paralelos em diferentes escolas de psicologia clínica. Mas, embora frequentemente seja difícil chegar a um acordo sobre os modelos em geral, o interesse comum nos processos de mudança é muito mais fácil de estabelecer. E, se vemos os processos que exemplificam as qualidades mencionadas anteriormente, podemos considerá-los como os elementos fundamentais para uma abordagem alternativa ao DSM e à CID.

Na PBT, usamos os processos de mudança para ir além do modelo tradicional do DSM e da CID e criar uma abordagem que tenha utilidade reconhecida no tratamento — porque ela foca em processos que já são reconhecidos como funcionalmente importantes para conduzir a resultados positivos ou negativos a longo prazo. E, para dar este passo, precisamos garantir que os conceitos que usamos para descrever e explicar os processos terapêuticos tenham as três qualidades a seguir.

Precisão: um processo terapêutico necessita de precisão para que esteja claro quando pode ser dito que um processo de mudança particular pode ser aplicado ou quando não pode. Por exemplo, um conceito como "evitação" é menos preciso do que um conceito como "evitação de sentimentos intensos". Com o requisito de que os processos sejam precisos, eliminamos a heurística geral e liberamos as metáforas como processos de mudança.

Escopo: um processo terapêutico precisa de escopo para que se aplique a uma variedade de fenômenos. Por exemplo, um processo que foca nas "desavenças verbais com amigos íntimos" tem menos escopo do que um processo como "encorajamento da distância emocional por meio de discussões, recusas e afastamento". Com o requisito de que os processos de mudança tenham escopo, eliminamos aqueles que são meramente versões atualizadas de episódios psicológicos específicos e encorajamos aqueles que se aplicam amplamente ao mundo psicossocial de um cliente. Simplesmente não é útil — nem científica nem praticamente — focar em processos que se aplicam apenas a áreas restritas.

Profundidade: a psicologia clínica está incorporada a um vasto conjunto de conhecimentos científicos provenientes da neurociência, da fisiologia, da genética, de processos sociais e de muitas outras disciplinas. Assim, um processo terapêutico precisa de profundidade para que as evidências sejam consistentes com achados científicos bem estabelecidos em diferentes níveis de análise. Por exemplo, se um conceito de processo emocional contradiz dados da neurobiologia da emoção, alguma coisa está profundamente errada. Se houver essa contradição na estrutura da ciência, a descrição do processo de mudança ainda não é adequada.

Em determinado momento, há uma variedade de diferentes processos de mudança interagindo simultaneamente dentro de um cliente. Esses processos estão associados a sentimentos, pensamentos, comportamentos, senso de identidade do cliente e até mesmo às suas experiências biológicas, sociais e culturais. Se quisermos fazer justiça ao cliente e retratar sua situação com toda a sua complexidade de forma estruturada e prática, precisamos de abordagem confiável e simples para organizar as informações e as características do cliente em um relato baseado em processos. Acreditamos que o desafio pode ser superado com a adoção de uma abordagem de rede.

PENSAMENTO EM REDE

Os modelos de rede são frequentemente usados para compreender os sistemas dinâmicos e interconectados. Por exemplo, os cientistas climáticos se baseiam em modelos de rede para entender as mudanças na temperatura e no clima em todo o globo. Os especialistas no mercado de ações aplicam modelos de rede para acompanhar e prever a elevação e a queda das ações individuais. E nós também usaremos os modelos de rede para dar clareza à história de um cliente, sua situação atual e a provável resposta ao tratamento.

Uma rede é composta de partes individuais que se unem e influenciam umas às outras. Na PBT, criamos modelos de rede usando caixas e flechas, nos quais duas caixas se ligam entre si por uma flecha. As caixas representam os eventos da vida de uma pessoa que estão relacionados ao funcionamento. E as flechas entre essas caixas representam a relação entre os eventos e a direção da sua influência.

Relações simples

Para obter uma ideia básica de como o modelo de rede funciona, dê uma olhada na Figura 2.1. Neste caso, um fato histórico ("História de *bullying*") reforça o evento "Baixa autoestima", conforme representado por uma flecha. Ao desenharmos múltiplas caixas, cada uma representando um evento diferente, que estão conectados com múlti-

FIGURA 2.1 Relação simples.

plas flechas, podemos criar um modelo da situação de um cliente.

Processos são sequências, e, no exemplo acima, a flecha é claramente um processo; a história de *bullying* levou a uma internalização — baixa autoestima. Em termos gerais, "ser tratado mal me levou a acreditar que *eu sou mau*". Mas a baixa autoestima também pode ser um processo se ela então mudar como os outros eventos são manejados — por exemplo, como a crítica das outras pessoas é percebida.

A abordagem de rede não é útil apenas para capturar processos relevantes na vida de um cliente. Também podemos usar esse modelo para fazer afirmações significativas sobre como esses processos individuais interagem e reforçam uns aos outros. Quando traçamos as diferentes relações entre as caixas individuais, estamos explicando possíveis relações no processo. Com o tempo, você descobrirá que a rede de um cliente se expande a partir de uma simples relação para múltiplas caixas com relações complexas.

Relações complexas

Os eventos podem ser ligados entre si de muitas formas diferentes. Você já viu o primeiro exemplo, em que um evento influencia um segundo evento. Mais fácil do que isso é impossível. Agora, suponha que dois eventos estão em um ciclo de *feedback*, no qual eles influenciam e reforçam um ao outro. Por exemplo, uma pessoa com medo de cachorros pode evitar cachorros a todo o custo, mas o próprio ato de evitação também pode manter e reforçar seu medo. O primeiro evento reforça o segundo, o qual, por sua vez, reforça o primeiro, repetindo o ciclo. Dê uma olhada na Figura 2.2 para ver como seria essa relação na abordagem de rede.

Sempre que duas caixas formam um ciclo de *feedback*, temos um processo que pode se manter ou se desenvolver, seja positiva ou negativamente. Por exemplo, quando uma pessoa experienciou um ataque de pânico, ela pode começar a evitar situações em que o ataque de pânico foi desencadeado, esperando evitar possíveis ataques de pânico fu-

FIGURA 2.2 Ciclo de *feedback*.

turos. Como consequência, ela se torna mais vigilante, cautelosa e agitada acerca da sua ansiedade, o que aumenta as chances de desencadear outro ataque de pânico, fazendo com que ela se retraia ainda mais. Embora sua área de conforto esteja ficando cada vez menor, seus ataques de pânico aumentam em tamanho e frequência. Nesse caso, um "Ataque de pânico" e "Evitação de situações que provocam ansiedade" estão em ciclo de *feedback* constante, reforçando e desenvolvendo um ao outro. E depois que está em um ciclo de *feedback*, a pessoa tende a selecionar e manter seus elementos, tornando-se menos sensível e mais resistente à mudança. O termo do processo "evitação experiencial" descreve essa rede.

Na maioria dos casos, mais que dois eventos interagem entre si. Então vamos acrescentar mais uma caixa ao nosso modelo, dando espaço para um evento adicional, e ver como ele influencia a rede. Dê uma olhada na Figura 2.3.

Nesse caso, o processo "Ataque de pânico" está em um ciclo de *feedback* direto com "Evitação de situações que provocam ansiedade". Observe que "Evitação de situações que provocam ansiedade" é por si só uma relação de processos — e poderíamos elaborá-la como uma série de segmentos menores, como "situação", "ansiedade" e "evitação" — mas as redes rapidamente se tornam ilegíveis se as dividimos em segmentos muito pequenos, portanto não há uma regra contra colocar os processos em caixas. Além disso, incluímos no modelo o papel de uma "Experiência traumática" que provocou o ataque de pânico em primeiro lugar.

Agora temos três caixas interligadas no nosso modelo, mas ainda não terminamos. Suponha que o processo "Experiência traumática" tenha uma influência muito mais forte no processo "Ataque de pânico" do que tem o processo "Evitação de situações que provocam ansiedade". Podemos representar a força de uma relação ajustando o tamanho da ponta da flecha.

Na Figura 2.4, a flecha que parte de "Experiência traumática" agora tem uma ponta muito maior, indicando que "Experiência

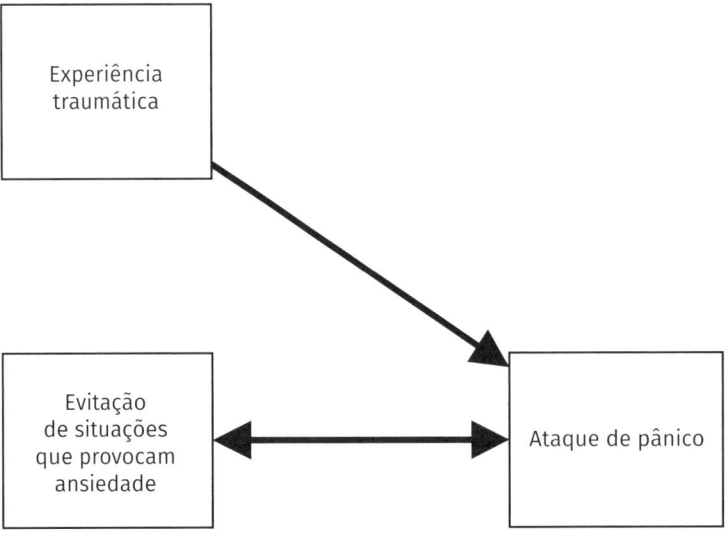

FIGURA 2.3 Relação de três vias.

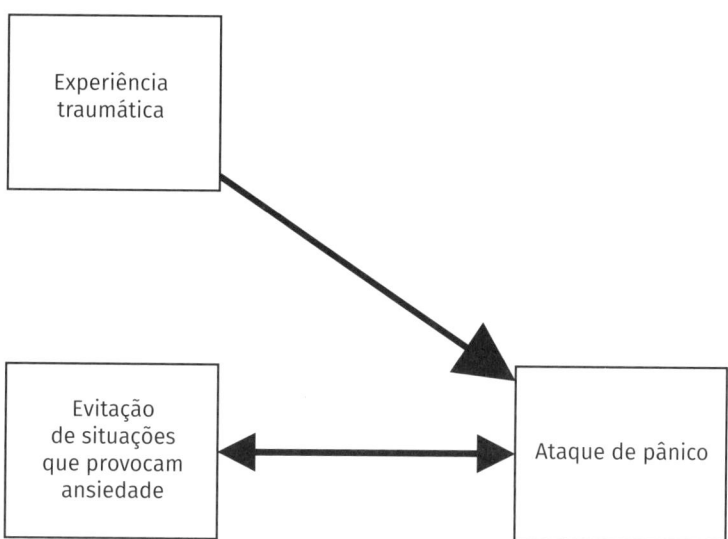

FIGURA 2.4 Influência mais forte.

traumática" tem uma influência muito mais forte sobre o evento "Ataque de pânico" do que tem "Evitação de situações que provocam ansiedade".

Já falamos sobre ciclos de *feedback* que ocorrem entre dois eventos, dando origem a um ciclo de autorreforço (como na Figura 2.2). Na realidade, é igualmente comum encontrarmos ciclos de *feedback* entre três ou mais eventos. Vamos dar uma olhada na Figura 2.5.

Há muita coisa acontecendo nesse modelo de rede, portanto vamos examiná-lo pouco a pouco. Esta cliente recentemente passou por um rompimento com seu namorado, o que a levou a frequentemente ruminar sobre o passado. O evento "Rompimento" tem impacto direto na redução do humor geral da cliente, além de levá-la a ruminar sobre o passado (o que, por sua vez, reduz ainda mais o seu humor). Essas três caixas estão conectadas por flechas com uma ponta, sugerindo que a ruminação faz parte de um caminho funcionalmente importante que liga o impacto do rompimento sobre o humor deprimido. Redes unidirecionais simples como esta são comumente demonstradas em estudos da "mediação" dos resultados do tratamento em ensaios controlados randomizados.

Mas então a rede global fica mais complicada, e ciclos autoamplificadores começam a aparecer. Como consequência do rompimento, a cliente está lutando contra a solidão, o que alimenta a baixa autoestima e é reforçada pela própria baixa autoestima. A solidão, por sua vez, contribui para o humor deprimido cliente, e a baixa autoestima leva a cliente a ruminar mais frequentemente, o que também fomenta o humor deprimido.

Chamamos esses padrões de autorreforço de *sub-redes*: redes menores dentro da rede maior que são autônomas em certa medida devido aos ciclos de *feedback* mantidos na rede menor. Uma relação bidirecional entre dois eventos é a sub-rede mais simples, mas tendemos a reservar o termo "sub-rede" para pequenas redes contendo três ou mais eventos.

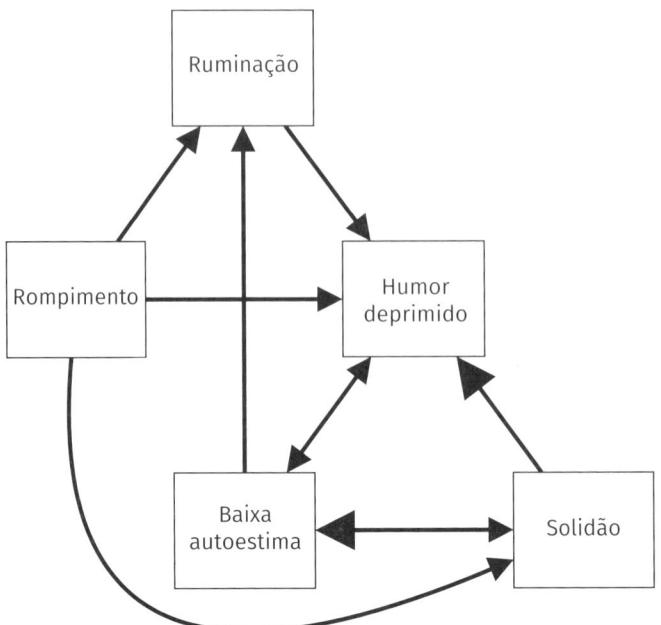

FIGURA 2.5 Sub-rede.

No caso dessa cliente, podemos identificar duas sub-redes principais. A primeira está entre os nós "Baixa autoestima", "Solidão" e "Humor deprimido", os quais reúnem aspectos afetivos, cognitivos e autocorrelacionados em um subsistema único. A cliente se sente solitária, o que reforça seus sentimentos de humor deprimido, que, por sua vez, diminui seu autoconceito (baixa autoestima). A baixa autoestima reforça seus sentimentos de solidão, repetindo o ciclo.

Também há uma segunda sub-rede, entre os processos "Baixa autoestima", "Ruminação" e "Humor deprimido". Ela reúne questões do *self*, cognição e afeto em um sistema único interligado e autossustentado. A baixa autoestima da cliente a leva a ruminar sobre o passado, o que reduz seu humor, o que — mais uma vez — contribui para sua baixa autoestima. Novamente, este é um ciclo autorreforçador, no qual três ou mais eventos psicológicos influenciam e reforçam uns aos outros em um sistema de processos de mudança.

Note que "Baixa autoestima" e "Humor deprimido" estão envolvidas nas duas sub-redes, dando a ambos um papel central na manutenção dos problemas da cliente. Além disso, o processo "Solidão" tem forte influência direta em "Baixa autoestima" e "Humor deprimido" (conforme mostrado pelas pontas de flecha maiores), atribuindo a ele também um papel principal. Assim, se você quer interferir na rede da cliente, focar nas reações à solidão, no humor deprimido ou na baixa autoestima pode ser uma forma sensata de fazer isso. Essa ideia — de que os processos de mudança envolvidos em múltiplas sub-redes frequentemente são especialmente bons para focar na terapia — é uma característica fundamental do diagnóstico baseado em processos.

Estas são as relações mais importantes que você precisa conhecer para dar início ao trabalho com o modelo de rede. A rede deve ser tão complexa quanto necessário e tão simples quanto possível. Em outras palavras, precisamos acrescentar ao modelo tantos eventos e relações quanto necessário para identificar os principais processos de mudança, embora simultaneamente o menos possível para manter o modelo claro, simples e prático. Neste capítulo, daremos algumas orientações preliminares sobre como você pode fazer isso e ampliaremos essas ideias no próximo capítulo sobre o Metamodelo Evolucionário Estendido, ou EEMM (pronunciado "im", como em "time").

Dependendo do objetivo do tratamento, pode ser útil excluir determinado número de eventos importantes em outros aspectos na vida do cliente. Por exemplo, uma figura paterna ausente pode não ter influência no hábito de uma pessoa de abuso de drogas e, assim, deve ser excluído de um modelo de rede que visa a ajudar a pessoa a superar processos que estimulam a drogadição. Escolha somente aqueles eventos que têm influência direta ou indireta relevante no seu objetivo terapêutico na forma de processos de mudança empiricamente estabelecidos e mutáveis.

Depois que desenvolveu um modelo de rede do cliente, você pode usá-lo para fazer afirmações significativas sobre o que originou um problema, quais fatores o mantêm, como o problema pode progredir e onde você pode intervir efetivamente para orientar o cliente para uma mudança significativa. Para saber quais processos são os mais importantes em um determinado modelo de rede — em outras palavras, quais processos mantêm a rede e quais são mais suscetíveis à mudança — é preciso saber como analisar o modelo de rede que você construiu.

ANALISANDO UM MODELO DE REDE

O modelo de rede pode ajudá-lo a obter importantes *insights* sobre o cliente. Meramente examinando o modelo, você pode concluir quais eventos na vida são os mais relevantes, como os eventos se envolvem em outros eventos, como os eventos formam um processo que mantém os problemas do cliente, como esses processos se relacionam entre si, o quanto é forte sua respectiva influência e qual é seu papel mais significativo dentro da rede. Como regra de ouro, um evento se torna mais importante para a rede quando ele tem uma forte influência em outro evento ou quando influencia muitos outros processos dentro da rede. Dê uma olhada na Figura 2.6.

Neste caso, uma "Dieta pouco saudável" afeta inúmeros outros eventos, incluindo "Estar acima do peso", "Sentir-se cansado", "Sono irregular", "Problemas cardíacos" e "Hipertensão arterial". Para este cliente, uma "Dieta pouco saudável" é, assim, altamente importante para a rede maior e, portanto, oferece um excelente ponto de partida para a intervenção clínica depois que o clínico e o cliente entendem os processos que estão mantendo, e podem alterar, essa dieta pouco saudável.

Há também o caso inverso, em que o evento é influenciado por muitos outros eventos próximos. Dê uma olhada na Figura 2.7.

Neste caso, "Baixa autoestima" é reforçada por eventos como "Pais altamente críticos", "Desemprego", "Falta de sono", "Dieta pouco saudável" e "História de *bullying*". Muitas coisas influenciam a autoestima de uma pessoa. Nesse caso, fatores sociais e culturais passados e presentes (ter sofrido *bullying*, pais críticos e desemprego) e fato-

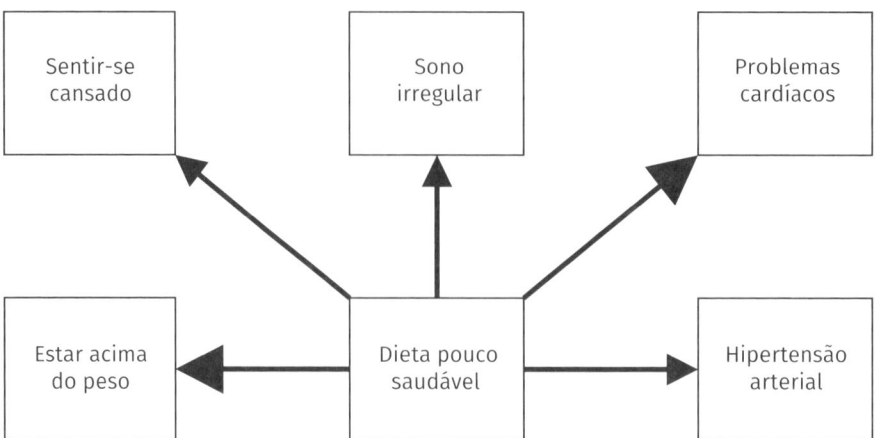

FIGURA 2.6 Um evento influencia muitos.

res do estilo de vida (dieta pouco saudável e falta de sono) parecem mais relevantes. Pode haver outros fatores que ainda não foram explorados. Talvez certos comportamentos e pensamentos, por exemplo, também contribuam para a autoestima dessa pessoa. Conforme descreveremos mais adiante, o EEMM nos dará um guia para explorarmos sistematicamente outros possíveis fatores.

Embora a baixa autoestima desempenhe um papel importante na rede, o próprio fato de que ela é apoiada por tantas outras características da rede sugere que este pode não ser um bom ponto de partida para intervenção clínica. A baixa autoestima pode ser mais resiliente à mudança porque é reforçada por muitos outros eventos, alguns dos quais (p. ex., história de *bullying*; pais críticos) podem ser impossíveis ou difíceis de mudar. Em consequência, pode ser mais útil mudar primeiro os processos que alimentam a autoestima. Por exemplo, esse cliente pode ter um estilo cognitivo rígido que facilmente origina forte autocrítica sempre

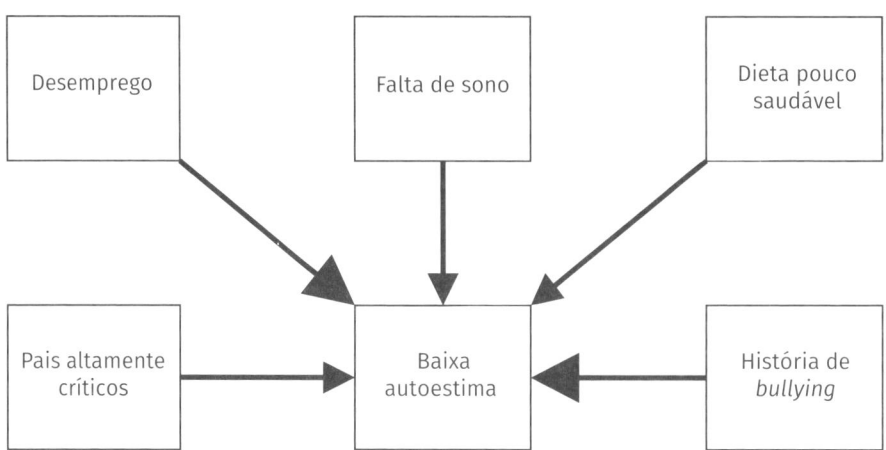

FIGURA 2.7 Muitos eventos influenciam um.

que ocorrem eventos negativos, como os cinco apresentados nessa rede.

Uma rede pode ser resistente à mudança até que atinja um ponto crítico em processo específico. Um sinal importante de um ponto crítico iminente é uma aceleração ou desaceleração no modelo de rede. Por exemplo, quando uma pessoa precisa de menos tempo para se recuperar de um estressor, isso pode indicar momento decisivo da má adaptação em direção à saúde. Em contrapartida, quando uma pessoa precisa de mais tempo para se recuperar, pode indicar um momento difícil da saúde indo na direção da disfunção. Sempre que você testemunha uma mudança de ritmo de um estado de uma rede para outra, é aconselhável prestar atenção.

Ao olhar para uma rede dessa maneira, você pode tirar conclusões importantes sobre o efeito que eventos diretos têm um no outro e na rede em geral, sobretudo depois que ela estiver apoiada por medidas longitudinais, como discutiremos posteriormente neste livro. Você pode ver quais eventos ocasionaram um problema, que processos mantêm essa relação e como um problema pode progredir no futuro, dependendo de quais processos reforçam o problema.

Os modelos de rede de pessoas da vida real são frequentemente mais complexos do que os que apresentamos nos exemplos. Com frequência, muito mais eventos e processos estão envolvidos, interagindo e se relacionando uns com os outros de formas mais complexas. Porém, mais uma vez, não se preocupe que isso possa ficar muito complicado, pois chegaremos lá passo a passo. Então, vamos aplicar a abordagem de rede a uma pessoa real e ver como isso funciona na prática.

APLICANDO UMA ABORDAGEM DE REDE

Ao longo deste livro, acompanharemos diferentes clientes enquanto examinamos os princípios e a prática da PBT. Esses indivíduos são produto da ficção, e qualquer semelhança com alguma pessoa na vida real não é intencional e terá sido mera coincidência. No entanto, eles foram inspirados por nossa experiência terapêutica e escrevemos seus casos de forma a se parecerem com clientes da vida real que você poderia encontrar na sua prática terapêutica. Dito isso, vamos conhecer nossa primeira cliente e ver o que aprendemos sobre ela durante nossa primeira conversa.

Andrea é uma mulher de 61 anos que se preocupa frequentemente com o bem-estar de seus entes queridos. Ela liga para sua filha de 30 anos pelo menos uma vez por dia e ansiosamente indaga sobre seu bem-estar; sobre a creche da sua neta, sua dieta, ou uso do cinto de segurança e habilidade para fazer amigos (e se os pais dos amigos dela foram "aprovados"); sobre a velocidade com que sua filha dirige; sobre o uso de equipamentos de flutuação na piscina; e sobre milhares de outras preocupações similares. Andrea está convencida de que provavelmente morrerá logo, então frequentemente visita o consultório médico, solicitando exames médicos caros. E quando recebe os resultados negativos, ela questiona a competência do médico e exige um segundo exame, ou se sente tranquilizada, mas somente por algumas horas ou dias antes de começar a se preocupar novamente. Ela também pede que seu marido atual a tranquilize várias vezes por dia em assuntos como a saúde dele, onde ele está, se ele acha que ela parece corada, se uma saliência na pele das suas costas pode ser câncer, e temas similares. Seu marido é apoiador, mas tem dificuldade para entender de onde vêm essas demandas ansiosas.

Em nossa primeira conversa com Andrea, já ficamos sabendo muita coisa sobre suas dificuldades e como elas estão afetando a vida dos seus entes queridos e daqueles à sua volta. Para que possamos retratar seu caso em um modelo de rede, primeiro precisamos identificar eventos importantes na vida. Um tema comum em sua vida é a preocupação frequente com sua própria saúde e o bem-estar dos seus entes queridos. E sempre que se preocupa, ela pede que seus entes queridos — sua filha ou seu marido — a tranquilizem. Isso lhe proporciona alívio inicial, até que se preocupe novamente e repita o ciclo. Além disso, ela lida com sua preocupação submetendo-se a exames médicos, o que algumas vezes lhe traz alívio temporário (até que comece a se preocupar de novo), e outras vezes a leva a duvidar dos resultados dos exames (quando eles têm resultado negativo), fazendo com que refaça os exames médicos. Se colocássemos esses *insights* em uma rede, esta seria parecida com a Figura 2.8.

Reserve um momento para examinar os eventos individuais e suas relações interconectadas na Figura 2.8. Como você pode ver, os quatro eventos superiores estão em dois ciclos de *feedback* interconectados, em que "Preocupa-se com o bem-estar" possivelmente leva a "Alívio temporário" — seja solicitando tranquilização dos seus entes

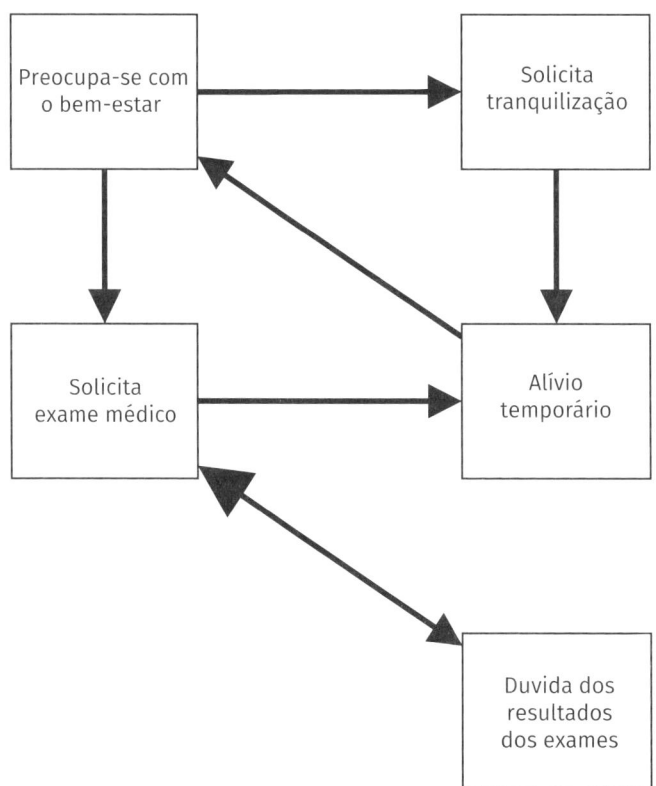

FIGURA 2.8 Modelo da rede de Andrea.

queridos ou se submetendo a mais exames médicos. O alívio temporário, no entanto, possivelmente a leva de volta à preocupação em um ciclo interminável.

Os dois ciclos são exemplos dos mesmos processos de mudança: as formas de tranquilização diminuindo a preocupação mas também alimentando o papel central da preocupação, dessa forma, fortalecendo o ciclo. Há vários nomes para ciclos desse tipo ("esquiva experiencial" é um). Além disso, os eventos "Solicita exame médico" e "Duvida dos resultados dos exames" estão em um ciclo de *feedback* direto, causando um ao outro. Note que a flecha que se move de "Duvida dos resultados dos exames" para "Solicita exame médico" é muito mais forte do que no caminho contrário, porque um exame médico nem sempre leva a duvidar dos resultados dos exames, mas duvidar dos resultados dos exames quase sempre leva à realização de mais exames médicos.

Esta é a aparência de um modelo de rede na prática. Ao conceitualizarmos um caso clínico usando esse modelo, podemos encarar a psicopatologia como alguma coisa que muda e se altera ao longo do tempo, enfatizando a transição entre estados de patologia e saúde. Ele também nos possibilita fazer relações diretas entre as diferentes características da vida de um cliente em vez de termos que nos basear no pressuposto de que sintomas são expressões de doenças subjacentes. Esses modelos de rede individualizados — concebidos para se adequar à situação de cada cliente — podem então ser usados para informar estratégias de tratamento por meio da identificação daqueles processos que são mais importantes e mais suscetíveis à mudança.

Passo de ação 2.1   Crie um modelo de rede

Voltemos a uma das áreas-problema na sua própria vida. Elabore uma rede de eventos que pareçam caracterizá-la. Foque mais no que parece estar presente agora e menos sobre de onde pode ter se originado baseado em eventos no passado distante. Use flechas com uma ou duas pontas para descrever o que leva a que em sua experiência. Tente manter a rede pequena, com seis nós ou menos. Tenha em mente que você sempre poderá alterar sua rede enquanto a desenvolve.

A seguir, escreva um parágrafo curto sobre o que lhe acontece quando pensa desse modo. Que sentimentos e pensamentos surgem para você? Como você reage quando olha para esse problema pelas lentes dessa rede?

Seguindo o exemplo que usamos no Passo de ação 1.1, ilustramos a seguir como essa pessoa poderia ter completado este exercício.

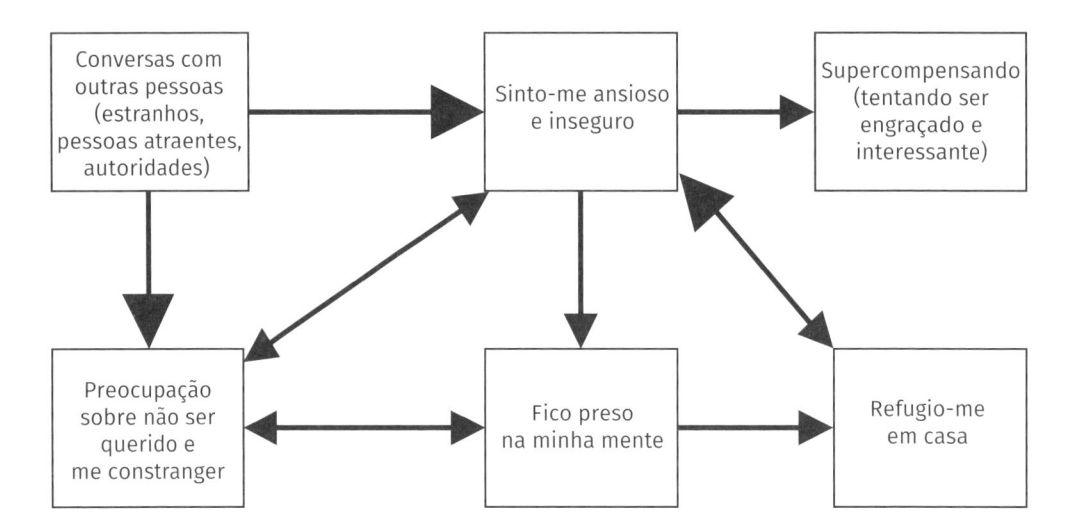

Exemplo

Que sentimentos e pensamentos surgem para mim: nunca penso sobre o meu problema deste modo. Os nós ajudam a mostrar uma boa visão geral de todos os elementos, e as flechas mostram como eles influenciam uns aos outros. Nunca parei para pensar sobre como tudo reforça tudo. Elaborar esta rede me ajudou a entender melhor a minha situação. Meu problema parece ser alguma coisa que posso aprender a controlar melhor.

3
O metamodelo evolucionário estendido

Ao longo da história da psicologia, os clínicos descobriram muitas formas diferentes de falar sobre os processos de mudança terapêutica. Sigmund Freud e a psicanálise falaram do trabalho a partir dos mecanismos de defesa inconscientes e impulsos sexuais infantis. Aaron T. Beck e os seguidores da terapia cognitiva focaram em mudanças nos pensamentos automáticos e em crenças nucleares. Outros cientistas e terapeutas usaram terminologia completamente diferente para descrever e categorizar os processos de mudança terapêutica de outras incontáveis maneiras.

As muitas formas de falar sobre processos de mudança não são confusas só para os clientes — elas também complicam a comunicação entre os clínicos, tornando difícil comparar e traduzir os processos de mudança em terapia. Se quisermos deter esta complexidade desnecessária, estudar e praticar psicoterapia efetivamente e atender os clientes no máximo de nossas habilidades, precisamos encontrar uma linguagem comum para falar sobre processos de mudança terapêutica. Isso já foi reconhecido há muito tempo, mas a tarefa é difícil.

No passado, foram feitas tentativas de integrar informações sobre processos de mudança em uma grande variedade de terapias. No entanto, essas tentativas foram construídas com base em modelos teóricos específicos, limitando a aplicação a diferentes escolas de pensamento. Na PBT, temos o objetivo de dar a todos os processos de todas as correntes de psicoterapia uma chance justa de serem considerados, com base na sua utilidade comprovada para atingir um objetivo terapêutico em vez da aderência a teorias psicológicas específicas.

Mas os processos terapêuticos que devem ser considerados para a PBT precisam satisfazer certos critérios. No capítulo anterior, falamos sobre as cinco principais qualidades dos processos de mudança terapêutica, nomeadamente que eles precisam estar baseados na teoria, ser dinâmicos, progressivos, contextualmente vinculados e parte de um sistema multinível. Além do mais, esses processos de mudança devem ter precisão, escopo e profundidade. Mas como podemos identificar processos que se encaixam nesses critérios e então aplicá-los em um sistema coerente que todos os ramos do trabalho clínico possam usar? E como podemos saber quais processos de mudança são mais úteis e relevantes para atingir um objetivo terapêutico? Para responder a essas perguntas, precisamos nos voltar para a melhor amiga do psicólogo: a estatística.

MEDIADORES

A principal forma pela qual os pesquisadores estudaram os processos de mudança terapêutica é por meio dos mediadores (i. e., as variáveis que mudam como consequência do tratamento e que produzem os resultados do tratamento). Caso já faça algum tempo desde sua última aula de estatística, refrescaremos um pouco a sua memória. Em 1986, os pesquisadores Reuben Baron e David Kenny escreveram um dos artigos mais citados em todo o campo da ciência, em que definiram um mediador como "o mecanismo gerador através do qual a variável independente focal é capaz de influenciar a variável de interesse dependente" (Baron & Kenny, 1986, p. 1173).

Por exemplo, suponha que observamos que alguns empregados de uma empresa tendem a comer mais *fast food* durante a época natalina. Em outras palavras, a época natalina (a variável independente) tem efeito sobre comer *fast food* (a variável dependente). Ao examinarmos mais detalhadamente, no entanto, vamos imaginar que notamos que a época natalina provoca maior estresse no trabalho, o que, por sua vez, leva a comer mais *fast food*. Em outras palavras, o estresse no trabalho atua como mediador: um caminho funcionalmente importante por meio do qual a variável independente ("época natalina") influencia a variável dependente ("comer *fast food*"). Conforme apresentado na Figura 3.1, o estresse no trabalho é um caminho de mudança funcionalmente importante por meio do qual a época natalina leva a uma alimentação não saudável.

Suponha que quando a influência do estresse no trabalho é estatisticamente removida, a época natalina não mais leva as pessoas a comerem mais *fast food*. Esse achado poderia sugerir formas muito práticas de lidar com a questão. Talvez possamos tentar aumentar o número de empregados durante a época natalina e assim reduzir o estresse no trabalho de cada empregado. Se comer *fast food* estiver, então, comple-

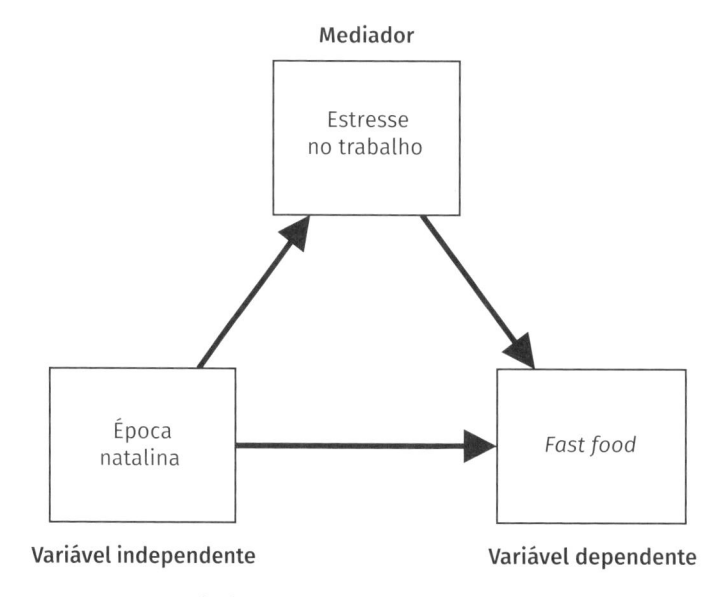

FIGURA 3.1 Um exemplo de mediação.

tamente não relacionado com a época natalina porque o estresse no trabalho é eliminado, seríamos capazes de falar estatisticamente de "mediação total". Se eliminarmos o mediador ("estresse no trabalho") pela nossa intervenção, e o efeito da variável independente ("época natalina") sobre a variável dependente ("comer *fast food*") desaparecer completamente, então esse rótulo se aplicaria. Se, no entanto, ainda houver efeito entre a variável independente e a dependente mesmo depois de contabilizar o mediador, poderíamos falar de "mediação parcial". Nesse caso, a época natalina ainda tem algum efeito sobre comer mais *fast food*, independentemente do estresse no trabalho, talvez porque alguns feriados tornem o *fast food* mais desejável (ou por alguma outra razão que não conhecemos).

Se pudermos mostrar confiavelmente um processo agindo como mediador entre uma intervenção clínica e um resultado, isso pode ter valor terapêutico. Essa é uma boa razão pela qual focamos na pesquisa mediacional em primeiro lugar. O diagnóstico sindrômico (como no DSM e na CID) não tem utilidade conhecida no tratamento. Os mediadores, em contrapartida, têm utilidade comprovada no tratamento e são, por definição, funcionalmente importantes para os resultados clínicos quando são mudados pela intervenção.

Como método, a mediação reconhecidamente tem algumas limitações. Uma das razões é que ela pode lidar com apenas um pequeno número de variáveis. Quando outras variáveis são adicionadas, os modelos estatísticos se tornam mais complexos, menos poderosos e mais difíceis de interpretar. Por essa razão, em geral, apenas um ou dois mediadores são examinados empiricamente de cada vez — mas esses modelos pouco variados não se encaixam no mundo real, nem se encaixam em nossos modelos de mudança. Ninguém acredita que uma única variável seja responsável pela maioria das mudanças positivas na vida.

Talvez, ainda mais importante, a mediação presume que os processos de mudança estão relacionados de forma linear ao tratamento e então ao resultado (controlando o tratamento). Isso é ainda menos provável. A mudança psicológica raramente, quando muito, é um processo linear e unidirecional — quando os resultados mudam, os processos também mudam.

Ao combinar essas duas questões, a mediação como é estudada agora tem limitações notáveis. A mudança no tratamento é um processo dinâmico que envolve muitas variáveis, frequentemente, formando conexões bidirecionais e interrelacionadas que formam redes e sub-redes, como os ciclos de *feedback* positivo e negativo (Hofmann, Curtiss, & Hayes, 2002). Os tratamentos psicológicos envolvem muitas variáveis possíveis. Quando revisamos a literatura da TCC, encontramos que as estratégias cognitivas e comportamentais parecem ser os processos de mudança quando tratamos ansiedade e depressão (Kazantis et al., 2018). No entanto, essa literatura é relativamente pequena. Acreditamos que os processos que levamos em consideração em uma abordagem da PBT precisam começar com o que a literatura mundial nos diz sobre mediadores de sucesso dos resultados clinicamente importantes. Em uma grande metanálise de ensaios clínicos randomizados (ECRs) que focam nos resultados psicológicos, que em breve publicaremos, foi encontrada mediação estatisticamente significativa cinco ou mais vezes para 40 diferentes processos de mudança: evitação experiencial (ou seu lado oposto de aceitação) foi observada pelo menos 52 vezes; autoeficácia foi encontrada 69 vezes; reavaliação cognitiva, pensamentos disfuncionais ou crenças disfuncionais, 47 vezes; *mindfulness*, 41 vezes; e assim por diante (Hayes, Hofmann, Ciarrochi et al., 2020). Resumiremos alguns achados importantes a partir dessa metanálise no Capítulo 8. Queríamos focar em variáveis do processo que regularmente atuam como mediadoras porque, mesmo considerando as limitações da análise mediacional, sabemos que mediadores regularmente identificados podem incluir caminhos de mudança funcionalmente importantes em pelo menos algumas condições.

Os processos de mudança formam conjuntos complexos de relações, por fim, determinando como a mudança acontece. A PBT desenvolveu uma estratégia para entender essa complexidade — uma estrutura abrangente para acomodar a natureza complexa desses processos.

COMPREENDENDO OS PROCESSOS

Não faz sentido usar centenas de processos de mudança terapêutica para guiar a avaliação e o tratamento. A lista é simplesmente longa demais para ser prática. Em vez disso, precisamos simplificar e encurtar a lista com base na teoria e nas evidências. Usaremos o termo "modelo" para descrever um conjunto de processos de mudança conceitualmente integrados que são usados como um guia para selecionar e implementar intervenções psicológicas para atingir resultados positivos.

Esse modelo terá que satisfazer uma variedade de critérios. Primeiro, será necessário incluir processos de mudança suficientes sobre uma gama de problemas para servirem como um guia prático para o tratamento psicológico. Segundo, os processos identificados dentro do modelo precisarão abordar uma variedade de elementos importantes da experiência humana, como motivação para mudança, senso de identidade e afeto. De modo ideal, os processos escolhidos focarão não só em amenizar os problemas mas também em ajudar as pessoas a prosperar e se desenvolver. Terceiro, para que os modelos de processos de mudança se tornem a base de uma alternativa ao DSM ou à CID, eles precisam ser poucos e devem ser capazes de se comparar empiricamente. Escores e escores de modelos são praticamente tão problemáticos quanto escores e escores de diagnósticos. Quarto, os processos de mudança incluídos em determinado modelo devem se encaixar de forma coerente, e as evidências devem mostrar que o conjunto está completo. Quinto, um modelo de processos de mudança precisa ser prático: ele deve levar a novas formas de análise funcional que permitam que os profissionais escolham aqueles elementos do tratamento que produzem os melhores resultados. Por fim, o modelo deve ser aplicável a uma grande variedade de clientes de todos os setores da vida e a diferentes contextos culturais.

Por fim, a forma como falamos sobre os diferentes modelos precisa refletir consiliência. Um dos maiores benefícios do DSM e da CID é ter um sistema de comunicação comum, e vale tentar desenvolver esse conjunto de conceitos comuns dentro de abordagens baseadas em processos. Entre todas as alternativas, parece estar disponível apenas uma abordagem que tem o peso e a abrangência necessários para satisfazer todos os critérios previamente mencionados. Essa abordagem é a mãe de todas as teorias nas ciências da vida: a teoria da evolução.

OS SEIS CONCEITOS PRINCIPAIS NA EVOLUÇÃO

Em 1973, o biólogo evolucionário Theodosius Dobzhansky reconhecidamente declarou que "nada na biologia faz sentido, exceto à luz da evolução" (Dobzhansky, 1973). Com essa declaração, ele destacou o fato de que nenhum processo biológico nasceu do nada, mas emergiu com o tempo baseado nas mudanças e nas condições descritas pela teoria evolucionária. Hoje em dia, é indubitavelmente aceito nas ciências da vida que qualquer função de qualquer forma de vida tem explicação evolucionária.

Essa abordagem ainda não se consolidou nas ciências comportamentais e cognitivas. Parte do problema é que as perspectivas evolucionárias atravessaram uma era do "genecentrismo" no século passado. O livro influente do biólogo evolucionário Richard Dawkins, *The selfish gene* (Dawkins, 1976), é um exemplo. Ele encorajou uma perspectiva evolucionária moldada, em grande parte, em termos de mudanças genéticas. No entanto, o mapeamento do genoma humano provou que essa visão é muito limitada para nossos propósitos na psicologia clínica; grandes estudos com várias centenas de milhares de genomas humanos inteiramente mapeados mostraram que a vasta maioria dos problemas de saúde mental é impactada por centenas, senão milhares de genes, de formas graduais e extremamente complexas. O pensamento genecêntrico não consegue explicar o comportamento de forma direta ou simples.

Isso não significa que os genes não importam. Eles são importantes — mas como parte de redes inteiras de dimensões em desenvolvimento, incluindo regulação epigenética dos sistemas genéticos, processos neurobiológicos, ambiente, comportamento, aprendizagem, desenvolvimento, eventos simbólicos, cultura, bioma intestinal, etc. À medida que a ciência mudou em direção a uma "explicação evolucionária estendida" moderna, multidimensional e multinível, ficou muito mais fácil estender a abrangência evolucionária dos sistemas baseados em processo nas ciências comportamentais.

Há seis conceitos fundamentais necessários em uma abordagem evolucionária, que podem ser expressos no acrônimo VRSCDL (pronunciado como a palavra "versátil"), que representa Variação e Retenção do que é Selecionado no Contexto, na Dimensão e no Nível (do inglês *Level*) certos. Em uma explicação evolucionária coerente, esses conceitos são aplicados a todos os fenômenos usando as quatro questões centrais de Niko Tinbergen (1963) de função, história, desenvolvimento e mecanismo. Vamos desvendar o que esses conceitos-chave significam no contexto da psicologia clínica.

Variação: na evolução, significa que sempre existem formas ligeiramente diferentes disponíveis em qualquer sistema vivo — diferentes formas corporais, diferentes sensibilidades, diferente ação. Inicialmente, a variação é cega (i. e., aleatória e inteiramente sem intenção), mas como a variação é tão central para o desenvolvimento exitoso de sistemas complexos, ela evolui e passa a ser controlada pelo contexto, permitindo maior gama de alternativas quando elas podem ser mais necessárias. De certo modo, a variação se torna "intencional". Mesmo as bactérias apresentam esses efeitos. Se um aminoácido essencial é removido de uma fonte de alimento, quase que imediatamente as bactérias começarão a mutação, como se fosse para "encontrar outro caminho". Os efeitos da extinção são um exemplo bom e óbvio em psicologia. Quando ações que costumavam produzir consequências positivas subitamente já não produzem mais essas consequências, ocorre um aumento inicial dessa mesma ação em frequência e intensidade, e então uma série de ações novas e altamente variáveis de todos os tipos. Esse efeito é tão previsível que os clínicos sabem, por exemplo, dizer aos pais, quando eles param de reforçar ações indesejáveis do seu filho, que é esperado o "surto de extinção", e devem vê-lo como um sinal de progresso. Você pode ver por que a evolução estabeleceria mudanças como essa. Se fazer coisas para obter alimento subitamente não funciona mais, o animal que sobrevive provavelmente será aquele que mais rápido encontra novas formas de seguir adiante. Se a variação necessária for artificialmente restringida — se uma pessoa se torna psicologicamente rígida — é provável que a decorrência seja patológica.

Seleção: significa a habilidade de certas variantes serem escolhidas em detrimento de outras. Em geral, elas são selecionadas com base nas consequências aparentemente úteis que produzem (como sobrevivência imediata, no caso da evolução genética). Entretanto, como consequências a curto prazo podem entrar em conflito com as de longo prazo, ao lidarmos com psicopatologia, frequentemente o problema é que podem ser adotadas adaptações psicológicas que levam a ganhos a curto prazo e sofrimento a longo. No contexto da psicologia clínica, um foco na seleção muitas vezes significa ajudar o cliente a notar formas de ser e fazer que ajudam ou prejudicam sua saúde mental ou trajetórias de vida positivas, sobretudo a longo prazo, e escolher aquelas que ajudam. Por exemplo, um clínico pode pedir que um cliente com padrão de evitação de ansiedade social registre seu pensamento, seus sentimentos e suas ações explícitas, e note como a aceitação ou a recusa de um convite social se desenvolve com o tempo, como um "Não, estou muito ocupado" que resulta em alívio, seguido por humor deprimido, autoconceito negativo e mais afastamento social.

Retenção: significa que um indivíduo, grupo ou cultura repete e fortalece variantes selecionadas com o tempo, de modo que se transformam em verdadeiros hábitos ou costumes. Na evolução genética, as variantes selecionadas são retidas fisicamente no DNA. Algo parecido também acontece na psicologia quando padrões de ação resultam em mudanças na expressão genética por meio da epigenética, mudanças no cérebro baseadas na conectividade neural e similares. Entretanto, comumente, na psicologia as mudanças são retidas pela prática, pela construção de padrões maiores e pelo apoio sociopsicológico ou ambiental. Existe uma qualidade do tipo "use ou perca" para a maioria dos novos hábitos. A nova aprendizagem também tem mais probabilidade de ser retida se estiver associada a hábitos ou costumes preexistentes — o que, algumas vezes, é denominado como uma estratégia do tipo "amplie e construa". A organização dos estímulos sociais ou ambientais também pode ajudar. Exemplos de estratégias de retenção são abundantes no trabalho aplicado: tarefa de casa, postar publicamente o progresso na mudança do hábito, monitorar as "vitórias", programar "incentivos" positivos, formar um grupo social para mudarem hábitos juntos, etc.

Contexto: refere-se às circunstâncias situacionais e históricas ou aos objetivos de intervenção que afetam quais comportamentos um indivíduo ou grupo seleciona e retém. Por exemplo, algumas novas formas de expressão emocional podem se estabelecer se um indivíduo emprega essa expressão no contexto de um relacionamento amoroso. Preocupações com contingências naturais, adequação cultural, conexão com compromissos de fé religiosa, ambientes de trabalho flexíveis, um ambiente apoiador, etc., são todas formas típicas pelas quais os clínicos falam no contexto em um sentido evolucionário.

Dimensão: refere-se às vertentes particulares de eventos que os indivíduos estão selecionando e retendo. No domínio psicológico, estes incluem afeto, cognição, atenção, *self*, motivação e comportamento explícito, mas existem dimensões em outros níveis também.

Nível: significa o grau de organização e complexidade dos alvos dos processos de seleção. Os eventos psicológicos envolvem todo o organismo agindo dentro de um contexto que é considerado tanto histórica quanto situacionalmente. Porém nos níveis biofisiológico, genético e epigenético, a seleção ocorre sub-organismicamente; e nos níveis social, ocorre entre díades e grupos cada vez maiores e suas regras e costumes estabelecidos. Habilidades e incapacidades físicas, dieta, exercício, sono e medidas do funcionamento biológico por meio de imagem do cérebro, genética e fatores epigenéticos são exemplos do primeiro; relação terapêutica, apoio social e interações com casais/família/amigos são exemplos do último.

As características VRSCDL podem ser aplicadas em uma explicação evolucionária robusta de qualquer uma ou todas as quatro questões evolucionárias principais de Tinbergen (Tinbergen, 1963): como a função das variantes altera a adaptação; como essas variantes emergem e são retidas com o tempo em sua história evolucionária; como essas variantes se desenvolvem durante a vida do organismo; e como mecanismos externos e internos específicos se combinam para produzir fenótipos particulares, físicos ou comportamentais.

APLICANDO CONCEITOS EVOLUCIONÁRIOS A UM METAMODELO

Podemos combinar esses conceitos-chave da evolução em um Metamodelo Evolucionário Estendido (EEMM). O EEMM nos permite classificar os processos de mudança terapêutica e considerar sua integração. O termo "metamodelo" refere-se a um modelo que pode incorporar inúmeros outros específicos — um modelo dos modelos.

Podemos classificar os processos de mudança na ciência intervencionista em seis dimensões psicológicas principais (afeto, cognição, atenção, *self*, motivação e comportamento explícito), agrupadas em dois níveis adicionais de seleção (biofisiológico e sociocultural). E em cada uma dessas dimensões e níveis, variação, seleção, retenção e contexto são centrais (ou para usar termos que são mais familiares para os clínicos, cada uma dessas dimensões e níveis envolve processos relacionados a mudança, função, hábitos ou padrões e adequação e apoio). Por fim, esses processos podem ser adaptativos ou mal-adaptativos, seja ajudando ou prejudicando a saúde mental e a prosperidade.

A verdade é que os terapeutas já falam em termos de variação, seleção, retenção e contexto: eles procuram mudanças que funcionem bem para a pessoa (variação e seleção), as quais são incorporadas a hábitos que se encaixam na sua situação (retenção e adequação contextual). Eles aplicam isso a dimensões específicas do desenvolvimento psicológico (afetivo, cognitivo, comportamental, atencional, motivacional, etc.) e focam em diferentes níveis de análise e nas interações dos processos de mudança.

Ao combinarmos todos os seis conceitos evolucionários, temos um metamodelo amplo para a exploração de processos de mudança adaptativos e mal-adaptativos. Isso organiza os processos de mudança multidimensionais e multinível e os modelos específicos que os organizam em um conjunto coerente maior chamado Metamodelo Evolucionário Estendido (Fig. 3.2). As seis linhas no alto do EEMM são dimensões do desenvolvimento no nível individual, agrupadas dentro de dois níveis nas duas linhas inferiores. Cada dimensão e nível pode ser examinado em termos da variação e retenção seletiva no contexto. Podem ser criados "agrupamentos" diferentes (rotulados como "mal-adaptativos" e "adaptativos") de processos que levam à patologia e aqueles que levam à saúde. Esse diagrama é um "metamodelo" dos processos

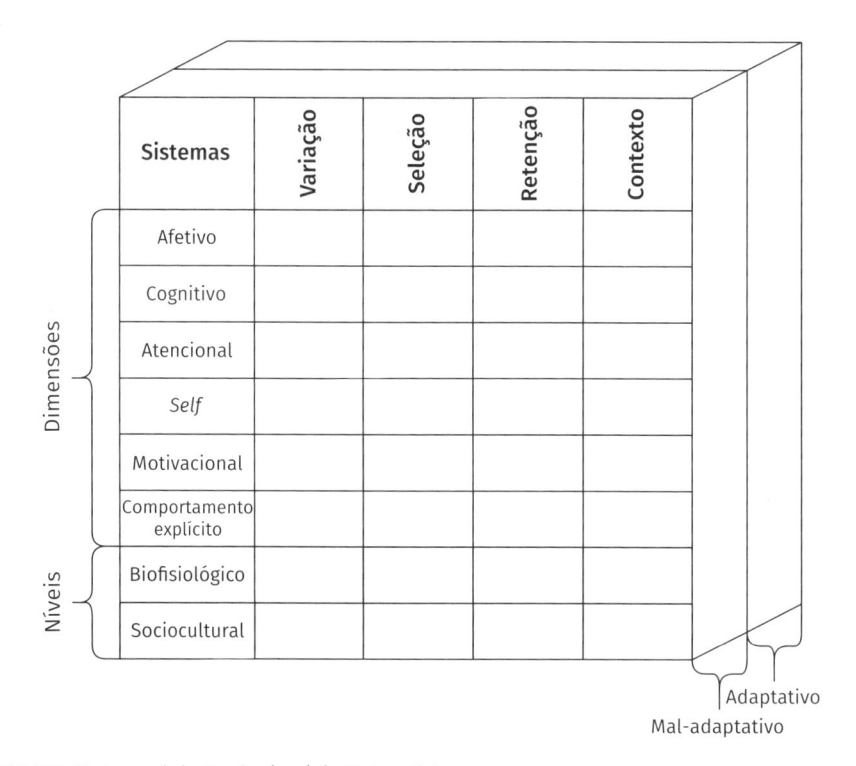

FIGURA 3.2 Metamodelo Evolucionário Estendido.
(Copyright Steven C. Hayes e Stefan G. Hofmann)

de mudança baseado na síntese que é proporcionada por explicações evolucionárias multidimensionais e multinível. Consequentemente, ele é chamado de EEMM.

O EEMM pretende não só ser um guia prescritivo mas também uma linguagem comum, a fim de considerar e comparar modelos de processos de mudança. Diferentemente de um modelo formal, um EEMM pode acomodar qualquer modelo específico que aborde uma gama razoável de dimensões, níveis e colunas, sejam eles comportamentais, cognitivos, psicodinâmicos, humanísticos ou outros.

Essa abordagem de metamodelo multidimensional e multinível também sugere que modelos particulares de PBT são suficientemente amplos e coerentes. Se linhas, colunas ou agrupamentos inteiros estiverem ausentes em um determinado modelo, isso sugere que o modelo subjacente é muito limitado na identificação de processos de mudança nas áreas ausentes. Em contrapartida, se houver vários modelos concomitantes que são razoavelmente abrangentes, a clareza conceitual relativa da abordagem EEMM pode refinar e melhorar sua comparação empírica.

Passo de ação 3.1   Explorar uma dimensão

Vamos retornar a uma das áreas problemáticas na sua própria vida. Considere as seis dimensões do EEMM (afeto, cognição, atenção, *self*, motivação e comportamento explícito) e escolha uma delas que você suspeita ser relevante para sua área-problema, mas que ainda não explorou de modo exaustivo. Escolha apenas uma dimensão — examinaremos as outras posteriormente no livro.

Agora, escreva algumas sentenças sobre o que parece típico para você nessa dimensão em sua área-problema. Há ações, reações ou padrões que tendem a se repetir? Há algum que pareça antigo, familiar ou inútil? Encontre o padrão mais comum e escreva sobre ele.

A seguir, veja se consegue lembrar das vezes em que você lidou com a dimensão que escolheu dentro da sua área-problema de forma mais efetiva do que é típico para você. Descreva um ou dois exemplos de formas mais efetivas de responder.

A título de explicação, as duas perguntas acima são sobre exploração da inflexibilidade e ocasiões de variação saudável dentro da dimensão que você escolheu. As áreas-problema tendem a ter padrões dominantes que não estão funcionando bem, mas que tendem a se repetir. É isso que queremos dizer quando nos referimos à "inflexibilidade". Se você souber sobre as vezes em que fez um trabalho melhor, então estará vendo indicações de "variação saudável". Usaremos esse conceito ao longo deste livro.

Exemplo

Dimensão: *self*

Padrão dentro desta dimensão: sinto-me como um completo perdedor. Como se minhas realizações não fossem suficientemente grandes e quem eu sou como pessoa não fosse bom o suficiente. Quando sou rejeitado por outras pessoas, essa é a confirmação de que não sou bom o bastante. Quando noto que dou o melhor de mim para divertir outras pessoas, esta é mais uma vez uma confirmação de que não sou suficientemente bom (ou então eu não tentaria me esforçar tanto). E quando me retraio e vou para casa, mais uma vez decido por mim mesmo que não sou bom o suficiente.

Exemplo de resposta mais efetiva: eu estava jogando voleibol com um amigo e seus conhecidos. Eles eram todos muito atraentes, então notei o nervosismo e a insegurança se aproximando. Mas em vez de ceder ao meu medo e me rotular como um perdedor, parei e me perguntei o que é importante neste momento. A resposta foi clara: passar um tempo de qualidade com meu amigo e me divertir. Em consequência, meu foco inteiro mudou, e consegui deixar de lado essa ideia de que não sou suficientemente bom.

Como a variação sadia se aplica: meu padrão rígido é recorrer à autoacusação e tentar provar meu valor ou me libertar inteiramente da situação desconfortável. Uma variante positiva é redirecionar o foco para o que realmente importa, permitindo-me entrar em contato com os outros, sem ter que me provar.

REVISITANDO A MEDIAÇÃO

Como você verá, mesmo que o EEMM produza células, é um erro pensar nos processos de mudança como habitando somente células específicas ou mesmo fileiras inteiras. Considere um processo como "apego". Esse é um processo que ocorre entre as pessoas, portanto reside em um nível sociocultural em certa medida, mas tem um impacto psicológico (como o impacto afetivo, digamos, de um relacionamento que estimula o "apego seguro"). Esse impacto afetivo pode, por sua vez, selecionar outros processos de mudança (p. ex., ser menos julgador com os outros pode estimular apegos seguros e seu impacto emocional positivo). Alguns processos no nível psicológico envolvem todas as seis dimensões psicológicas ao mesmo tempo. Um exemplo é o modelo de flexibilidade psicológica que fundamenta a terapia de aceitação e compromisso (ACT), que contém seis subprocessos, um para cada uma das seis dimensões psicológicas.

O EEMM se parece com um modelo categórico — por exemplo, há um "agrupamento adaptativo" e um "agrupamento mal-adaptativo" — mas na realidade, a adaptação é probabilística e dimensional. O campo da saúde mental dividiu o mundo em "psicopatologia" e todo o resto, porém a vida como ela é vivida quase nunca é assim categórica. Desse modo, embora essa visão mais categórica do EEMM possa ser útil, é importante não pensar no EEMM como um tipo de "tabela periódica" concebida para organizar os processos de mudança em matriz multidimensional. Em vez disso, ele mostra as principais funções sobre as quais os clínicos precisam pensar quando veem o indivíduo pelas lentes de uma explicação evolucionária multidimensional e multinível.

A famosa paisagem epigenética de Waddington (1953a, 1953) pode ser modificada para expressar a natureza mais dinâmica e interativa do que estamos realmente discutindo. A Figura 3.3 mostra quatro "agrupamentos" de processos biofisiológicos, psicológicos e socioculturais e suas determinantes contextuais. Todos esses processos e características contextuais são elásticos e interrelacionados, alterando o curso do funcionamento humano de forma interativa e probabilística ao longo da vida. Isso é apresentado nesta metáfora visual pela forma como as mudanças no pico da superfície modificam as probabilidades de uma rota particular seguida pela bola que rola, como uma metáfora para a variação e retenção seletiva modificando a "via" de uma vida humana.

Como enfatiza essa metáfora física, não se pode dizer que uma única dimensão ou nível de organização é a "causa real" da ação e do desenvolvimento humano. Isso não significa que algumas dimensões não são mais importantes do que outras em aspectos ou situações particulares. Por exemplo, a flexibilidade atencional pode ser fundamental para manter a sensibilidade contextual de processos psicológicos particulares; motivação clara pode ser essencial para a seleção de outros processos como esse; hábitos comportamentais explícitos, para a retenção; etc. Assim, no EEMM, as funções observadas pelas colunas em determinada fileira (i. e., em qualquer dimensão ou nível em desenvolvimento) podem ser satisfeitas por processos em outra fileira. Por exemplo, maior abertura emocional pode ser selecionada e retida porque possibilita maior intimidade e aliança social, a flexibilidade cognitiva pode ser selecionada e retida porque fortalece comportamentos de trabalho efetivos, etc.

Assim, desde o início, é melhor pensar no EEMM como um sistema que ajuda clínicos e pesquisadores a analisarem como os processos de mudança funcionam e interagem com outros processos de mudança, mais do que um tipo de esquema de classificação, como se os processos de mudança fossem correspondências a serem colocadas nas caixas de correio do EEMM.

Como nossa abordagem para a construção de uma alternativa baseada em processos ao DSM ou à CID tem sido amplamente empírica, podemos caracterizar apenas de modo amplo para onde essa abordagem está nos levando. Considere os seis mediadores seguintes, cada um dos quais identificamos na primeira dúzia de estudos dessa grande metanálise dos mediadores da terapia a que nos referimos anteriormente e que examinaremos no Capítulo 8: mudança em crenças obsessivas, desfusão cognitiva, consciência atenta, mudança em pensamentos intrusivos, sensibilidade à ansiedade e frequência na prática de *mindfulness*. Esses seis conceitos se aplicam facilmente às dimensões cognitiva, atencional e afetiva. Com exceção do último conceito, cada um está focado em estimular a variação saudável. Consciência atenta e sensibilidade à ansiedade trazem consigo questões de sensibilidade contextual positiva e negativa; a frequência da prática de *mindfulness* aborda um processo de retenção no modo de formação de hábitos. Não é difícil colocar praticamente todos os mediadores conhecidos no EEMM.

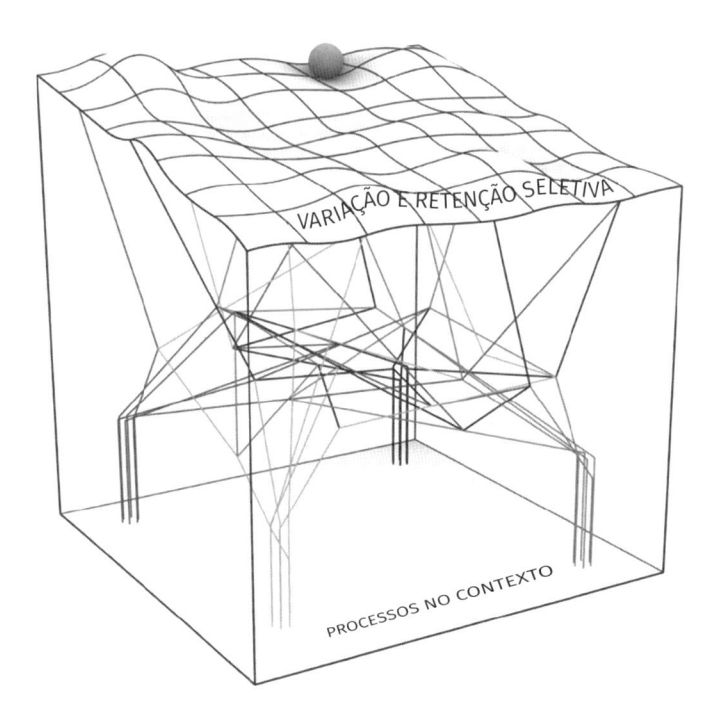

FIGURA 3.3 Modelo de como contexto e processos de mudança alteram as condições da variação e a retenção seletiva que impactam o desenvolvimento humano. Os quatro "agrupamentos" do processo de mudança representam características contextuais, psicológicas, biofisiológicas e socioculturais.

Copyright Steven C. Hayes e Stefan G. Hofmann. Desenhada por Esther M. Hayes. Usada com permissão.

Quando usamos o EEMM com mediadores identificados, vemos que a maioria das fileiras contêm diversos processos a considerar. Os moderadores e as características dinâmicas ou interativas modificam como os processos de mudança associam dimensões, níveis ou colunas. As ferramentas de avaliação usadas para cada processo fornecerão uma forma preliminar de avaliação para os pesquisadores e clínicos levarem em consideração. Nesse ponto, podemos considerar o grau em que os modelos existentes de mudança terapêutica podem traduzir um resumo coerente desses processos.

Os processos são movidos por uma forma específica de tratamento. Isso também produzirá uma lista de intervenções para movimentar os processos em cada célula. Assim, somos capazes de vincular a maioria das células a uma variedade de medidas, processos de mudança e métodos de intervenção ou núcleos de tratamento, pelo menos de modo mais abrangente.

Todas as outras coisas sendo iguais, os modelos que abrangem eficientemente mais dessa matriz serão mais úteis; aqueles que abrangem menos da matriz serão menos úteis. No entanto, mesmo antes que possamos apresentar uma descrição empírica inteiramente organizada da literatura mundial sobre mediação, ainda podemos explorar o que esse sistema poderia produzir. Mesmo com um conjunto limitado de processos a ser considerados, a abordagem do EEMM sugere um caminho a seguir.

Nessa abordagem baseada em processos, os problemas psicológicos não são expressões invariáveis de uma doença latente. Em vez disso, entendemos a psicopatologia como problemas específicos do contexto em variação, seleção e retenção que podem ocorrer em uma variedade de dimensões e níveis. Essa é a ideia central do EEMM, o qual baseamos na ciência evolucionária, adaptado para a psicopatologia e para a psicoterapia.

Como precisamos associar os processos de mudança ao nível individual, um bom lugar por onde começar no diagnóstico baseado em processos é associar os problemas identificados usando uma abordagem de rede complexa para promover análise funcional dos problemas presentes em um indivíduo. Podemos então aplicar a estrutura EEMM enquanto consideramos todos os fatores contribuintes relevantes passados e presentes, como a história dos primeiros anos de vida, estilos de apego, traumas, problemas médicos, crenças, hábitos, etc. Pensamos no tratamento como uma mudança dinâmica da rede complexa da má adaptação para a adaptação.

OS DEZ PASSOS DA ANÁLISE FUNCIONAL BASEADA EM PROCESSOS COMO UMA NOVA FORMA DE DIAGNÓSTICO

O EEMM combinado com a análise de rede fornece uma estrutura para abordagem relevante para o tratamento do diagnóstico baseado em processos. Podemos usar essas ferramentas para organizar uma nova forma de análise funcional, a qual orientará uma abordagem do diagnóstico com utilidade para o tratamento baseado em processos de mudança conhecidos. Ela é composta pelos dez passos a seguir.

1. Selecione uma teoria ou modelo dentro do qual poderá conduzir o diagnóstico baseado em processos relevante para o tratamento, focando em modelos que sejam razoavelmente

abrangentes quando considerados dentro do EEMM e que melhor se adaptem a seu contexto, população e conhecimento.
2. Baseado principalmente no relato do cliente dos problemas centrais ou aspirações não atendidas, identifique características potencialmente relevantes do cliente individual, seu comportamento e suas experiências subjetivas e o contexto em que ocorrem por meio de uma avaliação ampla organizada pelo EEMM e informada pelo modelo específico escolhido. Certifique-se de que essa descrição preliminar do caso aborde tanto os pontos fortes quanto os fracos relevantes no repertório do cliente.
3. Considerando os objetivos do cliente, organize a rede de características da descrição do caso em processos de mudança conhecidos e os moderadores desses processos, expressos tanto em termos da origem quanto especialmente em termos das condições de manutenção. Foque em particular nas relações de autoamplificação e sub-redes dentro da rede e baseie-se, sempre que possível, nas relações empiricamente estabelecidas no nível do cliente individual.
4. Acrescente medidas e resultados do processo quando necessário. Reúna informações adicionais que informem a análise funcional preliminar, acrescentando de maneira repetida dados das medidas sobre os processos supostamente principais, caso seja possível.
5. Baseado nesses dados, reconsidere a rede, incluindo as modificações que surgirem à luz dos protótipos nomotéticos extraídos do trabalho analítico funcional idiográfico prévio. Organize a rede em uma descrição integrativa e baseada em processos do desenvolvimento e da manutenção da rede mal-adaptativa. Essa descrição é a análise funcional do caso. É o diagnóstico baseado em processos.
6. Considere como perturbar as características dominantes da rede expressas em termos baseados em processos, seja direta ou indiretamente, mas considere em particular as mudanças que estão disponíveis, que é sabido respondem à intervenção, provavelmente serão retidas, alterarão as relações funcionais idiográficas dentro das partes mal-adaptativas da rede do cliente e entrarão idiograficamente nas características autoamplificadoras de uma nova rede adaptativa.
7. Considerando o contexto e a relação terapêutica, selecione uma série de núcleos de intervenção ou métodos que sejam mais prováveis de perturbar a rede dessa maneira.
8. Intervenha enquanto continua repetidamente medindo os processos-chave de mudança, o contexto terapêutico e o progresso em direção às metas do cliente. Avalie a perturbação da rede e o grau de mudança no nível dos processos.
9. Se não houver mudança ou esta for inadequada no nível dos processos, recicle os passos anteriores. Em geral, retorne ao passo 2 ou ao 3, mas em alguns casos, reconsidere o modelo baseado no EEMM selecionado no passo 1. Se houver mudança adequada no nível dos processos, continue a intervir e avalie o movimento

dos resultados posteriores baseado nas ligações esperadas entre processo e resultado e no objetivo do cliente que está sendo buscado.

10. Se os resultados mudarem suficientemente, tente agrupar as análises idiográficas dos processos, o tratamento e os resultados em protótipos nomotéticos como reunião de casos. Se os resultados não mudarem o suficiente, retorne aos passos anteriores. Normalmente isso seria um retorno ao passo 2 ou ao 3, mas, em alguns casos, reconsidere o modelo baseado no EEMM selecionado no passo 1.

Quando os processos de mudança aumentam e as medidas se tornam mais sofisticadas, muitos desses passos podem se tornar mais automáticos e empíricos para os clínicos. Por exemplo, ao passo que as medidas automatizadas dos resultados ou contextos (ou medidas repetidas dos processos de mudança) avançam, o passo 2 pode se tornar mais rotineiro, e os passos 3 a 8 podem ser mais guiados por *big data*. Nesse ínterim, descobrimos ser útil no treinamento baseado em processos ensinar análise de rede conceitual idiográfica e então associar a análise funcional baseada em processos ao EEMM e a avaliações repetidas. Nos próximos capítulos, demonstramos a utilidade do EEMM aplicando-o a casos clínicos individuais descritos passo a passo, focando inicialmente em apenas algumas linhas e colunas para que, quando o sistema inteiro for reunido e usado, você se sinta confiante na sua aplicação.

4

As dimensões cognitiva, afetiva e atencional

Agora que você tem uma compreensão do EEMM, nos próximos capítulos, exploraremos em mais detalhes os subconjuntos manejáveis das várias dimensões e dos níveis do EEMM enquanto se aplicam a clientes particulares. Neste capítulo, conheceremos uma cliente chamada Maya, que tem dor crônica. A dor crônica é atípica porque, diferente do que ocorre com muitos outros males, a maioria das pessoas com dor crônica provavelmente experienciará dor pelo resto da sua vida. Como resultado, elas frequentemente lutam com sua condição e acham difícil aceitar que sua dor poderá nunca desaparecer completamente.

Usaremos o caso de Maya para examinar as diferentes dimensões do EEMM e mostrar como cada dimensão está representada nessa cliente. No caso de Maya, as dimensões da cognição, do afeto e da atenção são centrais e, por isso, neste capítulo, colocamos o foco nessas dimensões particulares. Discutiremos as dimensões restantes do *self*, motivação e comportamento no próximo capítulo.

Começamos com uma conversa clínica de admissão, em que o terapeuta colhe informações básicas sobre a situação de Maya e os processos em jogo. Observe que a conversa de admissão não é especificamente "baseada em processos", mas segue a estrutura genérica de uma conversa clínica de admissão. Depois disso, organizamos as informações coletadas em um modelo de rede e discutimos como o caso de Maya se encaixa nas dimensões da cognição, do afeto e da atenção. Concluímos o capítulo organizando todos os elementos reunidos em uma análise funcional. Dessa maneira, você terá uma compreensão mais profunda de como as dimensões da cognição, do afeto e da atenção podem ser representadas em um caso clínico, como esses elementos podem ser estruturados em um modelo de rede e como este é então usado para informar uma análise funcional. Vamos começar.

A LUTA DE MAYA

Terapeuta: O que a traz aqui hoje?

Maya: Bem, uma amiga do trabalho me disse que você poderia ajudar. Neste momento, estou no meu limite, então aqui estou. Vou tentar alguma coisa.

Terapeuta: Você vai tentar alguma coisa? E como você acha que eu poderia ajudá-la?

Maya: Esse não é o seu trabalho? Quero dizer, eu tenho essa dor constante nas minhas costas, e algumas vezes dói tanto que mal consigo sair da cama, sem falar em atravessar o dia ou ir para o trabalho ou qualquer coisa. Realmente não sei mais o que fazer. Isso me deixa com tanta raiva, e estou aqui para descobrir como você pode me ajudar.

A essa altura, já iniciamos uma conversa e já aprendemos algumas coisas importantes sobre Maya. Ficamos sabendo que ela está lutando contra uma dor crônica nas costas e que isso faz com que ela restrinja sua atividade e evite ir para o trabalho. Além disso, aprendemos que essa situação é uma grande fonte de raiva para ela. Se colocarmos o que acabamos de saber em um modelo de rede, ele seria semelhante ao que podemos ver na Figura 4.1.

Naturalmente, os fatores na rede de Maya se relacionam entre si. Maya mencionou que sua dor crônica nas costas faz com que ela restrinja sua atividade, mas o inverso provavelmente também é verdadeiro: quando restringe sua atividade e fica na cama, ela provavelmente contribui para sua dor nas costas (por isso a relação é representada como uma flecha com duas pontas). O mesmo parece ser verdadeiro para seu nível de raiva experienciada: a raiva faz Maya se restringir, e isso alimenta a raiva de Maya. Por fim, a dor crônica também alimenta a raiva de Maya. E, embora o contrário também seja verdadeiro (a raiva soma-se à sua dor crônica), é mais fraca a influência da raiva em relação à dor crônica (por isso a relação é representada como uma flecha pequena). Observe que todos os nós e suas relações subjacentes podem mudar à medida que continuamos a explorar a situação de Maya.

Terapeuta: Conte-me mais sobre essa dor nas costas. Como e quando isso começou?

Maya: Há cerca de seis meses, eu tive uma contusão no trabalho. Sou enfermeira e trabalho na unidade de cuidados intensivos. Frequentemente tenho que buscar materiais para os pacientes no almoxarifado e, então, há uns seis meses, eu fui buscar um

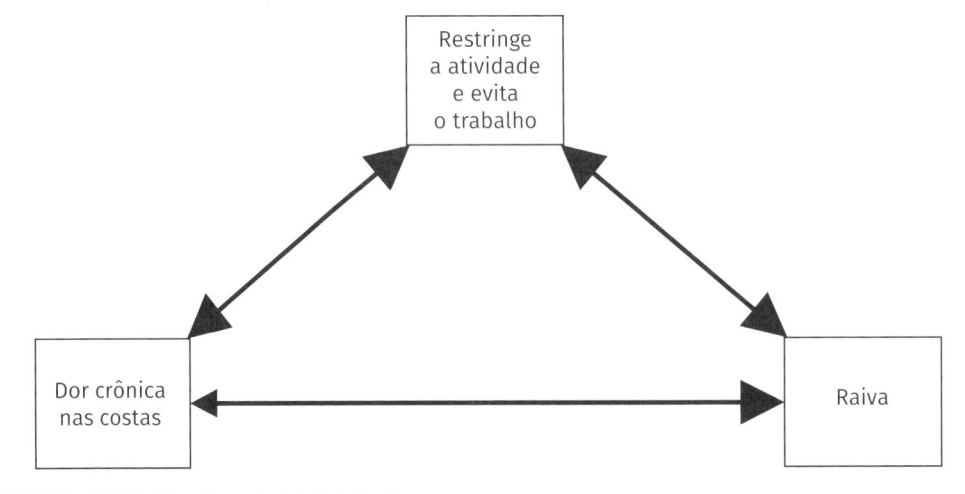

FIGURA 4.1 Modelo de rede inicial de Maya.

material como de costume e escorreguei e caí de costas. Desde então tenho essa dor excruciante que não desaparece.

Terapeuta: Lamento que isso tenha acontecido com você. Como você enfrenta a dor normalmente?

Maya: É terrível. Dói muito e faz tudo ficar muito mais difícil. Quero dizer, eu quase não vou mais para o trabalho. A dor está sempre ali e faz com que eu me preocupe muito. Penso coisas como "e se ela permanecer assim? E se nunca mais for embora?", etc.

Terapeuta: Então você passa muito tempo pensando se a dor vai continuar.

Maya: Sim. Exatamente.

Terapeuta: E se eu a observasse de fora quando você está em meio à preocupação, o que veria você fazer?

Maya: Não muito, isso eu posso lhe dizer. Fico apenas ali, sentada. Presa aos meus pensamentos. E na verdade não faço mais nada.

Terapeuta: E isso está lhe ajudando ou é parte do problema?

Maya: Sem dúvida é parte do problema. Quando eu fico em casa e não faço nada, só tenho mais tempo para me preocupar e ruminar. E isso só me deixa com muita raiva de tudo.

Agora nos aprofundamos na conversa e já sabemos mais sobre Maya para informar melhor nosso modelo de rede. Por exemplo, soubemos que Maya passou a ter dor crônica nas costas durante uma contusão no trabalho ao escorregar e cair no almoxarifado. Além disso, ficamos sabendo que Maya tende a se preocupar muito com sua dor e com o fato de que "ela pode nunca mais ir embora". Adicionamos esses novos fatores como nós ao modelo de rede de Maya (Fig. 4.2).

Note que os novos nós se relacionam a outros previamente estabelecidos. Por exemplo, a contusão de Maya no trabalho deu origem à sua dor crônica nas costas (portanto, ela é descrita como relação simples de uma via). O nó "Contusão no trabalho" tem as bordas arredondadas porque ele atua como moderador (um fator contextual que não mudará, mas modifica como os processos de mudança ligam dimensões, níveis ou colunas), dessa forma assumindo um papel especial dentro da rede. Além disso, a ruminação e a preocupação de Maya sobre a sua condição permanece central e está conectada a vários outros nós. Sua dor crônica

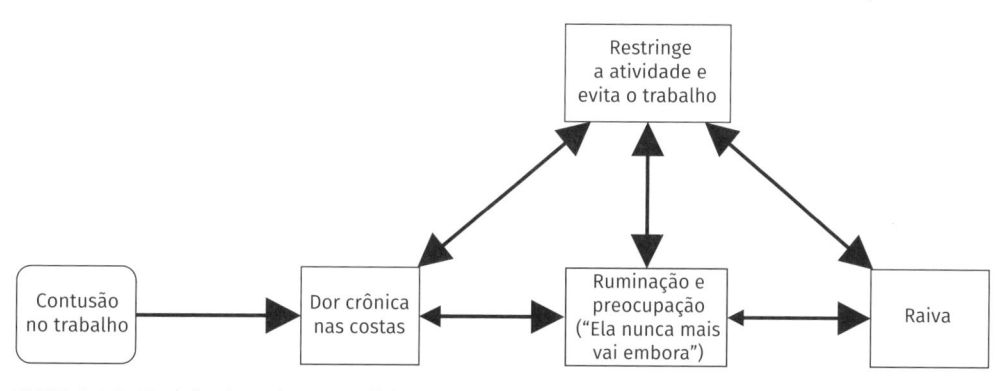

FIGURA 4.2 Modelo de rede expandido de Maya.

nas costas a leva diretamente a ruminar e se preocupar, o que, por sua vez, a faz ficar com raiva. Por isso, o nó "Ruminação e preocupação" se situa entre o nó "Dor crônica nas costas" e o nó "Raiva". Note que a raiva se soma à tendência de Maya a se preocupar, apesar de a presumirmos em menor escala (por isso a relação é representada com uma flecha pequena). Além disso, Maya restringe sua atividade quando está se preocupando, o que, por sua vez, a faz se preocupar ainda mais (portanto, a relação é representada por uma flecha com duas pontas).

Terapeuta: E como sua condição afetou seu trabalho?

Maya: Bem, eu não trabalho tanto quanto antes, porque simplesmente não consigo. Eu literalmente não consigo. Mas eles merecem isso.

Terapeuta: O que você quer dizer?

Maya: Quero dizer, várias vezes eu falei aos meus supervisores sobre aquele almoxarifado atulhado e eles simplesmente não deram importância, disseram que iam fazer alguma coisa e nada aconteceu. A sala apresentava risco à segurança, e era apenas uma questão de tempo até que alguma coisa acontecesse.

Terapeuta: Então você acha que o acidente foi resultante da negligência dos seus supervisores e que de certo modo "aquilo nem deveria ter acontecido."

Maya: Sim. Aquilo com certeza aconteceu por causa dos meus chefes. Quero dizer, sinto raiva só de pensar sobre o quanto isso é injusto.

Terapeuta: E quando surge esse sentimento de injustiça, ele deixa as coisas mais fáceis ou as coisas ficam mais difíceis?

Maya: Eu sei que isso na verdade não ajuda. Eu me sinto pior, sem dúvida. Mas, quero dizer, isso é verdade. Foi realmente culpa deles, porque eles não me levaram a sério. Isto é, eu os avisei pelo menos em três ocasiões!

Pouco a pouco, obtemos um panorama melhor da situação de Maya e acabamos de saber que Maya culpa seus chefes pelo acidente. Ela havia alertado sobre o almoxarifado atulhado e agora tem um sentimento de injustiça e pensa: *Isto não deveria ter acontecido.* Isso também explica melhor a sua raiva. Se acrescentarmos esses novos elementos ao modelo de rede de Maya, ele se pareceria com a Figura 4.3.

Como de costume, os novos nós estão sozinhos, mas fazem parte de uma rede. Maya havia alertado seus supervisores sobre o risco à segurança e foi em vão, e é por isso que agora ela tem um sentimento de injustiça (por isso a relação é representada por outra flecha simples de uma via). Esse sentimento de injustiça, entretanto, está relacionado a vários outros nós, onde ele se encontra em um ciclo autoamplificador para a tendência de Maya a ruminar e se preocupar, e também à sua raiva (embora aparentemente, com base em nossa entrevista clínica, seu sentimento de injustiça alimenta sua raiva mais do que sua raiva alimenta seu sentimento de injustiça — por isso esta última relação está representada com uma ponta de flecha menor).

Como você pode ver, há muitos fatores e processos diferentes em jogo que constituem a situação de Maya e produzem, man-

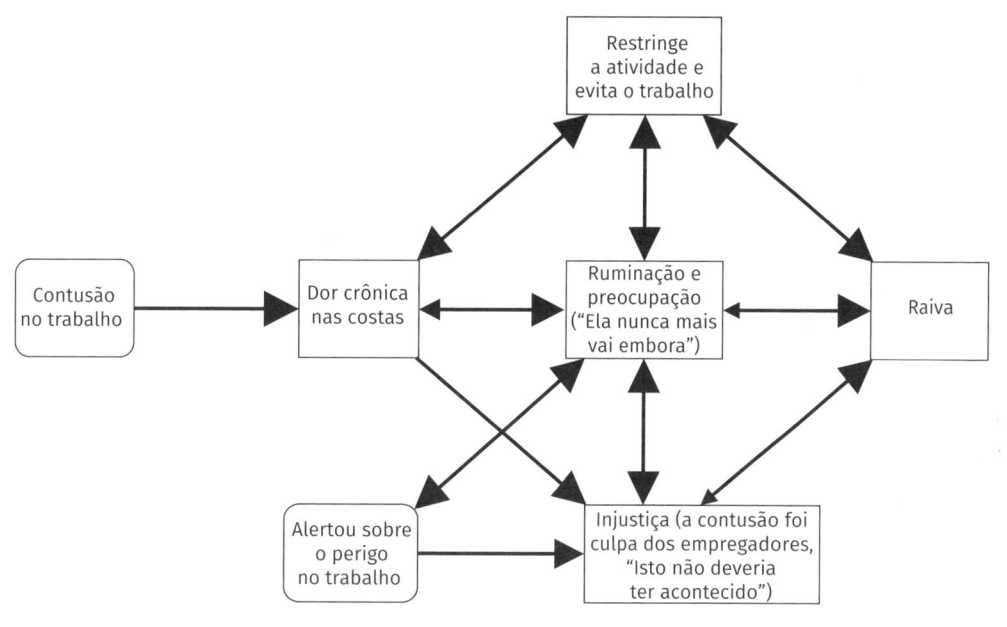

FIGURA 4.3 Modelo de rede mais expandido de Maya.

têm e facilitam as dificuldades de Maya com a dor crônica. Agora começaremos a organizar a experiência de Maya nas diferentes dimensões do EEMM, começando com a dimensão da cognição. À medida que avançarmos com o caso de Maya, exploraremos mais sua situação e desvendaremos processos adicionais.

A DIMENSÃO COGNITIVA

A forma como os clientes pensam a respeito e atribuem significado aos eventos em suas vidas fundamentalmente molda sua situação de vida e a habilidade para enfrentar os desafios e as dificuldades. E Maya não é exceção a esta verdade. Embora a dor crônica de Maya não tenha sido originalmente produto do seu pensamento, ela é mantida e facilitada por ele. Isso é o que torna especialmente importante investigar as cognições de Maya — seus pensamentos e como ela se relaciona com eles pode ajudá-la a ter influência sobre a dor crônica. Quando damos outra olhada no modelo de rede de Maya, podemos identificar dois nós (destacados em cinza) que se enquadram essencialmente na dimensão cognitiva (Fig. 4.4).

Em particular, Maya passa muito tempo ruminando e se preocupando acerca da sua vida. Ela rumina sobre se a dor permanecerá ou que pode nunca ir embora. Além disso, ela parece ter ficado presa a um sentimento de injustiça, pois havia alertado seus chefes sobre o perigo que acabou levando à sua contusão. Ela culpa seus chefes pela negligência e diz que "isso não deveria ter acontecido."

Todas essas cognições por fim se somam à raiva de Maya e reforçam sua tendência à autorrestrição da atividade. Naturalmente, há mais coisas na história de Maya. Primeiro, vários fatores estão em jogo na rede de Maya que ainda não foram desvendados. E faremos isso em partes posteriores do capítulo, quando incluirmos as dimensões do

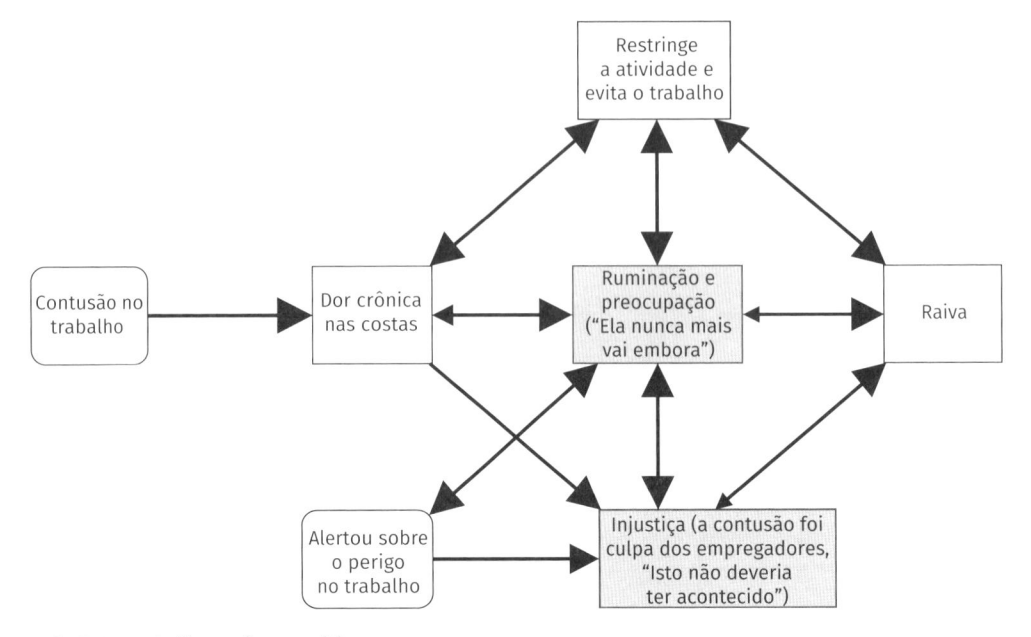

FIGURA 4.4 A dimensão cognitiva.

afeto e da atenção. Em segundo lugar, embora as cognições de Maya exacerbem suas dificuldades a longo prazo, a curto prazo elas podem servir a um propósito útil.

Preocupação e ruminação podem dar uma falsa sensação de controle, e por isso são psicologicamente confortantes. Ao se engajar em sua dor dessa maneira, ela pode conseguir encontrar uma solução inesperada (pelo menos este poderia ser seu raciocínio, e os dados sugerem que que essa é uma característica comum da ruminação). Além do mais, entreter o pensamento com a ideia de que a contusão foi "injusta" e que "seus chefes são culpados" também pode ser psicologicamente reconfortante. Afinal, quando a culpa está em outro lugar, ela não tem que assumir a responsabilidade por suas próprias decisões ou pelos passos difíceis que agora precisa dar para seguir adiante.

Em outras palavras, as cognições servem a várias funções aparentemente úteis. E embora padrões de pensamento mal-adaptativos possam aumentar o sofrimento a longo prazo, eles podem ser confortantes a curto prazo. Note que todo esse raciocínio é mera especulação e precisa ser analisado mais apropriadamente com a cliente em uma análise funcional (que começaremos a fazer mais tarde). Nesse ponto, é importante notar que os fatores cognitivos que aumentam o sofrimento a longo prazo muitas vezes produzem resultados aparentemente positivos ou pelo menos úteis a curto prazo. De fato, isso parece ser válido para todos os estilos cognitivos mal-adaptativos.

A necessidade dessa cliente de coerência psicológica (no sentido de "esta é que é a verdade") pode se tornar dominante se estimular o enredamento com falsas narrativas ou padrões de pensamento inútil. A coerência aparente pode se transformar em um estímulo para pensar de formas rígidas que não se encaixam nas necessidades atuais ou fornecem formas verdadeiramente úteis de seguir adiante. De modo cognitivo, é fácil para os clientes lidarem com dificuldades de saúde mental para valorizar a forma sobre a função, significando que eles se orientam mais na direção do que é "verdade" em vez do que é útil e adaptativo.

Considere os seguintes exemplos de pensamento mal-adaptativo.

Fusão cognitiva: refere-se a um estilo de pensamento em que uma pessoa se identifica com um pensamento particular (i. e., ela "se funde" com um pensamento). A partir deste lugar, o pensamento começa a dominar o comportamento da pessoa, parecendo ser uma verdade absoluta ou um comando inevitável que a pessoa tem que obedecer.

Ruminação: a ruminação assume muitos formatos e formas. Uma pessoa pode ruminar sobre um evento no passado, na busca de lições significativas, para que esse evento não se repita. Ou então a pessoa pode ruminar sobre o futuro, em uma tentativa de evitar um evento futuro, mais uma vez procurando respostas significativas. Em ambos os casos, a pessoa provavelmente estará convencida de que está fazendo uma coisa produtiva, ao mesmo tempo em que perde contato com o momento presente e exacerba sua dor.

Pensamento disfuncional: envolve a expressão de percepções negativas de si mesmo, dos outros e do mundo em geral. Ele pode minar a autoestima de uma pessoa ou sua habilidade de funcionar de maneira efetiva. Infelizmente, esse tipo de pensamento muitas vezes se torna automático, levando a interpretações não questionadas dos eventos, sendo por isso que frequentemente é difícil captar esse pensamento quando ele acontece.

Naturalmente, há muitos outros exemplos de estilos cognitivos mal-adaptativos, e abordar todos eles invalidaria o propósito deste livro. O que todos têm em comum é que eles tendem a ser autoamplificadores e oferecem ganhos a curto prazo à custa de dor a longo prazo. Eles geralmente são tranquilizantes, proporcionando uma falsa sensação de "segurança", mas com um custo. Eles restringem o pensamento e limitam o tipo de pensamentos que o cliente é "permitido" ter ou alimentar. Em outras palavras, eles limitam a variação e seleção. Isso frequentemente acontece de forma automática, filtrando as informações que não se encaixam na narrativa. Resultado: não é irracional para o cliente selecionar seu estilo cognitivo mal-adaptativo, pois ele serve a uma função. Ele apenas não está funcionado a seu favor.

Infelizmente, não adianta apenas apontar as cognições mal-adaptativas de um cliente. Em vez disso, você precisa descobrir a função de um estilo de pensamento específico e oferecer estratégias cognitivas alternativas viáveis que permitam um pensamento mais amplo e mais flexível, e assim maiores variação, seleção e retenção. As maneiras de fazer isso são tantas quantas são as diferentes escolas de psicoterapia. Portanto, em vez de abordar todas elas, vamos dar uma olhada em alguns exemplos de estilos cognitivos adaptativos.

Desfusão: é um conceito da terapia de aceitação e compromisso. Descreve o processo de criar uma distância entre o indivíduo e seus pensamentos, em que é possível ter pensamentos desagradáveis e inúteis sem deixar que eles dominem suas ações.

Flexibilidade cognitiva: refere-se à habilidade de mudar o próprio pensamento e a atenção em resposta a mudanças nas demandas situacionais. Uma pessoa pode assim ter pensamentos de forma flexível e leve e pode ainda mudar crenças prévias ou convicções profundamente arraigadas quando estas se mostram prejudiciais aos objetivos e ao bem-estar da pessoa.

Reavaliação: refere-se à habilidade de reestruturar as situações e as experiências de forma que capacite a pessoa. Frequentemente é usada para ajudar pessoas que lutam com experiências difíceis e ajudá-las a dar novo significado à sua raiva e à sua dor. A reavaliação é frequentemente usada no contexto da terapia cognitiva.

Assim como com os exemplos de estilos cognitivos mal-adaptativos, há muito mais exemplos de estilos cognitivos adaptativos. Neste ponto da terapia, é importante (a) identificar os componentes cognitivos do cliente e (b) identificar como esses componentes se encaixam no padrão global do cliente. Você pode achar úteis as seguintes perguntas orientadoras nas sessões com seus clientes quando explorar problemas na variação, seleção e retenção na dimensão da cognição (obs.: forneceremos perguntas orientadoras como estas em vários capítulos; elas podem ser baixadas na página do livro em loja.grupoa.com.br).

Perguntas orientadoras — Cognição

Explore problemas na variação — Quais são os pensamentos (e as estratégias para lidar com os pensamentos) que surgem para o cliente quando ele está em sua luta? Quais se tornam dominantes? Há algum senso de rigidez presente em cognições particulares (p. ex., "esquemas" dominantes ou pensamento negativo repetitivo) ou formas de ajustamento a elas (p. ex., tratá-las como todas literalmente verdadeiras)?

Explore problemas na seleção — A que funções servem esses padrões de pensamento ou forma de ajustamento aos pensamentos? Inicie com as dominantes, repetitivas e mal-adaptativas, mas depois passe para os pensamentos ou as formas de ajustamento mais adaptativos, embora eles possam ocorrer esporadicamente.

Explore problemas na retenção — Como esses padrões de pensamentos e formas de ajustamento dominantes se mantêm e facilitam os problemas do cliente no modelo de rede? No caso de pensamentos e padrões de ajustamento que são adaptativos, por que eles não são retidos quando ocorrem? Que outras características da rede estão interferindo na retenção dos ganhos que ocasionalmente podem ocorrer?

Passo de ação 4.1   Cognição

Vamos retornar a uma área problemática que você identificou em sua própria vida nos capítulos anteriores. Nas "perguntas orientadoras", estamos perguntando diretamente sobre problemas de variação, seleção e retenção na área da cognição. Veja se consegue aplicar estes três grupos de perguntas orientadoras acima ao domínio da cognição na sua área-problema. Escreva um parágrafo sobre cada uma.

Exemplo

Problemas na variação: os pensamentos que surgem no meio da minha dificuldade são: eu estou me constrangendo; eles não vão gostar de mim; eu simplesmente não tenho isso em mim; o que é que estou fazendo? Muito embora uma pequena parte de mim saiba que isso é apenas o meu tirano interior, no momento me parece a verdade inevitável.

Problemas na seleção: estes pensamentos podem me impedir de ser rejeitado pelas outras pessoas — ao me rejeitar primeiro. Os pensamentos alternativos, mais adaptativos servem para me impedir de me rejeitar e me ajudam a me manter em contato com o que é importante para mim, que é estar presente em situações sociais, potencialmente construindo relacionamentos importantes.

Problemas na retenção: quando eu me rejeito primeiro, não posso ter a experiência de ser aceito como eu sou — seja por mim mesmo ou pelos outros. O pensamento "*Os outros não vão gostar de mim*" permanece inquestionável, pois antes de mais nada, eu não mostro meu verdadeiro eu aos outros. Pensamentos alternativos adaptativos estão disponíveis, mas são difíceis de alcançar porque o medo diminui sua credibilidade.

A DIMENSÃO AFETIVA

A forma como os clientes se sentem sobre a sua situação, além de como eles lidam com suas emoções em geral, fundamentalmente molda sua condição e sua habilidade para lidar com seus problemas. A reação emocional central de Maya é a sua raiva, que é influenciada por todo um leque de outros fatores.

Por exemplo, identificamos que Maya muitas vezes se preocupa se sua dor nas costas desaparecerá algum dia, que ela frequentemente fica presa a um sentimento de injustiça em relação ao seu acidente no local de trabalho e que ela tende a restringir sua atividade e evita ir trabalhar — tudo isso se somando à sua raiva. Entretanto, como veremos, há mais do que isso. No segmento da conversa posterior, o terapeuta descobre um fator adicional que pertence à dimensão do afeto.

Terapeuta: Você mencionou que frequentemente se restringe quando sua dor e sua raiva se tornam excessivas. E disse que isso na verdade não está ajudando, mas continua a fazer, certo? Então, o que você diria que é bom no fato de ficar em casa? Se tivesse que encontrar uma razão, o que você diria?

Maya: Bem, pelo menos não me envolvo em mais acidentes. Na verdade, fico com medo de me machucar de novo. Tenho medo do que poderia acontecer ao meu corpo. E, na próxima vez, posso acabar precisando de uma cadeira de rodas ou até pior.

Terapeuta: E então sua mente diz: *É melhor que eu fique em casa. Para estar segura.*

Maya: Sim, exatamente.

Terapeuta: E há situações em que o medo de voltar a se machucar fica pior? Quando você mais sente isto?

Maya: Bem, isso surge do nada. Antes eu ficava especialmente assustada quando pensava sobre retornar ao trabalho, mas agora o medo aparece quando eu entro no supermercado ou mesmo quando saio do chuveiro ou saio da cama. Sinto a dor nas costas e fico apavorada imediatamente.

Acabamos de descobrir um novo elemento crucial que podemos acrescentar ao modelo de rede de Maya. Aprendemos que Maya fica apavorada com a possibilidade de se machucar novamente e — em consequência — limita as próprias atividades. Esse medo parece não estar associado a um ambiente específico, mas surge sempre que Maya entra em contato com sua dor crônica nas costas. Se acrescentarmos este novo elemento ao modelo de rede de Maya (e destacarmos os nós que pertencem à dimensão do afeto), ele seria semelhante ao que podemos ver na Figura 4.5.

Como você pode ver, os dois fatores que pertencem à dimensão do afeto são "Medo de contusão" e "Raiva". Nenhum deles é "processo de mudança" — são meramente eventos afetivos. Mas esses eventos mantêm relações com outros eventos, e essas relações, ou "funções", são processos. Esses dois fatores afetivos incitam Maya a tomar medidas ineficazes (i. e., "Restringe a atividade e evita o trabalho"). A ação ineficaz de evitar seu medo, por sua vez, reforça sua resposta emocional, assim criando um ciclo autorreforçador, e todo esse ciclo pode ser descrito como um processo de mudança (mais tarde veremos como chamá-lo). Quando Maya restringe sua atividade, ela piora sua dor

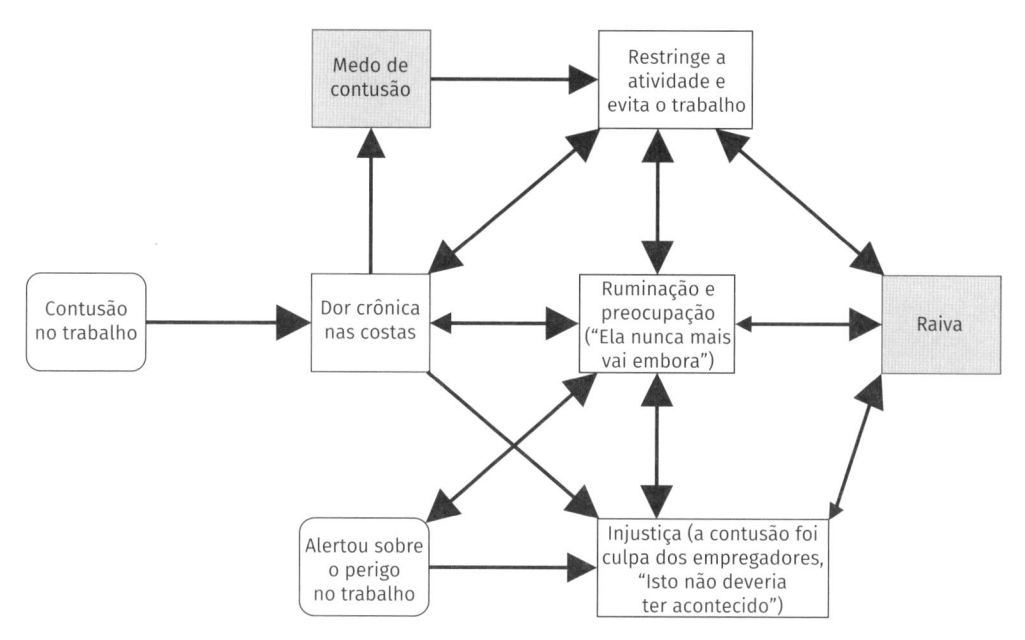

FIGURA 4.5 A dimensão afetiva.

crônica, o que a deixa mais assustada com a possibilidade de voltar a se machucar. Igualmente, quando Maya restringe sua atividade, ela pode sentir mais raiva, pois notar que não está fazendo coisas importantes para si mesma fará com que se lembre do custo da contusão.

Estilos afetivos mal-adaptativos aparecem em todos os formatos e formas. É importante observar que eles podem se referir a emoções negativas (p. ex., medo, tristeza, tédio, ciúme), mas são mais especificamente sobre a forma como a pessoa se *relaciona* com suas emoções, "positiva" ou "negativa", e os papéis que elas têm. Em outras palavras, a posição que uma emoção assume dentro da rede — o papel funcional que ela tem — é muito mais revelador do que a emoção propriamente dita. Por exemplo, não há nada inerentemente errado em ficar assustado com alguma coisa, a não ser que esse medo comece a dominar a vida da pessoa e a leve a ações que não são adaptativas. No caso de Maya, seu medo de voltar a se machucar faz com que ela restrinja sua atividade ao ponto de limitar suas opções de vida e paradoxalmente piora sua dor crônica — e é esse processo de mudança autoamplificador indesejado que caracteriza seu medo e sua forma de lidar com ele como mal-adaptativo. O objetivo, então, não é necessariamente eliminar a emoção negativa (p. ex., medo, tristeza, tédio, ciúme), mas mudar a sua função. Em outras palavras, o pensamento de rede encoraja um foco em como uma pessoa está lidando com suas emoções negativas dentro da rede da sua vida.

Considere os exemplos a seguir de processos afetivos mal-adaptativos.

Evitação experiencial: refere-se a um estilo de regulação afetiva em que uma pessoa tenta evitar experiências afetivas e outras experiências internas, mesmo que ao fazer isso crie prejuízo a longo prazo. A evitação experiencial é frequentemente motivada pela oferta de alívio do desconforto a curto prazo, desse modo mantendo o comportamento e também exacerbando a luta com o objeto da evitação.

Vergonha: é uma emoção desconfortável autoconsciente em que uma pessoa avalia a si mesma de forma negativa. Frequentemente leva a pessoa a se afastar da situação que causou ou desencadeou sentimentos de vergonha ou a acreditar que é incapaz de ser digna de confiança. A vergonha muitas vezes é acompanhada de sentimentos de raiva, desconfiança, medo, impotência, vulnerabilidade e inutilidade. Considerada apenas como emoção, a vergonha pode ter um tempo e um lugar, mas, como inclui um senso oculto de "Eu sou mau", ela tende a levar à rigidez e à distorção cognitiva.

Solidão: é uma resposta emocional desconfortável ao isolamento social percebido. Puramente como emoção ela não é necessariamente tóxica, mas pode se autoamplificar caso se conecte a uma percepção de inutilidade, não ser amada ou outros padrões habituais, cognitivos ou de autopercepção habituais que levam ao isolamento social ou a sentimentos crônicos de solidão mesmo na presença de pessoas acolhedoras.

Assim como os estilos de pensamento mal-adaptativos, existem muitos outros exemplos de estilos afetivos mal-adaptativos, contudo está além do escopo deste livro abordá-los. Sua característica comum é que eles tendem a ser uma reação às circunstâncias de um cliente e incitam-no a padrões de ação inefetivos em várias dimensões. Esses padrões frequentemente têm um aspecto de autotranquilização, removendo o desconforto a curto prazo, enquanto mantêm a dor a longo prazo, dessa forma criando um estilo afetivo mal-adaptativo insensível ao contexto e autoamplificador.

Como com a cognição, não é suficiente apontar os processos afetivos mal-adaptativos. Você precisa descobrir a função de um processo afetivo específico e oferecer estratégias alternativas viáveis que permitam um sentimento mais flexível e mais abrangente e, assim, maior variação. Vamos dar uma olhada em alguns exemplos de estilos afetivos mais adaptativos.

Aceitação: descreve o processo de permitir que experiências privadas indesejadas (p. ex., pensamentos, sentimentos, sensações físicas e outras experiências internas) venham e vão sem qualquer tentativa desnecessária de mudar sua forma ou sua frequência, em vez de apenas aprender com sua ocorrência. A aceitação não é um fim em si, mas um meio para aprender com a experiência emocional e canalizar isso para uma ação mais efetiva.

Autocompaixão: é a habilidade de estender compaixão a si mesmo em casos de inadequação, fracasso ou sofrimento geral percebidos. Autocompaixão envolve ser acolhedor consigo mesmo quando se defrontar com a dor, reconhecer que o sofrimento faz parte da experiência humana compartilhada e estar consciente e receptivo às próprias emoções.

Esperança: uma postura de "esperança" é mais do que uma emoção estreitamente focada — embora tenha um forte componente afetivo que reflete um estado da mente otimista, baseado em uma expectativa de resultados positivos na própria vida ou no mundo em geral. A esperança pode ser uma reação à crise, abrindo a pessoa a novas possibilidades criativas.

Como com os exemplos de estilos afetivos mal-adaptativos, há muito mais exemplos de estilos afetivos adaptativos. Listaremos alguns dos mais comuns no Capítulo 8, baseados em uma vasta revisão da literatura que estamos conduzindo. Neste ponto na terapia, é importante (a) identificar os fatores afetivos relevantes do cliente e (b) descobrir como esses fatores se encaixam no padrão global do cliente. Você poderá achar úteis as seguintes perguntas orientadoras com seus clientes quando explorar problemas na variação, seleção e retenção na dimensão do afeto.

Perguntas orientadoras — Afeto

Explore problemas na variação — Quais são as emoções e as estratégias para se ajustar a elas que surgem para o cliente quando ele está em sua batalha? Quais se tornaram dominantes? Está presente algum sentimento de rigidez em padrões emocionais particulares e/ou formas de ajustamento a eles (p. ex., uma gama restrita de afeto, estratégias de regulação emocional dominantes)?

Explore problemas na seleção — A que funções servem essas emoções e esses padrões de resposta às emoções? Inicie com as dominantes, repetitivas e mal-adaptativas, mas depois passe para as formas adaptativas, embora elas possam ocorrer esporadicamente.

Explore problemas na retenção — Como esses padrões dominantes de emoção e ajustamento à emoção facilitam os problemas do cliente no modelo de rede? No caso de emoções e ajustamento às emoções que são adaptativas, por que elas não são retidas quando ocorrem? Que outras características da rede estão interferindo na retenção dos ganhos que podem ocorrer ocasionalmente?

Passo de ação 4.2 Afeto

Retornaremos à mesma área-problema que você escolheu no Passo de ação 4.1, mas agora abordaremos emoções e padrões de resposta às emoções.

Veja se você consegue aplicar os três grupos de "perguntas orientadoras" acima ao domínio afetivo em sua área-problema. Escreva um parágrafo curto sobre cada um.

Exemplo

Problemas na variação: medo, ansiedade e nervosismo sempre aparecem quando eu entro em uma conversa com outras pessoas (especialmente estranhos, pessoas atraentes e autoridades). Essas emoções ficam mais fortes quando eu na verdade falo com elas. Isso sempre acontece da mesma forma.

Problemas na seleção: o medo me sinaliza que alguma coisa é perigosa e posso me machucar. Tendo estes medos e me afastando da situação, consigo evitar me machucar. Não importa o quanto isso pareça irracional, a lógica é verdadeira na minha mente.

Problemas na retenção: quando fujo de uma situação devido ao medo, nunca experiencio a realidade de que não há nada do que ter medo. Eu não experiencio o fato de que ser rejeitado não machuca tanto quanto eu imagino. Em consequência, o medo persiste. E ainda mais, o nervosismo pode ficar ainda mais intenso quanto mais consistentemente eu fujo. Afinal, em primeiro lugar, se a situação não fosse verdadeiramente assustadora, eu não teria que fugir.

A DIMENSÃO ATENCIONAL

A forma como os clientes direcionam e mudam seu foco nas experiências externas e internas fundamentalmente molda a sua situação. Até o momento, identificamos vários fatores que capturam e direcionam a atenção de Maya, em última análise facilitando e mantendo suas dificuldades. Por exemplo, Maya frequentemente rumina e se preocupa com sua dor crônica nas costas, e ela tende a ficar presa a um sentimento de injustiça em relação à sua contusão (já que atribui o acidente aos seus chefes). Esses fatores, embora pertencendo à dimensão da cognição, também nos informam que Maya direciona e foca sua atenção. Em outras palavras, Maya foca muito em sua dor, o que por sua vez reforça outras partes da rede.

Terapeuta: Posso lhe pedir para fazer um pequeno exercício comigo? Vai levar apenas dez segundos, mas pode ser esclarecedor.

Maya: Sim, é claro.

Terapeuta: Ótimo. Em um momento, vou programar o cronômetro para 10 segundos, e durante esse período, quero que você conte tudo o que consegue ver nesta sala que seja marrom. E quando eu disser pare, quero que você feche os olhos. Pronta?

Maya: Sim, estou pronta.

Terapeuta: Certo, agora! Procure o marrom, procure o marrom, procure o marrom (*espera 10 segundos*). E pare. Agora, com os olhos fechados, conte-me tudo o que você viu que é vermelho!

Maya: (*dá uma risadinha*).

Terapeuta: Você pode abrir os olhos de novo. É difícil, não é? Este é um pequeno exercício tolo, mas ele mostra que não importa o que focamos, isto ocupará o palco central em nossa mente, enquanto deixamos de ver muitas outras coisas à nossa volta.

Maya: Entendi, mas o que isso tem a ver comigo?

Terapeuta: Bem, quando você está no meio da sua dificuldade, no que você foca?

Maya: Humm, não tenho certeza. Eu pensaria na minha dor nas costas. E no quanto é difícil e injusta toda essa confusão e o quanto isso me deixa furiosa.

Terapeuta: E quando você foca na sua dor, ela fica melhor ou pior?

Maya: Com certeza eu posso senti-la mais quando foco totalmente nela.

Terapeuta: E quanto a esses pensamentos de "isto é injusto" e "isto não deveria ter acontecido"? Esses pensamentos ficam maiores, menores ou permanecem os mesmos quando você foca neles?

Maya: Eles certamente ficam maiores. É tão difícil algumas vezes.

Terapeuta: Entendo. E o que você diria quando você tem mais probabilidade de focar na sua dor?

Maya: Acho que quando fica realmente difícil para mim... O quanto fico presa aos meus pensamentos. Você sabe, parece que não há nada mais, então.

Neste último segmento, ficamos sabendo que Maya foca muito em sua dor e que esse foco tende a tornar as coisas ainda mais difíceis para ela. Então ela experiencia mais dor nas costas, rumina mais e fica ainda mais presa ao seu sentimento de injustiça. Além disso, ela acrescenta sua raiva. Por fim, Maya mencionou que foca mais na sua dor quando sente todo o peso da sua raiva e quando fica presa ao seu sentimento de injustiça. Assim, existem múltiplos ciclos autorreforçadores, atribuindo ao estilo atencional de Maya um papel central em sua rede. Se adicionarmos este novo elemento — "Atenção à dor", destacado em cinza — ao modelo de rede de Maya juntamente com suas relações com outros fatores, ele seria semelhante ao que podemos ver na Figura 4.6.

O foco de Maya em sua dor facilita toda uma gama de outros fatores e processos que, em última análise, mantêm e exacerbam sua doença. Como tal, isso é central não só para as suas dificuldades, mas também para a sua solução. Ao meramente mudar o estilo atencional de Maya, é provável que ela experimente uma mudança também em fatores e processos adjacentes. Em capítulos posteriores, abordarei melhor como seria o tratamento de Maya.

Não é incomum que os clientes — sobretudo aqueles que enfrentam dor crônica — foquem rigidamente na sua dor. Entretanto, existem muito mais variantes dos estilos atencionais mal-adaptativos. É importante notar que não é apenas o objeto da atenção do cliente, mas a maneira e a frequência que determinam se um estilo atencional é mal-adaptativo ou não. Por exemplo, um cliente pode focar na sua dor segundo uma perspectiva curiosa e desapegada. Assim, o objeto permanece o mesmo (ou seja, a dor), mas a maneira é diferente (aberta em vez de rígida), dessa forma mudando como o estilo atencional afeta outros nós dentro da rede. Consideramos aqueles estilos atencionais mal-adaptativos que facilitam processos que atuam contra os interesses mais pro-

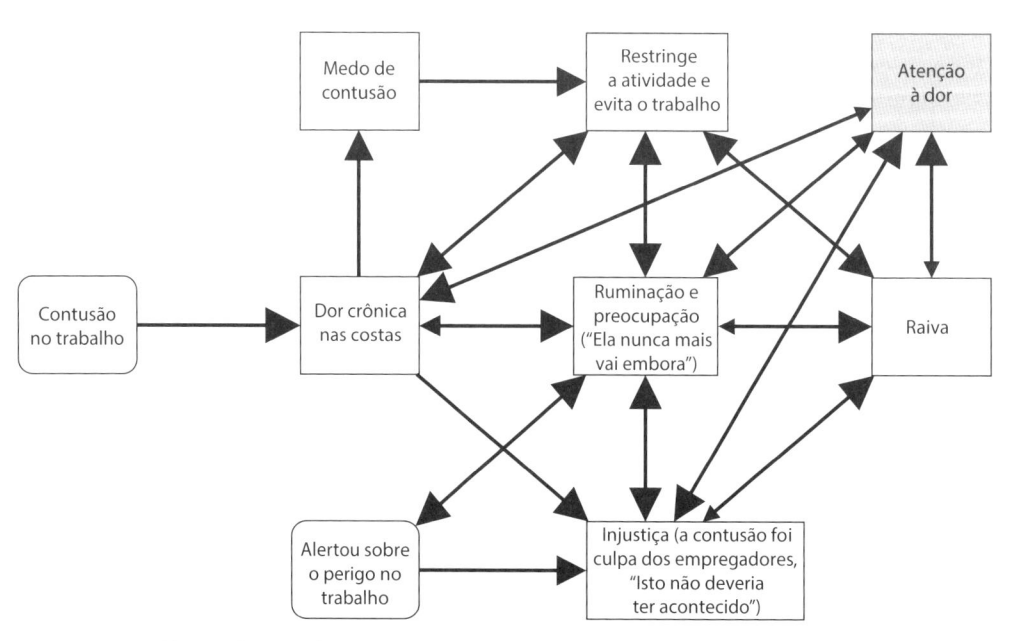

FIGURA 4.6 A dimensão atencional.

fundos do cliente. Considere os exemplos a seguir de estilos atencionais mal-adaptativos.

Atenção rígida: refere-se a um estilo atencional em que a pessoa fica presa a um pensamento, emoção, sensação física ou outra experiência interna específica. O objeto da atenção se torna o foco principal, e a pessoa tem dificuldade em abrir mão desse foco — mesmo à custa de não atingir outros objetivos a longo prazo.

Foco disperso: refere-se a um estilo atencional em que uma pessoa experimenta dificuldades para manter seu foco em um objeto particular (seja externo ou interno) por um período mais prolongado. Esta incapacidade de manter a atenção muitas vezes torna difícil alcançar os objetivos a longo prazo.

Atenção excessiva ao passado/futuro: refere-se a um estilo atencional em que uma pessoa frequentemente orienta sua atenção para eventos fora do momento presente à custa de alcançar os objetivos no aqui e agora. Uma pessoa pode focar de modo excessivo em eventos no passado e, assim, exacerbar sua dor, ou pode focar excessivamente em um possível futuro e exacerbar seu medo. Esses eventos podem ser considerados como o aspecto atencional da ruminação e da preocupação.

Mais uma vez, há muito mais exemplos de estilos atencionais mal-adaptativos, os quais não abordaremos aqui. Todos eles direcionam a atenção da pessoa de forma psicologicamente confortável que interfere no desenvolvimento sadio. O foco pode ser nas fontes de dor psicológica, desse modo mantendo a mente engajada. Ou então o foco pode se deliberadamente afastado das fontes de dor, como que "enterrando a cabeça na areia". Em ambos os casos, o estilo atencional remove o desconforto imediato a curto prazo, ao mesmo tempo mantendo o desconforto a longo prazo, assim reforçando o estilo atencional mal-adaptativo e criando um ciclo autorreforçador. Mais uma vez, não é irracional para o cliente se engajar em um estilo atencional mal-adaptativo. Apenas não é viável a longo prazo.

Como com as cognições e o afeto mal-adaptativos, não é suficiente meramente apontar estilos atencionais mal-adaptativos. Você precisa descobrir a função de um estilo atencional específico e oferecer estratégias alternativas viáveis que permitam um sentimento mais amplo e mais flexível e, assim, maior variação. Há inúmeras formas de fazer isso; em vez de abordarmos todas elas, vamos dar uma olhada em alguns exemplos de estilos atencionais adaptativos.

Mindfulness: descreve um estilo atencional em que uma pessoa está engajada e atenta a eventos que se desenvolvem no momento presente. A pessoa observa esses eventos de forma intencional (i. e., autodirecionada) e sem julgamento, significando que todas as experiências que surgem no momento presente são válidas e devem ser observadas.

Agir com consciência: é um estilo atencional em que uma pessoa está em contato com sua experiência no aqui e no agora e realiza ações conscientes que estão alinhadas com seus objetivos ou suas intenções.

Flexibilidade atencional: ser capaz de restringir ou ampliar a própria atenção ou manter ou trocar a atenção de forma flexível, fluida e voluntária é uma habilidade metacognitiva que pode ser treinada e aprendida e que pode ser útil para lidar com uma ampla variedade de situações clínicas.

Como com os exemplos de estilos atencionais mal-adaptativos, há muito mais exemplos de estilos atencionais adaptativos. Neste ponto da terapia, é importante (a) identificar os componentes atencionais do cliente e (b) descobrir como esses componentes se encaixam no padrão global do cliente. Você pode achar úteis as seguintes perguntas orientadoras nas sessões com seus clientes quando explorar problemas na variação, seleção e retenção na dimensão da atenção.

Perguntas orientadoras – Atenção

Explore problemas na variação — Onde o cliente coloca seu foco atencional quando está em sua batalha? Há alguma sensação de rigidez presente em seu processo atencional (p. ex. ser incapaz de manter o foco ou mudar o foco de uma área particular, ser atraído pelo passado interpretado ou o futuro imaginado enquanto deixa passar o presente em curso, ou ser excessivamente abrangente ou limitado no foco atencional)?

Explore problemas na seleção — A que funções servem esses padrões atencionais dentro da rede de eventos do cliente? Comece com padrões atencionais dominantes e problemáticos, mas depois prossiga para padrões atencionais mais adaptativos que sejam mais flexíveis, fluidos e voluntários.

Explore problemas na retenção — Como os padrões atencionais facilitam a ocorrência crônica dos problemas do cliente no modelo de rede? Por que os padrões atencionais adaptativos não são retidos quando ocorrem? Que outras características da rede estão interferindo na retenção sadia do ganho?

Passo de ação 4.3 Atenção

Considere a mesma área-problema que você vem abordando neste capítulo, mas agora foque nos padrões atencionais. Veja se consegue aplicar estes três grupos de perguntas orientadoras acima ao domínio da atenção em sua área-problema. Escreva um parágrafo sobre cada uma.

Exemplo

Problemas na variação: quando estou dentro das minhas dificuldades, sempre foco em mim mesmo. Foco em meus pensamentos, meu nervosismo e nos sentimentos estranhos dentro do meu corpo. Eu perco contato com o que está acontecendo à minha volta.

Problemas na seleção: acho que não quero cometer nenhum erro e, por isso, me monitoro muito mais em contextos sociais do que normalmente faria. Além disso, tento resolver o problema do meu medo e nervosismo pensando em uma maneira de sair dele, então foco em mim mesmo novamente.

Problemas na retenção: focando excessivamente em mim mesmo, eu não me arrisco. Perco o que está lá fora, e quem sabe o que eu teria perdido se tivesse ousado parar de me monitorar?! A atenção em mim mesmo me dá uma falsa sensação de segurança que nunca é desafiada — por isso ela persiste. Colocar o foco no exterior, em contrapartida, parece arriscado, porque posso dizer alguma coisa idiota.

ANÁLISE FUNCIONAL DE MAYA

Quando se trata de uma análise funcional baseada em processos, precisamos começar pelo fim. A análise funcional é relevante tanto para as condições originárias quanto de manutenção (i. e., aquelas que contribuem para como um problema pode ser e aquelas que contribuem para mantê-lo), mas em ambos os casos "função" se refere a um alvo ou objetivo. No caso de Maya, os dois fins principais que não foram abordados até o momento são a raiva e a restrição da atividade. Das duas, a raiva parece ser mais central para o que fez com que Maya procurasse tratamento, embora a restrição da atividade possa muito bem ser mais importante para o que está mantendo a dor crônica. Levando em conta o foco de Maya, vamos começar pela raiva como foco e trabalhar em retrospectiva a partir dali, considerando os processos que podem estar envolvidos no encorajamento e na manutenção da raiva.

Quando procuramos processos de importância, primeiramente focamos em possíveis aspectos autoamplificadores da rede que podem estar relacionados ao alvo. Características potencialmente autoamplificadoras estarão presentes quando houver flechas com duas setas ("bordas" no jargão de rede) ou sub-redes que entram em ciclos fechados de três ou mais nós. Se começarmos pela raiva e trabalharmos em retrospectiva, poderemos examinar as três dimensões do EEMM que discutimos neste capítulo e considerar sobretudo esses nós, bordas e sub-redes que podem se autoamplificar nas áreas do afeto, da cognição e da atenção. Em essência, qualquer uma dessas características potencialmente autoamplificadoras pode operar como mecanismos de seleção e retenção.

No domínio cognitivo, a raiva de Maya é impactada pela ruminação e preocupação e pela crença de que essa situação é injusta. E como estas relações são bidirecionais em ambos os casos, elas podem se autoamplificar, independentemente do resto da rede. Essa probabilidade é ainda mais aumentada pela relação bidirecional entre o enredamento com os pensamentos sobre o quanto isso é injusto e a ruminação e preocupação. Estes três nós (raiva, ruminação e preocupação, pensamentos de injustiça) então formam um possível ciclo autoamplificador de emaranhamento com o pensamento disfuncional ou catastrófico e ruminação por meio da sua relação com a raiva. Devido às suas propriedades potencialmente autoamplificadoras, esses processos cognitivos podem se tornar cada vez mais prováveis, restringindo o repertório cognitivo de Maya. Se você está ruminando ou focando na injustiça, isso significa que também não está pensando mais criativamente sobre a sua situação. Como Maya está visitando esse estilo cognitivo regularmente, ele é muito praticado, e assim tem maior probabilidade de ser retido e ser menos sensível ao contexto.

Como é o caso para a maioria dos processos cognitivos, o que os seleciona parece ser seu poder explanatório e a sensação de compreensão, coerência e controle que eles proporcionam. Esses benefícios seletivos estimulam um tipo de interação entre as dimensões do EEMM. A raiva dá sentido à ruminação e à injustiça — por exemplo, uma reação de raiva é evidência da própria injustiça em que Maya está focando. Essas relações são apresentadas na Tabela 4.1.

Quando as pessoas ruminam ou se preocupam, elas comumente acreditam que estarão mais bem posicionadas para enfrentar os desafios presentes ou futuros. Na verdade, não é isso o que ocorre, mas a sensação

TABELA 4.1 EEMM de Maya: cognição e afeto (raiva)

	Variação	Seleção
Cognição	Ruminação e pensamentos disfuncionais de injustiça	Dar sentido ao passado; enfrentar o futuro; apoio social; raiva
Afeto	Raiva	O foco no passado dá sentido à raiva

de que poderia ser assim pode servir como uma consequência autossustentada.

Também é possível que as expressões de injustiça sejam amplamente apoiadas socialmente, uma vez que os alertas dos empregados com frequência são de fato injustamente ignorados, como parece ter acontecido aqui. Os amigos e a família provavelmente não conseguirão distinguir entre a crença racional de que pode haver um processo injusto de opressão dos incapazes envolvidos de um lado, e o fato psicológico de que Maya está ficando tão enredada nesta crença nuclear que está praticamente sacrificando sua vida para provar esse ponto.

Um ciclo secundário é a relação desses processos cognitivos com o comportamento de evitação e a ausência ao trabalho no topo da rede, como vimos na Figura 4.6. Quando enredada na ruminação, Maya tem maior probabilidade de restringir seus comportamentos e evitar o trabalho. Isso não só causa ainda mais raiva, como ironicamente é um fato estabelecido que os comportamentos de evitação da dor (p. ex., atitude defensiva, posturas físicas resguardadas) tendem a exacerbar a dor nas costas. Estas ocasiões dominantes de dor, por sua vez, alimentam o processo do estreitamento cognitivo.

Assim, quando examinamos o conjunto de nós nesta rede, com a ruminação e a preocupação colocadas no seu centro, cada um dos nós dentro dessa parte da rede psicológica de Maya tende a elaborar e manter a importância e a ocorrência da rede em geral.

No nível afetivo, o medo que Maya tem de se machucar de novo também aumenta ainda mais a probabilidade de restrição da atividade e as faltas ao trabalho por meio do processo de evitação do medo. E como acabamos de descrever, isso aumenta ainda mais a dor, estimulando processos de estreitamento cognitivo. Tudo isso aumenta ainda mais a sua raiva. O que seleciona esse processo emocional inicialmente pode ser a real redução do medo a curto prazo, mas isto ocorre à custa de um aumento no impacto deste medo a longo prazo.

Assim, como com os processos cognitivos, esse processo afetivo se torna mais provável quando é repetido, não só porque ele agora é um hábito, mas porque os sinais contextuais que estabelecem este medo (i. e., sentir dor nas costas) podem ser mais prováveis como consequência. A Tabela 4.2 retrata essas relações.

O conjunto final de processos — aqueles da atenção — interliga esta rede de maneira que a torna muito provável de crescer e relativamente insensível a características contextuais que podem levar a novas formas de adaptação à dor. Quando Maya está sentindo raiva, sua atenção retorna para a dor nas costas e dali para seu medo de se machucar de novo e seu enredamento com estilos de pensamento disfuncional. Quando está prestando atenção a essas características da sua vida, ela também não está prestando atenção a outras formas mais adaptativas com as quais poderia algumas vezes enfren-

TABELA 4.2 EEMM de Maya: cognição e afeto (medo da dor; raiva)

	Variação	Seleção
Cognição	Ruminação e pensamentos disfuncionais de injustiça	Dar sentido ao passado; enfrentar o futuro; apoio social; raiva; o comportamento de evitação leva a mais dor
Afeto	Medo da dor; raiva	O foco no passado dá sentido à raiva; o comportamento de evitação leva a mais dor

tar a dor ou pensar com mais flexibilidade. Assim, mesmo que existam sementes do crescimento sadio em seu funcionamento no dia a dia, seu foco atencional rígido sobrecarrega qualquer sensibilidade a essas oportunidades de mudança. Isso é descrito na Tabela 4.3.

Resumindo, o modelo de rede de Maya mostra um conjunto interligado de processos cognitivos, afetivos e atencionais (junto com o comportamento explícito) que estão minimizando a variação saudável e a sensibilidade adaptativa ao contexto e que estão interligados em uma rede autossustentável. Maya, em suma, está aprisionada em sua luta com a dor crônica. E o resultado é o funcionamento comportamental mais pobre e mais raiva.

Para levar essa análise a outro nível, é importante reunir informações adicionais que informem a análise funcional preliminar baseada em processos. Há mais dimensões a explorar, as quais abordaremos no próximo capítulo.

TABELA 4.3 EEMM de Maya: cognição, afeto e atenção

	Variação	Seleção
Cognição	Ruminação e pensamentos disfuncionais de injustiça	Dar sentido ao passado; enfrentar o futuro; apoio social; raiva; o comportamento de evitação leva a mais dor
Afeto	Medo da dor; raiva	O foco no passado dá sentido à raiva; o comportamento de evitação leva a mais dor
Atenção	Atenção à dor	Atenção à dor quando sente raiva; atenção à dor depois de pensamentos de injustiça; dor sentida

Passo de ação 4.4 Preencha seu EEMM: Dimensões cognitiva, afetiva e atencional

Vamos retornar ao problema que você identificou na sua própria vida. Elabore um EEMM inicial baseado no que você fez nos Passos de ação 4.1 a 4.3. Preencha as dimensões relevantes enquanto se relacionam com seu problema, considerando tanto a variabilidade quanto a seleção de características mal-adaptativas. Por favor, note que seu problema pode não estar muito bem representado em todas as dimensões. Estamos pulando as colunas para retenção e sensibilidade ao contexto porque elas frequentemente envolvem características de outras dimensões, e assim um EEMM parcial pode não incluir o que você precisa.

	MAL-ADAPTATIVO	
	Variação	Seleção
Cognição		
Afeto		
Atenção		

Exemplo

	MAL-ADAPTATIVO	
	Variação	Seleção
Cognição	Eu foco em possível fracasso futuro muito mais do que sobre como ter sucesso.	Isso me dá a sensação de que posso controlar possíveis problemas se eu estiver suficientemente vigilante. No entanto, também interfere na minha habilidade de ouvir e estar com as pessoas.
Afeto	Eu tendo a recusar situações socialmente desafiadoras que podem me deixar ansioso.	Imediatamente me sinto melhor, mas em seguida temo ainda mais a próxima situação.
Atenção	Fico atento a sinais de ansiedade iminente que possam surgir.	Eu me sinto mais seguro e menos vulnerável, mas isso interfere no meu desempenho, e quando noto que me sinto ainda mais ansioso, parece que estou em um carrossel doentio.

5

As dimensões do *self*, motivacional e comportamental

No capítulo anterior, aprendemos sobre Maya, uma cliente com dor crônica, para ilustrar as dimensões da cognição, do afeto e da atenção, e começar a considerar essas dimensões psicológicas dentro do EEMM, que organiza a PBT. Neste capítulo, exploraremos as dimensões psicológicas restantes do *self*, motivação e comportamento explícito. Faremos isso usando o caso de Julie, uma cliente que tem dificuldades em seus relacionamentos íntimos, mas está vindo para terapia individual.

Dificuldades de relacionamento podem ser difíceis de se abordar na terapia individual porque sua dinâmica, por definição, envolve mais do que o cliente individualmente. No entanto, não é incomum ter que intervir com apenas um parceiro. Algumas vezes, o foco psicológico do trabalho justifica essa abordagem — outras, o trabalho precisa ser feito com um indivíduo, para então evoluir para uma situação em que o casal *per se* pode ser o problema.

Vamos começar com uma conversa clínica de admissão, quando o terapeuta reúne informações básicas sobre a situação de Julie. Como no capítulo anterior, a conversa segue a estrutura básica de uma admissão clínica típica, mas misturaremos as sensibilidades a partir de inúmeras perspectivas diferentes em uma tentativa de não ficarmos limitados por orientação psicoterápica particular.

É importante ficar o mais próximo possível do relato subjetivo de Julie — este é o material bruto que serve como base da PBT. Fazer perguntas abertas e usar escuta reflexiva fornece uma rampa de acesso clínica para assegurar que o terapeuta entenda o mundo interno do cliente. Então organizaremos as informações reunidas em um modelo de rede e depois discutiremos como o caso de Julie se encaixa nas dimensões do *self*, motivação e comportamento. Concluiremos o capítulo organizando todos os elementos reunidos em uma análise funcional.

O PROBLEMA DE JULIE

Terapeuta: O que a traz aqui hoje?

Julie: Na verdade, eu tenho uma questão urgente, mas acho que também é um padrão mais geral. Então eu estava esperando que pudéssemos falar um pouco a respeito e talvez encontre uma solução de algum tipo para me ajudar.

Terapeuta: Por que você não prossegue e me conta mais sobre esta questão urgente?

Julie: Sim. Então, um pouco da história de fundo: meu marido é estudante em tempo integral e está quase terminando seu bacharelado e vai prosseguir com o mestrado. Eu sou dentista e tenho meu consultório particular. Como parte da minha educação continuada, quero assistir a um importante congresso que vai ocorrer ao mesmo tempo que as provas finais dele.

Terapeuta: OK.

Julie: Quando eu disse que iria a esse congresso, ele fez um comentário: "Não, você não vai". Hoje é o prazo final da inscrição para o congresso e tenho andado angustiada sobre ter esta conversa com ele para que eu possa ir.

Terapeuta: Então seu marido não apoia seu desejo de participar, e você tem evitado falar com ele a respeito.

Julie: Sim. Na verdade, não falei mais com ele sobre isso desde que ele fez aquele comentário. E estou empenhada em ir ao congresso. Eu vou. Mas realmente não sei como me defender e lhe dizer que eu vou. É por isso que venho adiando isso.

Terapeuta: Você também mencionou que este pode ser um padrão geral. Seria justo presumir que esta não é a primeira vez que você adiou conversas difíceis?

Julie: Sim, é verdade. Eu nunca sei o que dizer ou como convencê-lo.

Os primeiros minutos da conversa já revelam muito sobre a situação de Julie. Acabamos de saber que Julie está tendo dificuldades para se defender perante o marido, o qual não apoia seu desejo de participar de um congresso. Além do mais, descobrimos que isso levou Julie a evitar ter uma conversa difícil com o marido. Se colocarmos o que acabamos de saber em um modelo de rede, ele seria semelhante ao que podemos ver na Figura 5.1.

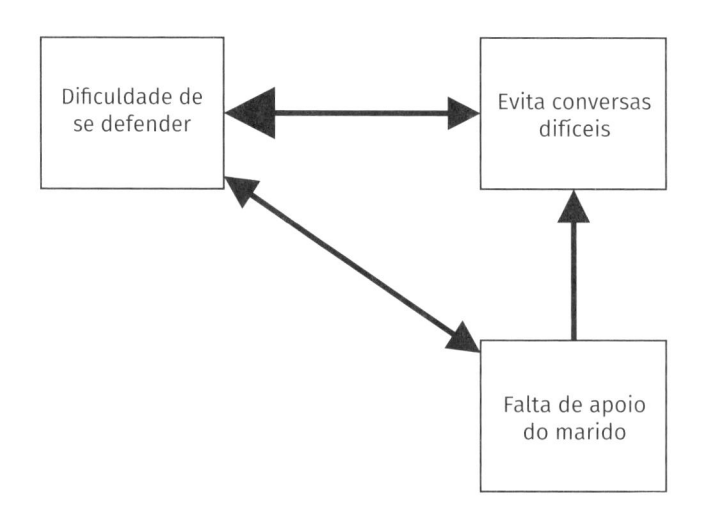

FIGURA 5.1 Modelo de rede inicial de Julie.

Naturalmente, os fatores na rede de Julie não estão isolados, mas se relacionam entre si. Julie mencionou que tem dificuldade para se defender, sendo por isso que está evitando ter uma conversa difícil com seu marido. Entretanto, o inverso provavelmente também é verdadeiro: como ela frequentemente evita conversas difíceis, não tem prática em se defender e assim tem dificuldades com isso. As chances são que essa relação seja mais forte do que no sentido contrário, por isso é representada por uma flecha com duas pontas, sendo uma delas maior que a outra. Além disso, ela tem dificuldade de se defender porque percebe seu marido como não apoiador. E, aqui, novamente, o inverso provavelmente também é verdadeiro: seu marido parece ser totalmente não apoiador, mas a história de Julie de dificuldades para se defender torna mais fácil para ele ignorar os desejos de Julie, então essa relação também é representada por uma flecha com duas pontas. Por fim, Julie evita conversas difíceis de todos os tipos — não apenas a serviço de se defender — e isso inclui seu marido quando ele parece não apoiador. Não temos certeza se esse padrão mais geral de evitar conversas difíceis está inadvertidamente levando a uma falta de apoio por parte do seu marido, portanto, por enquanto, deixaremos a flecha com uma ponta, mas isso pode mudar quando reunirmos mais informações.

Os três fatores que acabamos de colocar nos nós constituem a situação central de Julie. Até o momento, a rede tem apenas três fatores, mas já está ligada a um ciclo de *feedback* positivo, no qual os fatores se relacionam entre si e exacerbam uns aos outros. À medida que explorarmos as dimensões do *self*, motivação e comportamento explícito, continuaremos a explorar o caso de Julie e descobriremos fatores e processos adicionais que informem melhor o modelo de rede dessa cliente.

A DIMENSÃO DO *SELF*

A forma como os clientes pensam sobre si mesmos e tentam preservar uma determinada autoimagem molda fundamentalmente suas vidas e a habilidade de enfrentar problemas. Isso vale para qualquer cliente e também para Julie. Até este momento da conversa de admissão, identificamos que a cliente está tendo dificuldades para se defender e — como consequência — tende a evitar conversas difíceis, sobretudo com seu marido. Ainda não descobrimos os fatores de origem ou a manutenção por trás desse padrão. No segmento seguinte da conversa, o terapeuta descobre fatores adicionais no modelo de rede de Julie que pertencem à dimensão do *self*.

Terapeuta: Você mencionou sua dificuldade de se defender em conversas difíceis com seu marido. Você nota que isso é para você uma dificuldade também com outras pessoas?

Julie: Acho que nunca fui muito boa nisso. Com frequência me sinto envergonhada e tímida quando estou com outras pessoas. Sem dúvida, percebo que tenho dificuldade de me defender em geral, não só com meu marido.

Terapeuta: Quando você diz que "nunca foi muito boa nisso", aproximadamente que idade você diria que tinha quando isso ficou aparente para você pela primeira vez?

Julie: Não tenho certeza, mas muito pequena. Não sei, talvez 5 ou 6 anos?

Terapeuta: Cinco ou 6. Isso é muito jovem. Então você era apenas uma criança pequena.

Julie: Sim.

Terapeuta: E perante quem aquela Julie de 5 anos precisava se defender?

Julie: Não estou certa... Com certeza, a minha mãe.

Terapeuta: Sua mãe?

Julie: Sim. Minha mãe e eu frequentemente nos confrontávamos. Ela tinha aquelas ideias de como as menininhas deviam ser. Quero dizer, acho que nós tínhamos uma boa relação, e ainda temos, mas eu não tinha permissão para fazer muitas coisas que queria quando era menor porque ela tinha ideias diferentes para mim.

Terapeuta: Você pode me contar mais sobre o que pretende dizer com "ideias diferentes"?

Julie: Claro. Eu sempre fui o tipo de menina que se sujava brincando na rua e, principalmente, costumava brincar com os meninos. E minha mãe não gostava nem um pouco disso. Ela sempre me dizia que "boas meninas não se comportam assim" e tentava me tornar mais "feminina" em geral. Isso na verdade continua até os dias de hoje, e parte disso é que eu devo servir aos outros — incluindo ela, certamente. O que eu queria não estava necessariamente em questão.

Terapeuta: E quando você não se comportava como uma "boa menina" e agia no seu próprio interesse, o que sua mãe lhe dizia?

Julie: Bem, ela rapidamente encerrava a questão. Se eu não fizesse o que ela queria, ela frequentemente me dizia que "eu não deveria ser tão egoísta".

Terapeuta: Essa programação ainda ecoa no presente nesta situação com seu marido e ao pensar em ir ao congresso? A palavra "egoísta" surge na sua mente?

Julie: Sim, acho que sim. Eu quero muito ir ao congresso — e eu vou — mas depois que este pensamento surge de repente, eu fico ainda mais nervosa sobre o que os outros vão pensar de mim, e isso faz com que eu queira me refugiar em uma concha. Quando isso é assim, eu facilmente fraquejo diante de uma mínima resistência.

Terapeuta: Então quando este pensamento "Eu não deveria ser egoísta" surge de repente, juntamente com este sentimento de querer se refugiar, você tem ainda mais dificuldade para se defender e tem ainda menos probabilidade de entrar em confrontos. Eu entendi direito?

Julie: Sim, entendeu muito bem. Eu simplesmente me fecho e não falo nada.

Acabamos de identificar alguns novos elementos cruciais que podem ser acrescentados ao modelo de rede de Julie. Descobrimos que ela tem dificuldade para se defender não só com seu marido mas também com outras pessoas. Isso tem sido difícil desde que ela era muito pequena, época em que tinha frequentes discussões com sua mãe sobre como deveria se comportar. Além disso, ficamos sabendo que sua mãe tentou moldá-la como uma "boa menina", definindo seu propósito como o de serviente passiva, enquanto suas necessidades e suas preferências eram chamadas de "egoístas". Até hoje, Julie frequentemente se sente envergonhada e tímida quando está perto de outras pessoas — sobretudo quando age em seu próprio interesse.

Se acrescentarmos esses novos elementos ao modelo de rede de Julie (e destacarmos aqueles nós que pertencem à dimensão do *self*), ele pareceria com o que podemos ver na Figura 5.2. Observe que o nó contendo a história de Julie com sua mãe tem bordas arredondadas para diferenciá-lo como fator contextual que não mudará, mas faz parte da origem do problema em questão. Como lembrete, em uma linguagem mais técnica, esses nós são "moderadores".

A história de Julie com sua mãe moldou fundamentalmente sua situação atual e sua visão de si mesma. Sua mãe tentou moldar seu autoconceito de forma que lhe ocasionou dificuldades para se defender e a levou a se sentir tímida na companhia de outras pessoas (por isso as duas relações são representadas com flechas de uma ponta). Além disso, sempre que Julie recuava ou agia em seu próprio interesse, sua mãe lhe dizia para "não ser tão egoísta". Esse autoconceito teve efeito em Julie, de modo que sempre que pretende agir em seu próprio interesse, ela rapidamente pensa que na verdade está agindo de forma egoísta e que não deveria

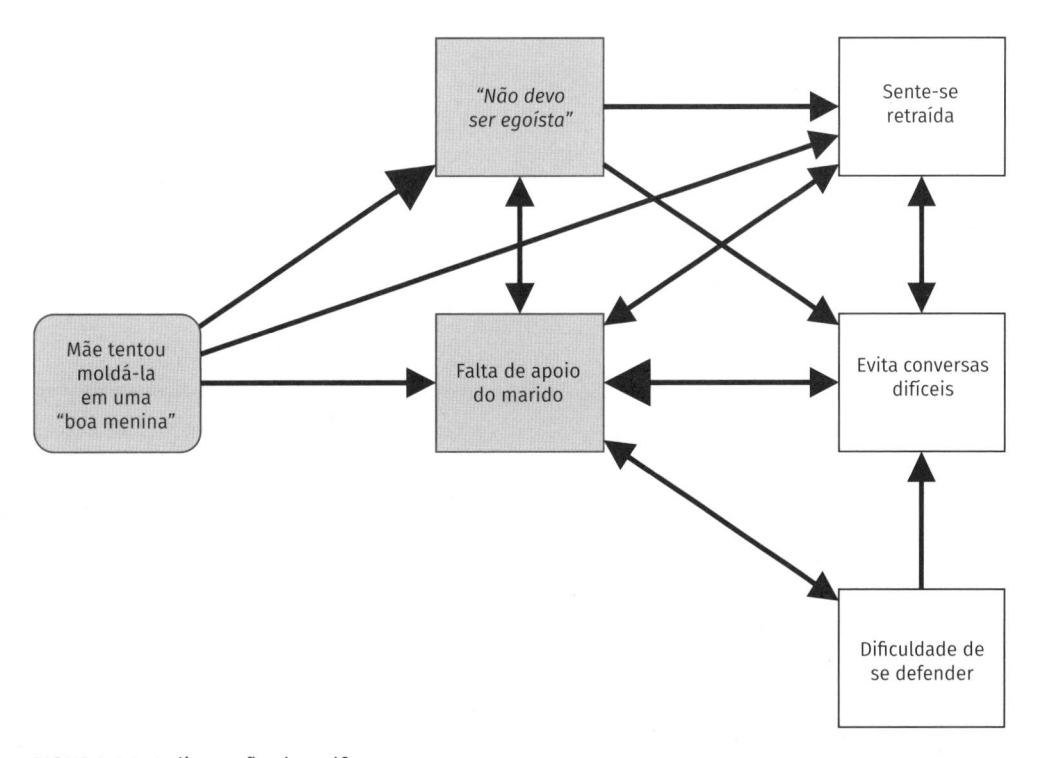

FIGURA 5.2 A dimensão do *self*.

fazer isso (por isso a relação é representada com uma flecha de uma ponta). Sua intenção de não ser "egoísta" prejudica enormemente sua habilidade de se defender e sustenta sua tendência a evitar conversas difíceis. Ademais, isso alimenta seus sentimentos de timidez quando está com outras pessoas. No entanto, não se defender também alimenta esse autoconceito de forma notável, por isso a flecha com duas pontas.

Provavelmente, é razoável presumir que Julie tem menos probabilidade de entrar em confronto quando está se sentindo retraída, e que sua evitação de conversas difíceis, por sua vez, alimenta ainda mais seus sentimentos de nervosismo quando está perto de outras pessoas (por isso esta relação é representada com uma flecha de duas pontas). Quando está se sentindo retraída dessa forma, ela tem ainda mais dificuldade para se defender, o que — mais uma vez — alimenta seus sentimentos de timidez. Embora o senso de identidade de Julie e de quem ela "deveria ser" exacerbe sua dificuldade a longo prazo, a curto prazo isso serve a um propósito. Pela sua história pessoal com sua mãe, Julie pode ter associado agir como uma "boa menina" com o sentimento de ser amada, ao mesmo tempo associando ser mais independente com um sentimento de crítica e possível abandono. Essas associações bloqueiam Julie até os dias de hoje, de modo que ela só se permite sentir-se amada quando está sendo "boa" e nega a si mesma sentir-se amada sempre que está agindo como "egoísta". Como frequentemente era chamada de "egoísta" sempre que ousava se defender diante de sua mãe, ela rapidamente aprendeu a se submeter às demandas e aos desejos das outras pessoas e a evitar inteiramente conversas difíceis. Embora a narrativa de Julie sobre si mesma mantenha e exacerbe sua dificuldade de se defender, ela também cria um espaço de segurança psicológica onde ela pode se sentir amada se for "boa".

Em outras palavras, novamente, a narrativa de Julie sobre si mesma e como ela deve ser serve a uma função útil. E embora isso possa aumentar o sofrimento a longo prazo, pode ser confortante a curto prazo.

Note que todo esse raciocínio é meramente especulativo e precisa ser analisado mais apropriadamente com a cliente dentro do contexto de uma análise funcional (o que faremos no final deste capítulo) e avaliações empíricas. Neste ponto, é importante observar que todos os fatores que aumentam o sofrimento a longo prazo frequentemente produzem resultados a curto prazo que mantêm seu papel.

Considere os exemplos a seguir de estilos de *self* mal-adaptativos.

Self conceitualizado: é um conceito da ACT. Ele refere-se à narrativa que criamos sobre nós mesmos — quem somos como pessoa e o que podemos e não podemos fazer. Usamos essa narrativa não só para nos definirmos mas também para nos compararmos com os outros. Infelizmente, quando usamos esse senso de identidade para nos avaliarmos e nos compararmos, tendemos a nos permitir sermos limitados pelo conteúdo da nossa narrativa.

Centralidade do evento: refere-se à tendência para eventos traumáticos ou outros eventos negativos específicos na vida se tornarem centrais na organização da identidade e da narrativa na história da vida de um indivíduo.

Identidades dissociativas: indivíduos com identidades dissociativas são incapazes de integrar os eventos a um único curso de vida psicológico e, em vez disso, "dividem" a vida em duas ou mais "personalidades", cada uma com conjuntos de memórias, afeto, comportamento e estilo de pensamento relativamente distintos e desconectados.

Estes são apenas alguns dos muitos exemplos de estilos de *self* mal-adaptativos. O ponto importante é que todos os estilos de *self* tendem a ser autoamplificadores e proporcionam ganho a curto prazo à custa de dor a longo prazo. Eles são geralmente tranquilizadores, proporcionando falsa sensação de "segurança", mas com o custo de capturar o senso de identidade da pessoa, estreitando-o mais. Eles limitam o tipo de pensamentos, sentimentos e ações que é "permitido" que um cliente tenha ou se engaje. Em outras palavras, eles limitam a variação e seleção. Isso frequentemente acontece de modo automático — informações que não se encaixam na narrativa são ignoradas ou recebidas com um forte conflito interno. Conclusão: não é irracional que o cliente selecione seu estilo de *self* mal-adaptativo, pois ele serve a uma função. Só que não está funcionando a seu favor.

Não é suficiente simplesmente apontar o senso de identidade mal-adaptativo. Você precisa descobrir a função de uma narrativa específica e oferecer estratégias alternativas viáveis que permitam um senso de identidade mais amplo e mais flexível e, portanto, maior variação, seleção e retenção. Aqui, mais uma vez, daremos uma olhada em alguns exemplos das inúmeras maneiras de fazer isso.

Self observador/descentralizador: o *self* como ponto de consciência, ou perspectiva "descentralizada", é parte de diversas abordagens clínicas. Há muitos nomes para esse senso de identidade observador, testemunha, contextual, descentralizado e que assume perspectivas em que uma pessoa se experiencia como uma observadora em vez de como o conteúdo do que é observado. Por esse ponto de vista, o indivíduo pode ser capaz de reconhecer pensamentos, sentimentos e outras experiências internas mais livre e flexivelmente, sem apego a nenhum deles.

Autovalorização: refere-se ao valor inerente que uma pessoa acredita ter. Esse valor não é atribuído por ninguém a não ser a própria pessoa, embora a crença seja frequentemente influenciada pela educação parental e outros fatores ambientais. Uma falta de autovalorização frequentemente recebe os créditos por fazer as pessoas se comportarem de formas autodestrutivas, enquanto um alto sentimento de autovalor presumidamente faz as pessoas agirem de formas que melhoram a qualidade de vida.

Autoeficácia: refere-se à crença que as pessoas têm sobre sua habilidade para alcançar os resultados que elas desejam atingir. Acredita-se que um alto senso de autoeficácia está subjacente à alta autoestima e que faz as pessoas agirem de formas produtivas. Naturalmente, considera-se que uma falta de autoeficácia faz o oposto e leva as pessoas a se comportarem de formas improdutivas.

Como com os exemplos de estilos de *self* mal-adaptativos, existem muito mais exemplos de estilos de *self* adaptativos. Neste ponto na terapia, é importante (a) identificar os componentes do cliente relacionados ao *self* e (b) descobrir como esses componentes se encaixam no padrão do cliente. Você pode achar úteis as seguintes perguntas orientadoras nas sessões com seus próprios clientes quando explorar problemas em variação, seleção e retenção na dimensão do *self*.

> **Perguntas orientadoras – *Self***
>
> **Explore problemas na variação** — Há um senso de *self*, ou um autoconceito, que aparece para o cliente quando ele está em sua luta, ou que não aparece e poderia ser útil? Há algum senso de rigidez ou falta de variação saudável no domínio do *self*?
>
> **Explore problemas na seleção** — Quais são as funções de um senso de *self* problemático? Se ou quando um senso de *self* ou autoconceito mais saudável aparece, a que funções ele pode servir?
>
> **Explore problemas na retenção** — Na área do *self*, como esses padrões dominantes apoiam, facilitam ou mantêm os problemas do cliente no modelo de rede? No caso de um senso de *self* ou autoconceito mais adaptativo, por que ele não é retido quando ocorre? Que outras características da rede estão interferindo na retenção de ganhos que podem ocorrer ocasionalmente?

Passo de ação 5.1 *Self*

Veja se consegue aplicar esses três grupos de perguntas orientadoras acima à dimensão do *self* nas suas áreas-problema que selecionou para trabalhar. Escreva um parágrafo sobre cada uma.

Exemplo

Problemas na variação: o senso de *self* que aparece é "***Eu sou um perdedor***" ou "***Sou um idiota***" e não sou suficientemente bom. Esses pensamentos parecem muito convincentes em meio às minhas dificuldades.

Problemas na seleção: ao me acusar primeiro, eu me protejo dos ataques potenciais de estranhos. Ao me rejeitar primeiro, evito ser rejeitado pelos outros.

Problemas na retenção: meu senso de *self* como um "perdedor" nunca é desafiado, pois eu nunca me mostro de forma que permita que os outros aceitem quem eu sou. Em vez disso, esta autopercepção é reforçada cada vez que eu me rejeito (i.e., só um perdedor pensaria em si mesmo como um perdedor).

A DIMENSÃO MOTIVACIONAL

A motivação do cliente está subjacente ao desenvolvimento do seu problema e às possibilidades de mudança. Isso vale para qualquer cliente, assim como para Julie. Até o momento, na conversa, ficamos sabendo o que Julie quer evitar entrar em confronto com outras pessoas e ser vista como egoísta — seja por ela mesma ou pelos outros. Entretanto, sabemos pouco sobre o que realmente a faz avançar, como ela deseja agir e o que ela quer atingir. No segmento de conversa a seguir, o terapeuta identifica partes da motivação subjacente de Julie.

Terapeuta: Falamos um pouco sobre o que você não quer, que você não quer ser vista como "egoísta" e que você quer evitar conversas difíceis. Vamos dar uma volta e olhar para o outro lado das coisas que você realmente *quer* para si.

Julie: OK, isso parece bom para mim.

Terapeuta: Você mencionou que é dentista e tem seu consultório particular, certo?

Julie: Sim, exatamente.

Terapeuta: Conte-me mais sobre o seu trabalho. Como ele está indo para você?

Julie: Bem, na verdade está indo muito bem. Como meu marido ainda não está trabalhando além dos seus estudos, eu sou a única provedora no nosso relacionamento. E a minha prática está indo muito bem, portanto isso realmente não é um problema. Meus pacientes parecem gostar de mim, e minha agenda está cheia.

Terapeuta: Ótimo! Então seria razoável dizer que você tem uma carreira altamente bem-sucedida?

Julie: Sim, acho que é razoável dizer.

Terapeuta: E ser dentista é importante para você?

Julie: Bem, muito, na verdade. Eu gosto muito da minha área e acho que sou muito boa também. Quero poder ajudar outras pessoas, o que é muito importante para mim. E estou sendo reconhecida pelo meu trabalho... esta é uma razão para ir a este congresso. Quero dizer, parte dessa programação provavelmente vem da minha mãe, para ser honesta, mas eu genuinamente quero fazer uma diferença positiva nas vidas das pessoas.

Terapeuta: Como seu desejo de ajudar outras pessoas está relacionado à sua dificuldade de se defender?

Julie: Realisticamente ajuda, mas emocionalmente é diferente. Quando eu me imponho, isso me ajuda a fazer o que eu vim fazer, mas então tem aquele sentimento incômodo de que estou fazendo isso nas costas de outras pessoas.

Acabamos de obter novas informações sobre Julie, as quais podemos adicionar ao seu modelo de rede. Aprendemos que Julie é altamente bem-sucedida em sua carreira como dentista, e, como parte do seu trabalho, ela valoriza ajudar outras pessoas. Ela tem uma motivação genuína de ajudar outras pessoas por meio do seu trabalho, mas devido à sobreposição com sua história em que "ajudar os outros" foi usada para fechar as portas para seu senso de agência, quando ela se defende lhe parece que é "nas costas de outras pessoas", mesmo quando não é. Observe que o nó contendo a carreira de sucesso de Julie tem bordas arredondadas para diferenciar este nó como um moderador. Se adicionarmos esses novos elementos ao modelo de rede de Julie (e destacarmos o nó que pertence à dimensão da motivação), ele pode se parecer com o que podemos ver na Figura 5.3.

Como você pode ver, há predominantemente um fator que pertence à dimensão da motivação, ou seja, o desejo de Julie de ajudar outras pessoas além de si mesma. O desejo é expresso em seu trabalho como dentista (por isso esta relação é representada com uma flecha de uma ponta) e, embora parte disto seja um impacto pró-social da sua mãe, essa conexão (a influência de sua mãe, motivando Julie a ajudar outras pessoas) também aumenta a probabilidade de dificuldades para se defender.

Estilos motivacionais mal-adaptativos aparecem em muitos formatos e formas diferentes. Para muitos clientes, essas motivações frequentemente se apresentam primeiro em termos do que eles não querem ou o que querem evitar. No entanto, quando o terapeuta investiga um pouco mais, frequentemente consegue descobrir um senso de cuidado por alguma coisa ou alguém. Esse cuidado pode ser sobre uma pessoa específica, sobre o próprio cliente, sobre um grupo de pessoas, sobre realizar um determinado comportamento, sobre atingir um certo resultado ou mesmo sobre servir a uma causa ou a um animal de estimação amado. A fonte de motivação pode ser importante para orientar o cliente para o novo comportamento e inspirar a crença de que a mudança é possível.

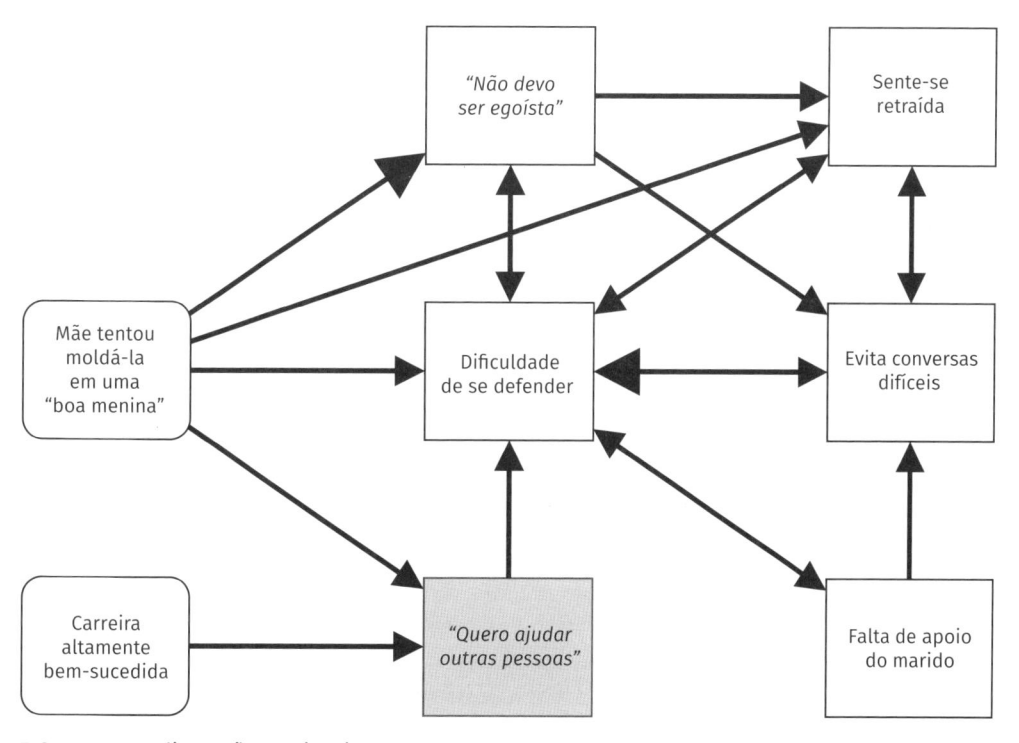

FIGURA 5.3 A dimensão motivacional.

Entretanto, dependendo do cliente e da função da motivação dentro da rede, a motivação do cliente pode ser mal-adaptativa e na verdade aumentar a dificuldade em vez de suavizá-la. Este parece ser o caso para Julie, pois sua motivação para ajudar outras pessoas está em aparente oposição com sua habilidade para se afirmar — pelo menos no que diz respeito à relação emocional de Julie. Ela ainda tem que criar um contexto em que defender suas próprias necessidades e seus desejos é uma expressão clara e positiva de cuidado consigo mesma para que possa cuidar de outras pessoas. Assim, o que importa mais do que a motivação individual é a função a que a motivação serve dentro do contexto da rede.

Considere os seguintes exemplos de motivação mal-adaptativa.

Aquisição material: refere-se a um estilo motivacional em que uma pessoa é motivada a adquirir bens materiais, como objetos valiosos. Frequentemente, o desejo de aquisição material é inspirado por um desejo mais arraigado de se sentir amado, seguro e excitado.

Complacência: refere-se a um estilo motivacional em que uma pessoa não age segundo seu próprio interesse, mas irrefletidamente adota valores, objetivos e orientações de outras pessoas à sua volta. Com frequência, a complacência é um produto da pressão social ou assimilação irrefletida para atingir um sentimento de pertencimento com outras pessoas.

Não se importa: refere-se a um estilo motivacional em que uma pessoa aparentemente não se importa com nada. A pessoa age de acordo com impulsos momentâneos e não segundo padrões ou objetivos superiores. No entanto, com observação aprofundada, frequentemente fica mais claro que a atitude de descuido é adotada para evitar sentir dor.

Naturalmente, há muito mais exemplos de estilos motivacionais mal-adaptativos, contudo, abordar todos eles está além do escopo deste livro. O que eles tendem a ter em comum é que falam de um nível superficial de preocupação enquanto são negligenciados desejos subjacentes mais arraigados. Em outras palavras, estilos motivacionais mal-adaptativos falam de necessidades e desejos a curto prazo, enquanto estilos motivacionais adaptativos falam de desejos ardentes. Mais uma vez, não é irracional para o cliente selecionar seu estilo motivacional mal-adaptativo. Ele o está servindo a curto prazo, ao passo que é inútil a longo prazo.

Como com os estilos de *self* mal-adaptativo, em vez de meramente apontar as motivações mal-adaptativas, você precisa descobrir a função de um estilo motivacional específico e oferecer estratégias alternativas que acessem um senso de cuidado mais arraigado e uma realização mais flexível dessa motivação — e com isso maior variação e seleção. Há incontáveis formas de fazer isso — certamente demasiadas para abordar aqui — então vamos apenas examinar alguns exemplos de estilos motivacionais adaptativos.

Valores: referem-se a orientações internas na direção das quais uma pessoa guia suas ações. Essas orientações internas têm valor inerente e não são vistas pela pessoa como um meio para um fim, significando que sua mera busca é valiosa por si só. Quanto mais uma pessoa vive em contato com seus valores, mais provavelmente ela adota atitudes que aprimoram a vida.

Objetivos: são ideias de um futuro desejado ou um resultado futuro que uma pessoa ou um grupo de pessoas vislumbra, planeja e se compromete em atingir. Quase sempre, o atingimento desses objetivos é acompanhado de incentivos adicionais que vão além do objetivo em si.

Planejamento: refere-se a vislumbrar e conceber um plano de ação para atingir um resultado futuro desejado. O planejamento é a ponte entre estar motivado para entrar em ação e realmente prosseguir e entrar em ação.

Como com os exemplos de estilos motivacionais mal-adaptativos, há muito mais exemplos de estilos motivacionais adaptativos. Neste ponto, é importante (a) identificar os componentes motivacionais do cliente e (b) descobrir como esses componentes se encaixam no padrão do cliente. Você pode achar úteis as seguintes perguntas nas sessões com seus próprios clientes quando explorar problemas em variação, seleção e retenção na dimensão da motivação.

Perguntas orientadoras — Motivação

Explore problemas na variação — Há padrões de motivação mal-adaptativos característicos para o cliente quando ele está com dificuldades ou padrões mais adaptativos que não apareçam e que poderiam ser úteis? Há algum senso de rigidez ou falta de variação saudável no domínio da motivação?

Explore problemas na seleção — Quais são as funções das formas de motivação mal-adaptativas que estão presentes na rede? Quando formas de motivação mais saudáveis aparecem, a que funções elas podem servir?

Explore problemas na retenção — Como esses padrões dominantes na área da motivação apoiam, facilitam ou mantêm os problemas do cliente no modelo de rede? No caso de formas de motivação mais adaptativas, por que elas não são retidas quando ocorrem? Que outras características da rede estão interferindo na retenção dos ganhos que podem ocorrer ocasionalmente?

Passo de ação 5.2 Motivação

Considerando a mesma área-problema de antes, mas agora focando em padrões motivacionais, veja se consegue aplicar os três grupos de perguntas orientadoras anteriores ao domínio da motivação em sua área-problema. Escreva um parágrafo sobre cada uma.

Exemplo

Problemas na variação: em conversas com outras pessoas, fico principalmente preocupado em não me embaraçar ou não dizer alguma coisa idiota. Quero que os outros gostem de mim. Também quero ser genuíno e autêntico, mas isso é muito difícil com meu medo vindo à tona.

Problemas na seleção: minha motivação de "não me embaraçar" serve para evitar ser rejeitado e ridicularizado pelas outras pessoas. É uma motivação principalmente baseada no que eu não quero, em vez de no que quero. Minha outra motivação de ser genuíno e autêntico serve para criar conexões reais, mas é ofuscada pela minha evitação de ser magoado.

Explore problemas na retenção: sempre que não fico embaraçado — o que é mais frequente do que o contrário — é reforçada a crença de que isso não aconteceu porque eu me monitorei ativamente. Sempre que me embaraço, atribuo isso ao fato de não ter feito o suficiente para evitar o embaraço. De qualquer forma, a minha motivação é reforçada.

A DIMENSÃO COMPORTAMENTAL

As formas como os clientes se comportam definem fundamentalmente sua situação na vida. Isso também vale para Julie. Até o momento na conversa, descobrimos vários fatores que mostram como Julie escolhe agir em meio a suas dificuldades. Por exemplo, Julie não tende a se defender e, mais ainda, tende a evitar inteiramente conversas difíceis, dessa forma exacerbando suas dificuldades. No entanto, há mais coisas na história de Julie. No segmento posterior da conversa, ficamos sabendo de um fator adicional que molda a situação de Julie e reforça a sua rede.

Terapeuta: Vamos fazer um experimento rápido.

Julie: OK, com certeza.

Terapeuta: Suponha que eu tivesse uma arma na minha mão. E eu apontaria essa arma para você e lhe diria que vou atirar a menos que você sinta a confiança que precisa para se defender. E estou falando de confiança genuína. Não confiança falsa. Então, a menos que se sinta realmente confiante, eu atiraria em você. Agora, como você acha que isso vai *prosseguir*?

Julie: Bem, você provavelmente atiraria em mim.

Terapeuta: Sim, exatamente. Eu notaria que você não se sente totalmente confiante e atiraria em você. Agora suponha que fizéssemos um pouco diferente: eu atiraria em você a não ser que você acreditasse genuinamente que tem o necessário para se defender de mim. E por alguma razão eu poderia realmente identificar se você está fingindo. Agora, o que aconteceria?

Julie: Acho que eu levaria um tiro de novo.

Terapeuta: Concordo. Portanto, não há nenhuma vitória aqui. Vamos tentar uma última vez, mas desta vez eu lhe diria que vou atirar em você a não ser que você diga "Não". Sem grandes explicações e sem expressões faciais assertivas, mas apenas proferindo a palavra "Não". Você acha que seria capaz de fazer isso?

Julie: É claro. Eu poderia querer chorar, mas diria "Não".

Terapeuta: A ideia deste pequeno exercício é que é muito mais fácil mudar nossos comportamentos reais do que mudar como pensamos e sentimos. E se quisermos fazer uma mudança, geralmente é melhor começarmos olhando para nosso comportamento — as coisas que realmente fazemos — como um lugar por onde começar. Vamos examinar o que você está realmente fazendo quando tem dificuldades. Até agora você mencionou que tende a evitar conversas difíceis e que não se defende.

Julie: Certo.

Terapeuta: Essas coisas na verdade são sobre *não* fazer alguma coisa. *Não* se defender e *não* ter uma conversa difícil. E quando está em um momento difícil com alguém, o que você realmente *faz*?

Julie: Eu só tento agradar. Meu marido me chama de "agrada pessoas". Na verdade, acho que isso o incomoda, embora ele também faça coisas como me dizer para não ir a esse congresso. Eu sei que quando digo "Eu vou" ele recua, mas isso é tão difícil para mim emocionalmente, especialmente quando já estou me sentindo nervosa. É justamente por isso que estou aqui. Eu sei que tenho que mudar meu comportamento.

Neste último segmento, identificamos algumas coisas mais cruciais sobre a situação de Julie. Ficamos sabendo que ela frequentemente se comporta de forma passiva, evitando conflitos e conversas difíceis. Em vez disso, seu recurso é agradar as pessoas — especialmente quando teme a desaprovação de outra pessoa. Se acrescentarmos este novo elemento ao modelo de rede de Julie juntamente com suas relações com outros fatores e destacarmos os que giram em torno do comportamento, ele pode se parecer com o que podemos ver na Figura 5.4.

Naturalmente, a relutância de Julie em defender suas necessidades e seus desejos e ter conversas difíceis fundamentalmente cria dificuldades em seus relacionamentos. Ademais, sua tendência a recorrer a agra-

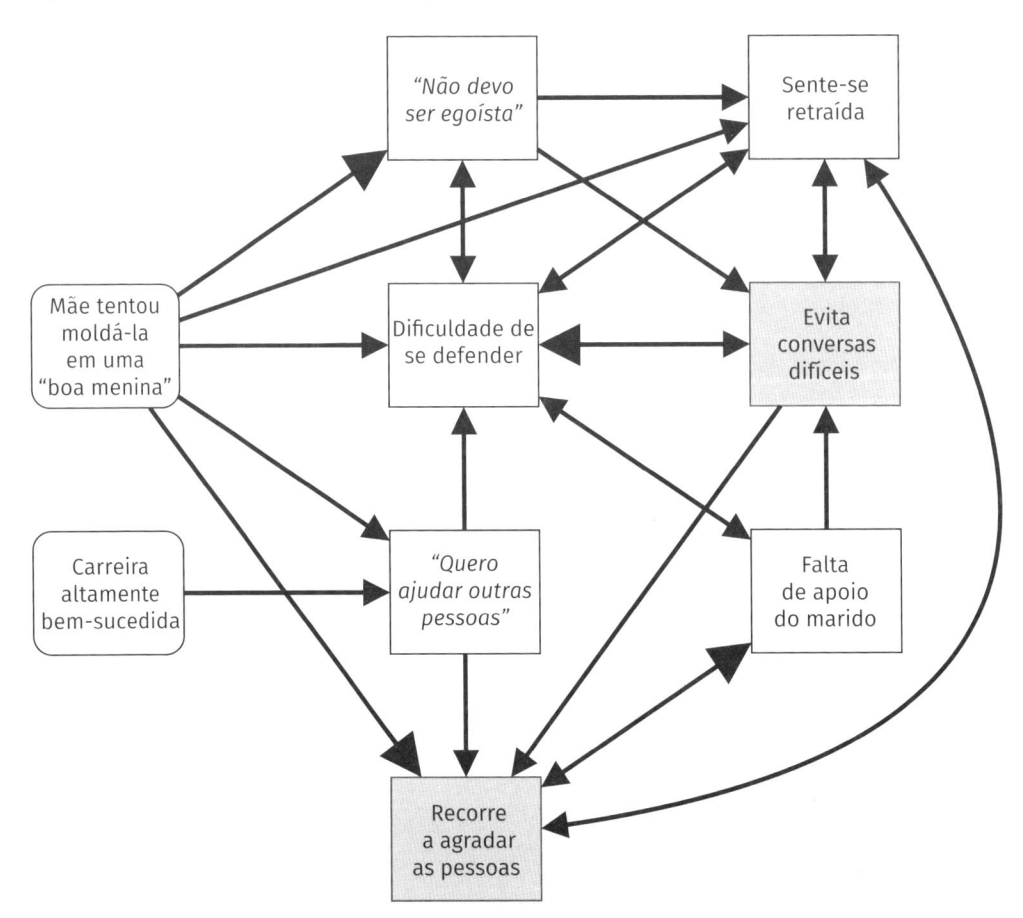

FIGURA 5.4 A dimensão comportamental.

dar as pessoas é um produto de múltiplos fatores, incluindo sua criação, seu desejo de ajudar os outros e sua relutância em ter conversas difíceis (por isso todas estas relações estão representadas com uma flecha de uma ponta, embora a influência da sua mãe mais provavelmente tenha sido o fator dominante). Além disso, quando o marido reage a Julie com desaprovação, ela se engaja ainda mais no comportamento de agradar as pessoas, enquanto simultaneamente agradar as pessoas está, na realidade, afastando seu marido. Em outras palavras, os nós "Falta de apoio do marido" e "Recorre a agradar as pessoas" se influenciam bidirecionalmente e fortalecem um ao outro (por isso a relação é representada como uma flecha de duas pontas). Algo semelhante acontece quando Julie se sente envergonhada, quando seus sentimentos de timidez a levam a recorrer ainda mais ao comportamento de agradar as pessoas, o que, por sua vez, alimenta ainda mais seus sentimentos baseados no medo (i. e., se a situação fosse inteiramente "segura", ela não teria precisado recorrer inicialmente a agradar as pessoas, assim ela "justifica" seus sentimentos de timidez). Em consequência, essa relação é representada como uma flecha de duas pontas.

O comportamento de um cliente geralmente se localiza no centro da sua dificuldade, como ocorre com Julie. Sua dificuldade é mantida e facilitada pela relutância em defender suas necessidades e se engajar em confronto, enquanto simultaneamente recorre a "agradar as pessoas". No entanto, esses comportamentos — embora mal-adaptativos e aumentando o sofrimento a longo prazo — servem a uma função importante para Julie. Ao se desvencilhar de conversas difíceis, ela se desvencilha de pensamentos, sentimentos e outras experiências internas difíceis que poderiam ocorrer no momento. Em outras palavras, seu estilo passivo é um mecanismo de enfrentamento para ajudá-la a evitar sentir-se desconfortável, o que faz parte de porque ela repete o comportamento.

Muitos comportamentos mal-adaptativos são confortantes a curto prazo, enquanto criam custos a longo prazo. Note que todo esse raciocínio acerca da situação de Julie será analisado mais apropriadamente dentro do contexto de uma análise funcional relacionada a dados adicionais. Neste ponto, é importante observar que comportamentos que aumentam o sofrimento a longo prazo frequentemente parecem positivos a curto prazo.

Considere os seguintes exemplos de comportamentos mal-adaptativos.

Evitação: refere-se a um estilo comportamental em que uma pessoa age para evitar situações em que entraria em contato com pensamentos, sentimentos e outras experiências internas desagradáveis. Frequentemente, esse comportamento evitativo é agradável a curto prazo (pois ele remove a experiência indesejável), ao mesmo tempo tendo custos a longo prazo para os objetivos e o bem-estar geral da pessoa.

Impulsividade: impulsividade refere-se a um estilo comportamental em que uma pessoa age segundo desejos e impulsos momentâneos. Esse comportamento é frequentemente prazeroso a curto prazo, embora seja imprudente e em detrimento de planos e objetivos maiores a longo prazo.

Procrastinação: refere-se a um estilo comportamental em que uma pessoa adia agir de acordo com seus planos e objetivos para evitar contato com experiências internas desconfortáveis como estresse, ansiedade, tensão e tédio. A procrastinação frequentemente consome muito tempo e energia enquanto adia resultados futuros desejados.

Naturalmente, há muito mais exemplos de estilos de comportamentos mal-adaptativos e abordar todos eles nos afastaria do propósito deste livro. O que todos eles têm em comum é que removem imediatamente o desconforto a curto prazo, ao mesmo tempo mantendo o desconforto a longo prazo, desta forma reforçando o estilo comportamental mal-adaptativo e criando um ciclo. Mais uma vez, não é irracional que o cliente selecione seu estilo comportamental mal-adaptativo. Só que não está funcionando a seu favor.

Como com estilos de *self* e estilos motivacionais mal-adaptativos, além de meramente apontar os estilos comportamentais mal-adaptativos, você precisa descobrir a função de um comportamento específico e oferecer estratégias alternativas viáveis que permitam um comportamento mais amplo e mais flexível e assim maior variação. Mais uma vez, as formas de fazer isso são muitas para mencionar, portanto, em vez de abordar todas elas, vamos dar uma olhada em alguns exemplos de estilos comportamentais adaptativos.

Comprometimento: refere-se a um estilo comportamental em que uma pessoa fez uma promessa a si mesma ou a outras pessoas de se engajar em determinado comportamento para atingir um resultado futuro desejado. Com frequência, essa promessa é acompanhada por um plano de ação que especifica quando, onde e como agir, de modo que a pessoa tenha probabilidade máxima de sucesso.

Ativação comportamental: refere-se a um estilo comportamental em que uma pessoa começa a executar uma ação sem necessariamente ser motivada por experiências internas, como pensamentos, sentimentos e outros impulsos. Esta intervenção terapêutica é frequentemente usada para tratar pessoas com depressão.

Solução de problemas: refere-se a um estilo comportamental em que uma pessoa se engaja em um processo ativo para encontrar uma solução para um problema difícil que se apresenta. Com frequência, a pessoa tem em mente um resultado futuro desejado na direção do qual ela está trabalhando.

Como com os exemplos de estilos comportamentais mal-adaptativos, existem mais exemplos de estilos comportamentais adaptativos. Neste ponto na terapia, é importante (a) identificar os componentes comportamentais do cliente e (b) descobrir como estes componentes se encaixam no padrão do cliente. Você pode achar úteis as seguintes perguntas nas sessões com seus próprios clientes quando explorar problemas em variação, seleção e retenção na dimensão do comportamento.

> **Perguntas orientadoras — Comportamento**
>
> **Explore problemas na variação** — Que padrões de comportamento explícito aparecem para o cliente quando ele está em dificuldades ou não aparecem e podem ser úteis? Há algum senso de rigidez ou falta de variação saudável no domínio de padrões ou hábitos comportamentais explícitos?
>
> **Explore problemas na seleção** — Quais são as funções de formas problemáticas de comportamento explícito na rede do cliente? Se ou quando aparecerem formas mais adaptativas de comportamento explícito, a que funções servem esses padrões de ação explícitos?
>
> **Explore problemas na retenção** — Como esses padrões comportamentais explícitos dominantes apoiam, facilitam ou mantêm os problemas do cliente no modelo de rede? No caso de padrões de ação explícitos mais adaptativos, por que eles não são retidos quando ocorrem? Que outras características da rede estão interferindo na retenção dos ganhos comportamentais que ocasionalmente podem ocorrer?

Passo de ação 5.3   Comportamento

Veja se consegue aplicar os três grupos de perguntas orientadoras acima à dimensão do comportamento explícito na sua área-problema na qual escolheu trabalhar. Escreva um parágrafo sobre cada um.

Exemplo

Problemas na variação: quando fico nervoso em situações sociais, eu supercompenso e tento ser a pessoa mais engraçada e mais interessante na sala ou, então, me retraio, frequentemente me desculpando e indo para casa. É quase sempre um ou outro.

Problemas na seleção: eu supercompenso na esperança de que as outras pessoas gostem mais de mim e de que eu consiga construir relações próximas. Em contrapartida, me retraio para não ser magoado pelos outros. Eu me rejeito antes de ser rejeitado pelos outros.

Explore problemas na retenção: quando supercompenso e as outras pessoas reagem positivamente, eu presumo que deve ter sido porque eu representei. De qualquer forma, o comportamento é reforçado. Sempre que me retraio, o nervosismo e o medo se dissipam; assim, o comportamento é reforçado.

ANÁLISE FUNCIONAL DE JULIE

Em muitos aspectos, já fizemos uma análise funcional deste caso no capítulo. A questão urgente de Julie e o padrão mais amplo sobre o qual ela está preocupada é ceder a demandas despropositadas e evitar conversas difíceis se isso significar ter que se defender. Este padrão tem uma história na sua família de origem, que incluía parentalidade consideravelmente forte associada a ser uma "boa menina" que evita ser "egoísta".

Considerando-se essa história, agir de formas que sirvam aos seus próprios interesses rapidamente não só dará origem a pensamentos de ser egoísta mas também fará com que ela sinta como se suas ações ameaçassem que seja amada ou cuidada. Evitar conversas difíceis sobre as próprias necessidades, mesmo à custa do seu autorrespeito ou sua habilidade para desempenhar um papel como a profissional altamente competente que ela é, parece "seguro" e, superficialmente, parece afetuoso. Isto não está "tudo na cabeça dela" — está nas contingências sociais que Julie experiencia. É uma narrativa socialmente apoiada e enviesada pelo gênero que começou com sua mãe e continua com seu marido. Mas mudar essas contingências também requer mudança de comportamento por parte de Julie.

A motivação central de Julie é ajudar as pessoas, o que ela faz profissional e pessoalmente. No incidente específico que a levou a vir para terapia, seu desejo de ir a um congresso profissional é bloqueado por seu marido. O problema é que os passos na direção de ajudar os outros podem suscitar o pensamento de que ela está fazendo isso "nas costas de outras pessoas", e aí estamos de volta a agradar as pessoas e a evitar conversas difíceis — o que mantém a coesão do sistema.

O terapeuta focou no comportamento explícito nesta última seção do caso, enfatizando a ideia de que ele pode ser mudado mais facilmente do que os pensamentos e sentimentos habituais. Entretanto, as mudanças no comportamento não serão mantidas a menos que estejam conectadas com motivação mais profunda, que guiará o trabalho de abordar os problemas subjacentes da sua própria autonarrativa.

Uma forma de perturbar esse conjunto de relações funcionais é introduzir variações nas dimensões relevantes do EEMM com o objetivo de selecionar e reter alternativas mais adaptativas. Uma abordagem promissora poderia ser providenciar "conversas difíceis" com seu marido na terapia, especialmente se Julie pudesse associar sua motivação para avançar profissional e pessoalmente a um desejo real de ajudar as pessoas. Defender-se é necessário para que ela "seja ela mesma" e contribua. Não sabemos se uma conversa genuína, aberta e baseada em valores com seu marido provocará mudanças em seu relacionamento com o marido ou com sua própria autonarrativa, mas está na hora de descobrir.

Passo de ação 5.4   Preencha seu EEMM:
Dimensões do *self*, motivacionais e comportamentais

Vamos retornar ao problema que você identificou na sua própria vida. Elabore um EEMM parcial baseado no que você escreveu nos Passos de ação 5.1 a 5.3 e preencha as dimensões relevantes na sua relação com seu problema. Como no Capítulo 4, seu problema pode não estar muito bem representado em todas as dimensões ou em todas as colunas, portanto ainda não estamos incluindo as colunas de retenção e especificidade do contexto. Além disso, estamos focando aqui em áreas mal-adaptativas, mas você pode adicionar coisas adaptativas que poderia fazer, se desejar.

	MAL-ADAPTATIVO	
	Variação	Seleção
Self		
Motivação		
Comportamento		

Exemplo

	MAL-ADAPTATIVO	
	Variação	Seleção
Self	Eu penso que sou um completo perdedor e simplesmente não suficientemente bom. Esses pensamentos parecem muito convincentes.	Bem, ao me rejeitar primeiro, eu me protejo de ser magoado pelos outros.
Motivação	Estou principalmente preocupado com não me embaraçar ou não dizer alguma coisa idiota. Quero que as outras pessoas gostem de mim. Também quero ser genuíno e autêntico, mas isso é muito difícil com meu medo aparecendo.	Não quero ser rejeitado ou ridicularizado. Também quero ser genuíno e autêntico para criar conexões reais, mas isso é frequentemente ofuscado.
Comportamento	Ou eu supercompenso e tento ser a pessoa mais interessante na sala ou me retraio, frequentemente me desculpando e indo para casa.	Eu supercompenso para ser mais querido pelos outros e construir relações próximas. Em contrapartida, me retraio para não ser mais magoado.

6

Os níveis biofisiológico e sociocultural

Michael já foi dependente de álcool e agora enfrenta os danos. Tem dificuldade para manter seu foco, é facilmente distraído e — recentemente — começou a ter esquecimentos. Ele agora se preocupa que seus anos de uso de álcool estejam finalmente provocando repercussões, deixando a sua marca.

Nos dois capítulos anteriores, exploramos as seis dimensões do EEMM (a saber, cognição, afeto, atenção, *self*, motivação e comportamento explícito). Neste capítulo, ampliamos nossa compreensão do EEMM adicionando os níveis biofisiológico e sociocultural. Esses dois níveis estabelecem o contexto para as seis dimensões, e ambos influenciam fundamentalmente a condição e o bem-estar global de um cliente — para melhor ou para pior.

Fazendo um parêntese, você pode ter notado que estamos usando um termo relativamente incomum, "biofisiologia", para um nível de análise suborganísmico. Estamos fazendo isso porque "fisiologia" é muito restritivo (a história evolucionária da genética normalmente não é considerada parte da "fisiologia"), mas "biológico" é muito vago e abrangente e muitas vezes é usado no nível do organismo como um todo (muitos psicólogos confortavelmente enquadrariam toda a psicologia como "biológica", por exemplo). O termo "biofisiologia" raramente é usado de forma técnica, mas já foi usado antes como um rótulo genérico, de forma muito semelhante à que estamos usando aqui para abranger um nível de análise que inclua escalas temporais que variam de milissegundos a éons.

Na próxima seção, veremos como a história de Michael de dependência de álcool continua a afetá-lo e aprenderemos sobre o papel desempenhado por ações biofisiologicamente relevantes e seu contexto sociocultural. Iniciamos com uma conversa entre o terapeuta e Michael, e, de acordo com ela, organizaremos as informações reunidas em um modelo de rede.

A NEBLINA MATINAL DE MICHAEL

Terapeuta: O que o traz aqui hoje?

Michael: Para começo de assunto, isso não foi minha ideia. Meu médico recomendou que eu viesse ver você porque talvez você possa me ajudar.

Terapeuta: Por que não começa me contando o que eu posso fazer por você?

Michael: Sim, é claro. Ultimamente eu tenho tido esta neblina matinal com mais frequência. Não consigo me concentrar como antes, distraio-me e me desligo. Isso é incrivelmente frustrante e está começando a me deixar preocupado com meu desempenho no trabalho.

Terapeuta: E que tipo de trabalho você faz?

Michael: Eu comando uma empresa de fornecimento de papel. Ela está crescendo, é um sucesso. Minha equipe tem um tamanho considerável, e a minha função preponderantemente é supervisionar, gerenciar recursos e garantir que tudo funcione harmoniosamente.

Terapeuta: Então, seria razoável dizer que você precisa de todo seu foco.

Michael: Sim, seria razoável dizer isso. E acho que não estou tendo meu melhor desempenho e me preocupo sobre o que isso pode significar para a minha empresa.

Terapeuta: Quando nota que não está tão focado quanto antes, você se preocupa com seu desempenho no trabalho.

Michael: Sim. O que quero dizer é que eu construí esta empresa começando do zero e tive muito sucesso. Mas se não consigo focar, não serei capaz de administrá-la como deveria. Como disse, me sinto incrivelmente frustrado com isso, e então me preocupo ainda mais, o que me frustra ainda mais (*dá uma risadinha*).

Nos primeiros momentos da conversa, já ficamos sabendo detalhes importantes sobre a situação de Michael. Soubemos que Michael tem uma "neblina matinal", em que perde seu foco. Além disso, aprendemos que Michael é um empresário altamente bem-sucedido que gerencia sua própria empresa de fornecimento de papel. A neblina matinal é um problema e faz Michael se sentir frustrado e preocupado com seu desempenho no trabalho. O sentimento de frustração parece alimentar ainda mais a tendência de Michael a se preocupar, o que, por sua vez, aumenta ainda mais seus sentimentos de frustração. Quando colocamos esses elementos do caso de Michael (além das suas relações subjacentes) em uma rede, ela pode se parecer com o que vemos na Figura 6.1.

Terapeuta: Você mencionou que se preocupa muito com seu desempenho no trabalho. O que você faz exatamente quando a preocupação aparece?

Michael: Não acho que tenha muito o que fazer a respeito. Eu simplesmente tenho que lidar com ela. Na verdade, não estou aqui para falar sobre a minha preocupação; estou aqui porque não consigo mais trabalhar como antes.

Terapeuta: Ok, então vamos falar sobre o seu trabalho e sua neblina matinal. O que você acha que poderia ser a razão para isso estar aparecendo agora?

Michael: Na verdade, tenho uma teoria, mas ela me assusta. Alguns anos atrás, eu era um grande consumidor de álcool, bebendo destilados quase todos os dias. E acho que isso pode ter alguma coisa a ver.

Terapeuta: E há quanto tempo você está sóbrio agora?

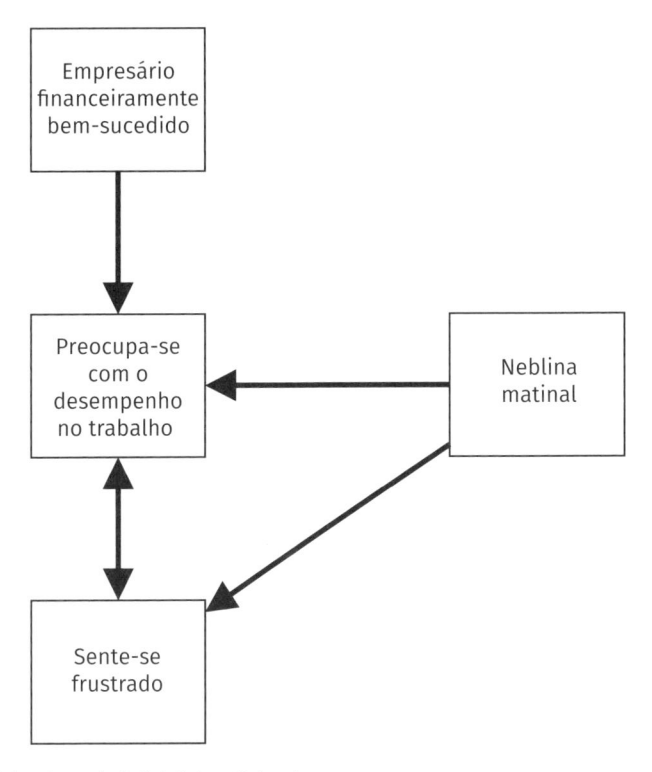

```
        ┌─────────────┐
        │ Empresário  │
        │financeiramente│
        │bem-sucedido │
        └──────┬──────┘
               │
               ▼
        ┌─────────────┐        ┌─────────────┐
        │ Preocupa-se │        │             │
        │   com o     │◄───────│  Neblina    │
        │ desempenho  │        │  matinal    │
        │ no trabalho │        │             │
        └──────┬──────┘        └──────┬──────┘
               ▲                      │
               │                      │
               ▼                      │
        ┌─────────────┐◄──────────────┘
        │  Sente-se   │
        │  frustrado  │
        └─────────────┘
```

FIGURA 6.1 Modelo de rede inicial de Michael.

Michael: Aproximadamente cinco anos. Comecei a frequentar as reuniões do AA, e continuo indo toda a semana. Isso faz uma grande diferença. Mas agora temo que isso tenha me causado algum dano irreparável. Talvez um Alzheimer precoce ou algo parecido.

Terapeuta: Então você acha que o abuso de álcool no passado possa ser a causa da sua neblina mental?

Michael: Sim. E também tenho tido problemas para dormir ultimamente, o que posso dizer que também está me esgotando.

Terapeuta: Você pode me contar mais sobre seus problemas de sono?

Michael: Nunca fui de dormir muito, talvez seis horas por noite. Mas ultimamente tem sido umas cinco horas. Tenho dificuldade até para pegar no sono.

Na conversa com o terapeuta, Michael revelou novos detalhes importantes, os quais podemos usar para ampliar seu modelo de rede. Soubemos que a dificuldade de Michael com a neblina matinal deve estar relacionada à sua história com abuso de álcool. Ele costumava beber destilados diariamente, mas está sóbrio há cinco anos. No entanto, ainda frequenta semanalmente as reuniões do AA, pois acha que elas o estão ajudando. Depois, Michael tem dificuldades para pegar no sono e dorme apenas cinco horas por noite, o que pode contribuir para sua neblina matinal. Como a qualidade do sono tem forte correlação com a habilidade de uma pessoa para manter o foco, suspeitamos de uma forte influência de "Problemas do sono" sobre a "neblina matinal". Por fim, Michael relatou que precisa lidar com sua preocupação por conta própria. É possível que sua preocupação revele que Michael não consegue buscar ajuda e estruturar um sistema de apoio ambiental para autocuidado. Neste ponto, isso é meramente uma especulação. Investigaremos melhor esta suposição à medida que continuarmos nosso trabalho com Michael. Se acrescentarmos estes novos elementos (além das suas relações) ao modelo de rede de Michael, ele pode se parecer com o que podemos ver na Figura 6.2. Por favor, observe que o nó para a história de Michael com dependência de álcool tem bordas arredondadas para diferenciá-lo como um moderador.

Os fatores que acabamos de colocar nos nós (além de suas relações subjacentes) representam o núcleo da situação de Michael. Até aqui, a rede não consiste de ciclos autorreforçadores envolvendo mais de dois nós. À medida que continuarmos a conversa entre o terapeuta e Michael, exploraremos os níveis biofisiológico e sociocultural e identificaremos elementos e relações adicionais para entender melhor a situação de Michael e identificar nós sensíveis que se prestariam a ser afetados pelas intervenções.

O NÍVEL BIOFISIOLÓGICO

O que chamamos de "corpo" e o que chamamos de "mente" são dois níveis do mesmo sistema — eles estão fundamentalmente interconectados, e você não pode tratar um sem afetar o outro. Este é o ponto de partida do nível biofisiológico do EEMM, em que exploramos a biologia do cliente, como ele trata seu corpo e como sua fisiologia afeta seu bem-estar geral. Naturalmente, as diferenças genéticas sempre desempenham grande papel na determinação das vulnerabilidades e pontos fortes de um cliente. E pelos marcadores epigenéticos, a expressão genética é influenciada. Em algumas áreas, pais e avós podem afetar um cliente por meio de suas escolhas comportamentais e experiências, mesmo aquelas que ocorreram antes do nascimento do cliente. De alguma forma,

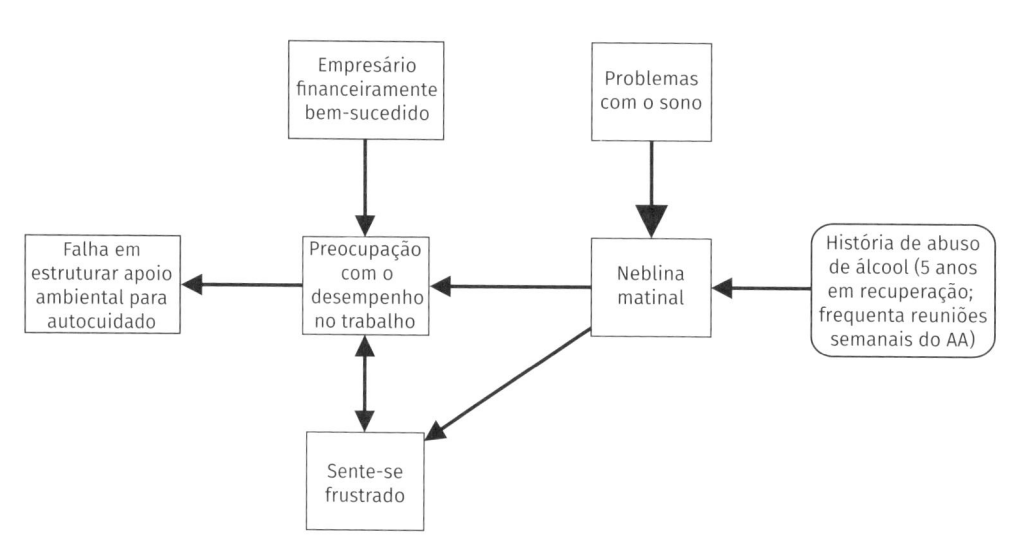

FIGURA 6.2 Modelo de rede estendido de Michael.

por exemplo, as preferências alimentares de um cliente podem ser o resultado dos hábitos alimentares de um avô, além da questão das tradições e a cultura familiar.

As diferenças biológicas desempenham papel notável na modelagem da vida do cliente. À medida que o papel da epigenética e dos circuitos cerebrais se tornar mais conhecido e modificável, esse nível de análise se tornará mais importante na prática. Porém, no momento presente, quando se trata de intervenções biofisiológicas, os terapeutas quase sempre colocam o foco nas mesmas três áreas: dieta, exercícios e sono.

Todas essas três áreas fundamentalmente influenciam o bem-estar biológico de uma pessoa. E se alguma dessas áreas estiver desativada (quanto mais todas essas áreas), o cliente sentirá os efeitos quase imediatamente. Além disso, as escolhas do estilo de vida do cliente podem desempenhar grande papel na definição do seu bem-estar físico — para melhor ou para pior. Práticas como meditação regular e tomar banhos frios podem aumentar o bem-estar de um cliente, enquanto sedentarismo e tabagismo excessivo tendem a deteriorá-lo. Em suma, há muitos fatores para os terapeutas levarem em conta ao explorar o nível biofisiológico. Então vamos ver como isso seria na sessão em que o terapeuta explora as características do nível biofisiológico junto com Michael.

Terapeuta: Isto não é exatamente um segredo, mas a forma como tratamos nossos corpos molda como pensamos e nos sentimos sobre nós mesmos.

Michael: Sim? E daí?

Terapeuta: Se não se importar, eu gostaria de explorar um pouco como você está tratando seu corpo, pois acho que isso nos daria uma percepção valiosa sobre sua *neblina* matinal e a dificuldade de manter o foco. Tudo bem?

Michael: Sim, claro. Como você pode ver, eu tenho um pouco de barriga. Ganhei alguns quilos quando bebia e nunca mais consegui me livrar deles.

Terapeuta: Acho que isso pode desempenhar um papel na sua dificuldade. E você sabe, quando se trata de cuidar dos nossos corpos, sempre são as três mesmas coisas que importam: sono, dieta e exercícios. Já falamos sobre seu sono, então podemos pular isso. Mas como você se sente em relação à sua dieta? O que você come em um dia normal?

Michael: Isso depende, na verdade. Sei que não como tantas verduras quanto deveria. Já tenho muitas coisas na cabeça, e comer coisas saudáveis não é exatamente uma delas. Eu como muito *delivery*, especialmente quando me estresso em relação ao trabalho.

Terapeuta: E de que tipo de comida estamos falando?

Michael: Eu adoro comida do Sul e qualquer tipo de carne. Isso é o que a minha família comia — então é o que eu sei cozinhar quando estou em casa. Mas mesmo quando estou fora comendo outros tipos de comida, gordura e carne sempre me atraem. Tem aquele restaurante italiano que eu gosto muito — eles têm uma pizza de calabresa — e tem um ótimo restaurante chinês, e tem pato frito.

Terapeuta: Entendi. E o que você normalmente bebe quando faz o pedido?

Michael: Coca, principalmente. Ou qualquer tipo de refrigerante. Eu, na verdade, mergulhei nisso quando parei com aquelas coisas pesadas. Acho que isso realmente me ajudou a passar por aquele período. Eles dizem que álcool é similar ao açúcar, e eu tenho um tipo de fissura por açúcar que eu satisfaço com refrigerante. Isso é assim desde que fiquei sóbrio.

Terapeuta: E onde o exercício se encaixa aqui? Você se exercita?

Michael: Não, na verdade não. Eu fazia quando tinha meus 20 anos, mas com o trabalho e tudo o mais, acho que não tenho tempo para isso. E de certa forma, a minha barriga torna ainda mais difícil retomar. Eu sei, tenho que começar por algum lugar.

Terapeuta: O que você acha que precisa acontecer para que possa recomeçar?

Michael: Nada, na verdade. Só tenho que começar a fazer. Não gosto daqueles programas de perda de peso para jovens executivos. Você sabe, eu acho que você deveria ser capaz de fazer por conta própria. É assim que as coisas eram na minha família: apenas faça. Só tenho que começar.

Terapeuta: Então você não tem dormido bem, come muito *delivery* e não se exercita. É muito provável que tudo isso esteja lhe afetando mais do que você imagina. Quando foi seu último *checkup* físico? Você tem alguma queixa física?

Michael: Sim... não faz muito tempo. Meu médico foi quem, na verdade, recomendou que eu viesse ver você. Tenho enfrentado hipertensão e, bem, minha barriga cresceu, como já disse. Meu pai é diabético, e meu médico estava preocupado que eu estivesse indo na mesma direção.

Neste último segmento da conversa, juntamos novas peças ao quebra-cabeça, as quais agora podemos acrescentar ao modelo de rede de Michael para informar melhor seu caso. Primeiramente, aprendemos que Michael tem estado acima do peso nos últimos anos, e que isso pode se dever ao fato de não comer bem e não fazer exercícios. Além do mais, isso pode ser um vestígio da sua história de abuso de álcool da qual ainda não conseguiu se livrar. Sua preferência por comidas da "culinária do Sul" é por carnes gordurosas, e ele come muito *delivery*, especialmente quando está estressado em relação ao trabalho, sobretudo carnes gordurosas e refrigerantes açucarados. Seu sono insuficiente também pode estar contribuindo para seus hábitos alimentares, e sua dieta pobre, por sua vez, pode contribuir para seus problemas do sono (por isso a relação na Figura 6.3 é representada por uma flecha com duas pontas).

Michael não acha que os programas em grupo possam ajudá-lo a perder peso ou se exercitar mais, e em vez disso está convencido de que é algo que ele "deveria ser capaz de fazer por conta própria." Este pode ser ainda outro indicador de que ele não consegue desenvolver um sistema de apoio ambiental para autocuidado (o que pode parecer irônico, considerando-se sua experiência positiva com as reuniões do AA, das quais ainda participa até hoje). No entanto, a crença de que tem que fazer as coisas "por conta própria" pode ter levado Michael a se tornar um empresário financeiramente bem-sucedido, e seu sucesso só deve ter reforçado ainda mais sua atitude do tipo "faça você mesmo".

Michael pode experienciar mais neblina matinal porque não se exercita. E como ele experiencia neblina matinal, pode ter dificuldade para se exercitar (sendo por isso que esta relação está representada como uma flecha com duas pontas). O mesmo parece valer para seu peso, já que seu peso corporal lhe torna mais difícil começar a se exercitar. Também vale mencionar que esta falta de exercício provavelmente contribui diretamente para os problemas do sono. Por fim, Michael relatou que tem hipertensão, o que pode ser resultado direto do seu peso corporal, seus hábitos alimentares, sua falta de exercício e história de abuso de álcool.

Então agora acrescentamos esses novos elementos (além das suas relações interconectadas) ao modelo de rede de Michael. Se destacarmos esses nós que pertencem ao nível biofisiológico, ele pode ser parecido com o que podemos ver na Figura 6.3.

Como você pode ver, o modelo de rede de Michael ficou muito mais complexo e detalhado, nos possibilitando alguma compreensão da sua condição e do que mantém e facilita suas dificuldades. Fica evidente que Michael negligencia sua saúde física e não dá atenção ao seu autocuidado. Em consequência, tem dificuldades para dormir, ficou acima do peso e tem hipertensão, o que, em última análise, muito provavelmente contribui para sua neblina matinal.

Agora que o modelo de rede ficou mais complexo, podemos identificar ciclos autorreforçadores na rede. No ciclo mais central, a neblina matinal de Michael reforça sua preocupação com o trabalho, o que também

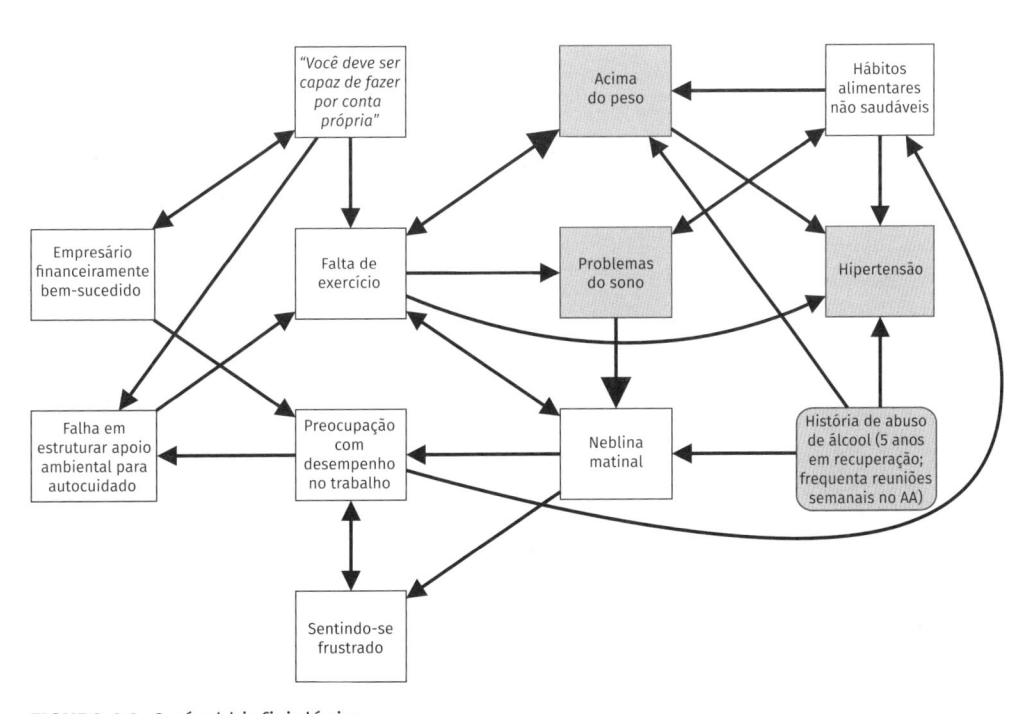

FIGURA 6.3 O nível biofisiológico.

reforça processos que o levam a negligenciar seu autocuidado, exacerbando seus problemas do sono e, subsequentemente, sua neblina matinal. Além disso, existe um ciclo autorreforçador entre "Falta de exercício" e "Acima do peso", em que a falta de exercícios contribui para que Michael esteja acima do peso, e vice-versa. Igualmente, existem ciclos autorreforçadores entre outros pares de fatores, como "Falta de exercício" e "Neblina matinal", "Problemas do sono" e "Hábitos alimentares não saudáveis", e "Empresário financeiramente bem-sucedido" e a crença de que "Você deveria ser capaz de fazer por conta própria".

Outra sub-rede autossustentável mais complexa provém da neblina matinal de Michael, que torna mais difícil se exercitar, dessa forma exacerbando seus problemas do sono, o que reforça sua neblina matinal mais uma vez. Por fim, existe uma sub-rede que se origina da falta de exercícios de Michael, que exacerba seus problemas do sono, ocasionando alimentação não saudável, a qual contribui para que Michael esteja acima do peso, dificultando também que ele se exercite.

O modelo de rede de Michael ainda não está completo e o ampliaremos em seções posteriores do capítulo quando explorarmos o papel do nível sociocultural. Por enquanto, é importante observar o efeito que seu nível biofisiológico tem em seu bem-estar, que é profundo. Sua dificuldade com a neblina matinal (além de outros problemas relacionados) é diretamente mantida e exacerbada por fatores relacionados à sua saúde física. Como resultado, seria recomendável que Michael desse atenção ao seu autocuidado físico para melhorar sua clareza e sua concentração pela manhã. Além disso, seria de interesse para o terapeuta explorar melhor e identificar fatores e obstáculos que impedem que Michael tome providências para melhorar sua saúde física. Posteriormente, neste capítulo, todos os elementos serão analisados com mais profundidade em uma análise funcional.

O estado do nível biofisiológico de um cliente afeta e influencia de maneira profunda seu bem-estar mental. Especificamente, as três áreas a seguir são muito importantes.

Dieta: "Você é o que come" não é apenas um ditado comum; também é verdadeiro. A qualidade do alimento que você consome (e também a quantidade) influencia fundamentalmente não só seu peso mas também sua saúde em geral e, consequentemente, todos os processos referentes à sua saúde mental. Especialmente nos Estados Unidos, a dieta média consistentemente contém açúcar e sal em excesso e poucos nutrientes saudáveis.

Exercício: o benefício do exercício regular para nosso bem-estar físico e mental já foi bem documentado. Aqueles que não movimentam seu corpo regularmente podem esperar sofrer as consequências, à medida que seus corpos se tornam pesados, inflexíveis e rígidos com a idade.

Sono: precisamos do nosso sono para funcionarmos. A quantidade de sono que cada um de nós precisa pode variar, mas não há dúvidas sobre a importância do sono para nossa saúde física e mental. Se um cliente dorme o suficiente e se há qualidade no seu sono são fatores importantes que podem influenciar a condição do cliente.

Naturalmente, há muito mais áreas relevantes a serem exploradas dentro do nível biofisiológico. Por exemplo, as atividades de um cliente durante o dia (p. ex., sedentarismo, tabagismo, meditação) podem afetar de maneira fundamental sua saúde física além dos fatores mencionados anteriormente. Não é o objetivo deste livro apresentar uma descrição detalhada sobre as muitas formas pelas quais os clientes ajudam ou prejudicam seu bem-estar físico. O que queremos é assinalar o papel que o nível biofisiológico desempenha no início, na manutenção e na exacerbação da condição de um cliente.

Não é suficiente meramente apontar as formas pelas quais os clientes contribuem para sua saúde física deficiente, assim como não é suficiente puramente apontar que o tabagismo causa câncer para convencer um fumante a parar. Você precisará identificar a função de um comportamento específico (ou a ausência deste) e ajudar o cliente a construir estratégias alternativas efetivas que permitam um comportamento mais flexível alinhado com os objetivos biofisiológicos do cliente.

Neste ponto na terapia, é importante: (a) identificar os componentes do cliente relacionados com o nível biofisiológico; e (b) descobrir como estes componentes se encaixam no padrão global do cliente. Você pode achar úteis as seguintes perguntas orientadoras nas sessões com seus próprios clientes quando explorar problemas no nível biofisiológico do seu cliente.

Perguntas orientadoras — Nível biofisiológico

Explore problemas na variação — Que padrões biofisiológicos relevantes aparecem para o cliente quando ele está em meio às suas dificuldades ou não aparecem e poderiam ser úteis? Há algum senso de rigidez ou falta de variação saudável no nível dessas ações biofisiologicamente relevantes (p. ex., falha em tentar uma alimentação mais saudável, relutância em explorar formas de se exercitar)?

Explore problemas na seleção — Quais são as funções de ações problemáticas biofisiologicamente relevantes na rede do cliente? Por exemplo, não fazer exercícios lhe possibilita evitar experienciar vergonha em relação ao seu corpo? Os padrões de maus hábitos alimentares são culturais? Se ou quando aparecem formas mais adaptativas do nível biofisiológico, a que funções esses padrões poderiam servir?

Explore problemas na retenção — Como esses padrões biofisiologicamente relevantes dominantes apoiam, facilitam ou mantêm os problemas do cliente no modelo de rede? No caso de padrões biofisiológicos mais adaptativos, por que eles não são retidos quando ocorrem? Que outras características da rede estão interferindo na retenção dos ganhos biofisiologicamente relevantes que podem ocorrer ocasionalmente?

Para explorar essas questões fundamentais, você também precisará saber muito acerca das principais ações biofisiologicamente relevantes. Essas perguntas são mais do tipo do senso comum, mas incluem:

Explore padrões adaptativos e mal-adaptativos na dieta
- O que você come que é saudável/não saudável em um dia normal?
- Com que frequência e quando você come em excesso ou restringe o que come?
- O que você bebe? E quanto?

Explore padrões adaptativos e mal-adaptativos no exercício
- Você se exercita? Com que frequência?
- Que tipo de exercícios você faz?
- Com que intensidade você se exercita?
- Há quanto tempo você se exercita/não se exercita?

Explore problemas no sono
- Você dorme bem?
- Você tem dificuldade para adormecer?
- A que horas você vai dormir/acorda?
- Você se sente descansado depois de dormir?

Explore problemas em outros hábitos relacionados à saúde
- Você usa algum tipo de droga? Em caso afirmativo, o que, com que frequência e quanto você usa?
- Quanto tempo por dia você passa sentado?
- Você medita? Em caso afirmativo, com que frequência e por quanto tempo?
- Quanto tempo você passa ao ar livre?
- Como você relaxa?

Passo de ação 6.1   Nível biofisiológico

Vamos retornar à área-problema que você identificou na sua própria vida. Considere os três grupos de perguntas orientadoras e responda a cada uma relacionada à seleção, à variação e à retenção. As respostas parecem ser de relevância para o seu problema? Em caso afirmativo, escreva sobre como essas áreas podem restringir ou estimular a variação saudável e a seleção ou retenção dos ganhos.

Exemplo

Problemas na variação: quando fico assustado, noto um aperto no estômago. Tudo em mim parece como se eu estivesse sendo espremido. Meu coração bate mais rápido, eu tendo a transpirar mais e noto que fico inquieto.

Problemas na seleção: presumo que esta é a maneira do meu corpo me preparar para o perigo. Meu corpo quer me proteger, mas, na verdade, ele torna tudo mais difícil para mim.

Problemas na retenção: quando meu medo começa a ficar excessivo, eu simplesmente vou embora. Quase sempre permito que o medo me controle e, portanto, o medo e os sintomas biofisiológicos permanecem (ou até mesmo ficam mais fortes). Em meio a minhas dificuldades, fico agitado demais para me acalmar e relaxar.

O NÍVEL SOCIOCULTURAL

A família e a cultura em que crescemos têm efeito duradouro em como nos vemos e tratamos a nós mesmos e aos desafios com que nos deparamos ao longo de nossas vidas. E mesmo quando nos separamos da nossa família e cultura, nossa rede social (p. ex., amigos, vizinhos, colegas) e a cultura em que escolhemos viver continuam a afetar nosso bem-estar mental. Esta é a razão por que qualquer conversa sobre saúde mental não está completa até que falemos sobre o nível sociocultural.

Nesta parte do EEMM, consideramos o contexto social de um cliente e como este dá significado à sua dificuldade e ao seu caminho até a melhora por meio de suas crenças sociais e culturais. Naturalmente, diferentes culturas aceitam pensamentos difíceis, emoções e outras experiências internas de diferentes formas — especialmente quando essas experiências estão relacionadas a temas de sexualidade, moralidade, identidade étnica e *status* social. Como resultado, o estado mental do cliente pode se mover em uma direção mais flexível e compassiva ou em uma direção de julgamento e rigidez.

Além das crenças culturais do cliente (e as da sua rede social), é importante investigar o nível de apoio social que o cliente tem. Mesmo dentro de uma cultura particular, o nível de apoio social difere amplamente entre os indivíduos, e é ainda outro fator crucial que molda a habilidade de uma pessoa para enfrentar as experiências difíceis.

No segmento da sessão a seguir, o terapeuta explorará o contexto sociocultural que fez Michael ser quem é, e como sua identidade como homem afro-americano moldou seu bem-estar.

Terapeuta: Já falamos um pouco sobre como seu corpo afeta seu bem-estar, mas também há outros fatores que podem ter papel importante, como seus pensamentos e suas crenças. E se você estiver disposto, eu gostaria de usar nosso tempo restante para destacar um pouco esses outros fatores.

Michael: Estou ouvindo.

Terapeuta: Você mencionou que exercícios ou programas para perda de peso em grupo não são para você. E que para perder peso, você "só tem que começar". E ainda antes, você mencionou que sua preocupação é algo com que você tem que "lidar sozinho". Parece que você está muito acostumado a resolver seus próprios problemas.

Michael: Bem, sim. É assim que funciona. Ninguém mais vai fazer isso por mim.

Terapeuta: Entendi. E parece que essa abordagem tem funcionado bem para você no trabalho, onde você conseguiu construir seu próprio negócio. Você sempre teve que resolver seus problemas por conta própria? É assim que os problemas eram resolvidos na sua família?

Michael: Sim, acho que sim. Meus pais não são ricos. Eu e minhas irmãs crescemos em um bairro pobre, e tanto meu pai quanto minha mãe tiveram que ter muitos empregos para poder pagar as despesas. Eles não são as pessoas mais instruídas, mas sempre tiveram uma mentalidade de "você tem que se erguer". Acho que isso realmente deixou uma marca em mim.

Terapeuta: É muito comum que as pessoas adotem a mentalidade de trabalho dos seus pais. Sua história de vida mostra como uma atitude do tipo "faça você mesmo" pode ser útil quando se trata de construir uma empresa, por exemplo, mas também pode complicar as coisas quando se trata, digamos, de autocuidado, pois algumas coisas são mais fáceis de se fazer com apoio social ou profissional.

Michael: Bem, isso é verdade. Mas ainda acho que é desnecessário. Estes programas de valor exorbitante são muito pretenciosos. Eu não tenho que participar de um grupo de corrida para saber como andar. Eu sei como usar minhas pernas.

Terapeuta: Essa é uma forma interessante de ver as coisas. É algo que você também aprendeu com a sua família?

Michael: Provavelmente, sim. A minha família, na verdade, não tinha muito, e, na geração do meu pai, ser pretencioso ou agir como se fosse melhor do que os outros lhe garantia uma surra. Pelo menos é o que meu pai sempre dizia. Quero dizer, nunca testemunhei isso, mas meu pai sim.

Terapeuta: Posso lhe perguntar como a sua família falava sobre preconceito?

Michael: A minha família nunca foi muito de falar sobre temas difíceis. Eles só me incentivavam a trabalhar duro... Além de me ensinar a gostar de comida gordurosa! (*ri*). Mas, falando sério, eles me ensinaram a baixar a cabeça e me manter focado, mas eles não são exatamente mente aberta. Eles não sabem que eu sou *gay*, por exemplo. Acho que não entenderiam. Eles na verdade não entendem muitas coisas sobre a minha vida, pois ainda estão apegados aos seus velhos costumes. Mas tudo bem. De qualquer forma, eu vejo os companheiros do AA mais como minha família.

O último segmento da conversa nos forneceu novas peças do quebra-cabeça para desenvolver mais o modelo de rede de Michael. Por exemplo, aprendemos que a identidade de Michael como um afro-americano *gay* moldou o seu relacionamento com sua família e também os seus valores sociais. Como a identidade étnica e sexual de Michael, sua família e seus valores sociais são moderadores, colocamos esses fatores em nós com bordas arredondadas. Michael parece ter duas crenças centrais que podem explicar e manter seu comportamento rígido. Primeiramente, ele parece acreditar que deveria ser capaz de fazer as coisas por conta própria. Esta atitude "faça você mesmo" ajudou Michael a se tornar um empresário financeiramente bem-sucedido, mas também pode atrapalhar sua construção de uma estrutura de apoio para seu autocuidado e impedir que ele se associe a um grupo ou um programa para perda de peso. Em segundo lugar, Michael parece ter uma crença firme de que "você não deve agir como se fosse melhor do que os outros". Embora aparentemente humilde na superfície, essa crença o impediu novamente de participar de grupos de apoio que poderiam ajudá-lo a se exercitar mais e a perder peso. Essas duas crenças parecem estar relacionadas e alimentam uma à outra, já que Michael parece ter feito uma conexão na qual "não agir como se você fosse melhor do que os outros" significa "fazer as coisas por conta própria" (sendo por isso que a relação é representada como uma flecha com duas pontas na Figura 6.4). Por fim, Michael mencionou de passagem que sua família o ensinou a gostar de "comida gordurosa", o que mais provavelmente influenciou seus hábitos alimentares pouco saudáveis. Se acrescentarmos esses novos elementos ao modelo de rede de Michael (e destacarmos aqueles nós que pertencem ao nível sociocultural), ele pode se parecer com o que podemos ver na Figura 6.4.

Como você pôde ver, o modelo de rede de Michael alcançou um nível de complexidade, e nos proporciona novos entendimentos desta condição e do que mantém e facilita suas dificuldades. Torna-se evidente que Michael tem duas crenças centrais que o ajudaram na vida (i. e., lhe possibilitaram se tornar um empresário de sucesso) mas também o impediram de procurar e aceitar ajuda. Mais uma vez, isto também pode soar contraditório, considerando-se sua experiência positiva prévia com as reuniões dos AA, nas quais ele continua a se apoiar. Ele pode, no entanto, precisar ver como o sistema de crenças da sua família está agora lhe apresentando um desafio e que ele pode precisar substituir valores obsoletos por crenças novas, mais flexíveis e mais adaptativas que o ajudarão a melhor atingir seus objetivos. Embora não

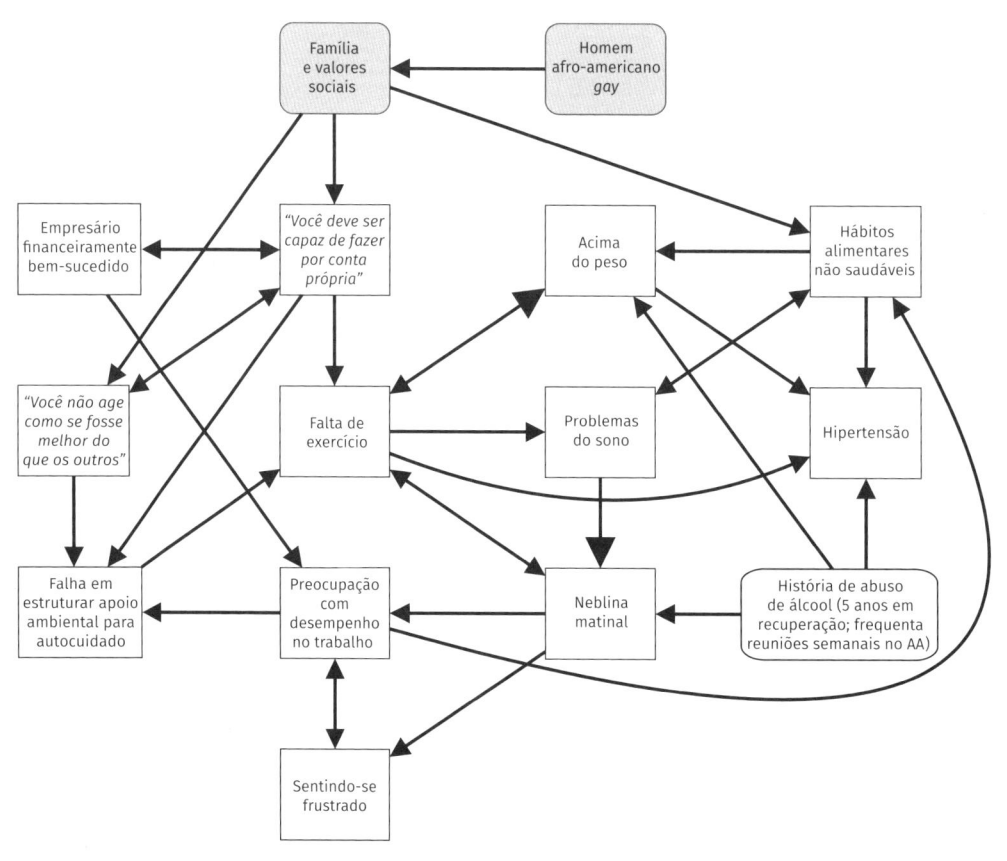

FIGURA 6.4 O nível sociocultural.

haja novos ciclos de rede autossustentáveis, o nível sociocultural dá novo significado ao comportamento de Michael. Além do mais, ao abalar suas crenças "Você não age como se fosse melhor do que os outros" e "Você deve ser capaz de fazer por conta própria", seria possível perturbar processos adjacentes que lhe possibilitariam construir uma estrutura de apoio para o autocuidado.

Quando, onde e como a rede de Michael é melhor perturbada será discutido em seção posterior, em uma análise funcional do caso de Michael. Neste ponto, é importante notar o efeito que seu nível sociocultural tem em seu bem-estar mental e na rede em geral. Sua criação e crenças culturais têm efeito direto na sua falha em construir uma estrutura de apoio para autocuidado, o que, por sua vez, mantém os fatores que contribuem para a neblina matinal de Michael. Como resultado, é aconselhável que Michael desafie alguns desses valores familiares e culturais para ajudá-lo a construir uma melhor estrutura de apoio para autocuidado e assim aumentar suas chances de melhora.

O nível sociocultural de um cliente fornece o contexto para as seis dimensões do EEMM e dá significado à situação do cliente. Frequentemente, isso gira em torno destas três áreas:

> **Crenças culturais:** são como o ar. Você não pode vê-las, mas elas envolvem você constantemente. As crenças que um cliente tem sobre si mesmo e sobre seu ambiente fundamentalmente moldam sua condição, sobretudo quando essas crenças tocam temas de sexualidade, oralidade, identidade étnica e *status* social.
>
> **Apoio social:** o grau em que uma pessoa experiencia apoio social fundamentalmente molda sua habilidade para lidar com experiências difíceis. Uma pessoa com rede social rica, cheia de amigos e membros da família apoiadores será mais capaz de se recuperar da adversidade do que uma pessoa com pouco apoio social.
>
> **Estigma:** o preconceito e o estigma aos quais uma pessoa é exposta podem deteriorar seu bem-estar mental. Isso é especialmente verdadeiro se a pessoa faz parte de um grupo marginalizado (e ainda mais quando ela faz parte de mais de um grupo como esse, como um homem afro-americano *gay*).

Naturalmente, há muito mais áreas relevantes dentro do nível sociocultural que valem a pena explorar, como as tradições culturais e as normas sociais. Mais uma vez, não é o objetivo deste livro apresentar uma descrição detalhada sobre as muitas formas pelas quais o pertencimento social ou cultural de um cliente afeta seu bem-estar mental. Em vez disso, queremos apontar a importância do nível sociocultural no início, na manutenção e na exacerbação da condição de um cliente. Naturalmente, muitas crenças e comportamentos socioculturais se sobrepõem às crenças e aos comportamentos de um cliente, e cabe ao terapeuta identificar padrões mal-adaptativos e encorajar o cliente a transformá-los em padrões adaptativos que estejam alinhados com seus objetivos.

Neste ponto na terapia, é importante: (a) identificar os componentes do cliente relacionados ao nível sociocultural; e (b) descobrir como estes componentes se encaixam no padrão do cliente. Você pode achar úteis as perguntas orientadoras a seguir nas sessões com seus próprios clientes quando explorar problemas no *status* do nível sociocultural de um cliente.

Perguntas orientadoras — Nível sociocultural

Explore problemas na variação — Que padrões socioculturais aparecem para o cliente quando ele está em meio a suas dificuldades ou não aparecem e poderiam ser úteis? Há algum senso de rigidez ou falta de variação saudável no nível sociocultural?

Explore problemas na seleção — Quais são as funções dos padrões socioculturais problemáticos na rede do cliente? Se ou quando formas mais adaptativas do nível sociocultural aparecem, a que funções esses padrões podem servir?

Explore problemas na retenção — Como esses padrões socioculturais apoiam, facilitam ou mantêm os problemas do cliente no modelo de rede? No caso de padrões socioculturais mais adaptativos, por que eles não são retidos quando ocorrem? Que outras características da rede estão interferindo na retenção dos ganhos socioculturais que podem ocorrer ocasionalmente?

Para explorar essas questões fundamentais, você também precisará saber muito acerca das ações socialmente importantes e culturalmente relevantes. Essas questões são mais do tipo do senso comum, mas incluem os itens a seguir.

Explore problemas nas crenças culturais
- Qual é seu contexto sociocultural?
- Quais são suas crenças religiosas?
- Como sua cultura pensa (insira o tópico crítico de relevância para a rede)?
- Como problemas como estes são discutidos com a sua família e seus amigos?
- Você sente como se estivesse violando normas culturais ou que precisaria fazer isso para abordar esta área-problema?

Explore problemas no apoio social
- Como você descreveria a relação com sua família e seus amigos?
- O quanto você pode ser abertamente você mesmo com sua família e seus amigos?
- Quantos amigos próximos você tem?
- Quem você procura quando tem problemas pessoais?

Explore problemas com estigma
- Qual foi sua experiência com preconceito?
- Você já foi alvo de preconceito?
- De que formas você foi estigmatizado?
- Como o preconceito o afetou pessoalmente?

Passo de ação 6.2   Nível sociocultural

Vamos retornar à área-problema que você identificou na sua própria vida. Considere estes três grupos de perguntas orientadoras acima e responda cada uma. As respostas parecem ser de relevância para o seu problema? Em caso afirmativo, escreva sobre como estas áreas podem restringir ou estimular a variação saudável e a seleção ou retenção dos ganhos.

Exemplo

Problemas na variação: desde a época do ensino médio, eu achava que existiam "vencedores" e "perdedores". E se você não é um dos garotos populares, você é um perdedor. Se eu quiser ser um vencedor, tenho que ser confiante e espirituoso.

Problemas na seleção: se explico o mundo para mim mesmo nestes termos de tudo ou nada, isso me dá uma falsa sensação de segurança, pois mesmo que eu acabe sendo um perdedor, pelo menos sei aonde pertenço. Além disso, tenho uma estratégia para me sentir melhor sobre mim mesmo: ser mais confiante e mais encantador.

Problemas na retenção: a crença de que existem "vencedores e perdedores" é reforçada sempre que atuo de acordo com isso (seja supercompensando para ser um vencedor ou me retraindo para evitar me sentir como um perdedor). O paradigma se mantém.

ANÁLISE FUNCIONAL DE MICHAEL

Os problemas presentes de Michael estão relacionados à sua saúde. Ele está acima do peso, não se exercita, tem hábitos alimentares pouco saudáveis, tem hipertensão e enfrenta problemas do sono, o que possivelmente lhe dá uma neblina matinal, contribuindo para sua preocupação acerca do seu desempenho no trabalho. Já teve problemas com abuso de álcool no passado, o que contribui para alguns dos seus problemas atuais. Esses problemas de saúde formam uma forte rede de autossustentação que é difícil de mudar (sobretudo a longo prazo) por meio de simples estratégias comportamentais sem também abordar os problemas nucleares subjacentes. Quais são alguns desses problemas nucleares subjacentes?

Depois de mais investigação, torna-se claro que seus problemas de saúde estão intimamente ligados à dimensão sociocultural do EEMM. A identidade de Michael é como um homem afro-americano *gay*, e ele tem sólidos valores sociais e familiares que enfatizam "faça você mesmo" e "não aja como se fosse melhor do que os outros". Isso proporcionou um forte sentimento de autonomia e autossuficiência que lhe serviu muito bem em muitos domínios da sua vida. Por exemplo, isso o ajudou a se tornar um empresário financeiramente bem-sucedido. Mas essa mesma ênfase tornou mais difícil lidar com preocupações acerca do desempenho no trabalho de forma saudável e o impede de construir o autocuidado e o apoio social necessários para tomar a cargo seus objetivos com exercícios e saúde. Ele se voltou para uma alimentação pouco saudável (o que também era encorajado pelas tradições familiares), motivando problemas do sono e exacerbando sua neblina matinal, o que só aumenta suas preocupações com o desempenho no trabalho. Entretanto, sua relutância em estruturar apoio ambiental para autocuidado o inibe de tomar atitudes mais diretas para apoiar sua saúde. A mentalidade de Michael o levou a uma abordagem cognitiva e comportamentalmente inflexível, mas ao mesmo tempo alguns desses mesmos padrões cognitivos o apoiaram em seu sucesso no trabalho.

Se pensarmos nisso em termos do EEMM, as fileiras que parecem mais dominantes são cognição, afeto, senso de identidade, comportamento explícito, padrões biofisiológicos e padrões socioculturais. Como ainda não abordamos retenção e problemas do contexto, podemos preencher um EEMM limitado para Michael (Tab. 6.1).

Torna-se evidente que as dimensões subjacentes do EEMM proeminentes na rede de Michael são determinadas pelo seu contexto cultural e, por sua vez, ligadas a crenças sólidas sobre autonomia e autossuficiência. As consequências negativas dessas convicções são hábitos pouco saudáveis que originam problemas físicos. As estratégias de intervenção precisarão de alguma forma trabalhar em torno ou modificar suas crenças rígidas para focar na inflexibilidade comportamental, combinada com o desenvolvimento de estratégias motivacionais para adquirir e reter hábitos adaptativos.

Retornaremos à situação de Michael no Capítulo 9, depois que reunirmos mais características necessárias para começar a romper este sistema.

TABELA 6.1 EEMM de Michael

	Variação	Seleção
Afeto	Evita sentimentos estranhos sobre autocuidado.	Sente-se menos vulnerável.
Cognição	Adoção cognitivamente inflexível de "faça você mesmo" e "não seja pretencioso".	O sucesso nos negócios apoia estes padrões em certa medida, bem como seu autoconceito e o apoio da sua família a estas crenças.
Atenção	Preocupação.	Sente-se funcional a curto, mas não a longo prazo.
Self	Forte identidade como um homem afro-americano *gay* (embora não com a família). No entanto, a autoidentidade parece restringir as opções comportamentais. Autocuidado é alguma coisa que "jovens executivos" fazem.	Posição de orgulho na família e na comunidade, e evitação de desconforto com o autocuidado.
Motivação	Motivado para ter sucesso, mas a motivação para autocuidado é restringida por cognição, senso de identidade e cultura.	O sucesso nos negócios apoia este padrão.
Comportamento explícito	Autossuficiente. Habilidade comprovada para gerenciar uma empresa. Dificuldade para se engajar em autocuidado.	Sucesso financeiro e social. Também evita que os outros o vejam como autofocado.
Biofisiológico	Problemas com dieta, exercícios e sono. "*Neblina* matinal" talvez ligada ao alcoolismo prévio.	Gosta de comida gordurosa. Motivação para autocuidado encoberta por crenças fusionadas.
Sociocultural	"Faça você mesmo" e "não seja pretencioso" estão fortemente inculcados. Socialmente, isso se liga à história de preconceito racial. Escolhas de alimentos gordurosos também são familiares.	Conexão positiva com a família e a cultura.

Passo de ação 6.3 Preencha seu EEMM: Níveis biofisiológico e sociocultural

	MAL-ADAPTATIVO	
	Variação	**Seleção**
Biofisiológico		
Sociocultural		

Exemplo

	MAL-ADAPTATIVO	
	Variação	**Seleção**
Biofisiológico	Quando fico assustado, noto um aperto no estômago. Tudo em mim parece que está sendo espremido. Meu coração bate mais rápido, e noto que fico inquieto.	Presumo que esse é o jeito de o meu corpo me preparar para o perigo. Meu corpo quer me proteger, mas na verdade ele torna isso mais difícil para mim.
Sociocultural	Desde a época do ensino médio, acredito que existem "vencedores" e "perdedores". E se você não é um dos garotos populares, você é um perdedor. Se eu quiser ser um vencedor, tenho que ser confiante, encantador e espirituoso.	Apegar-me a estes termos do tipo tudo ou nada me dá uma falsa sensação de segurança, pois mesmo que eu acabe sendo um perdedor, pelo menos sei a onde pertenço. Além disso, me dá uma solução para que eu me sinta melhor: ser mais confiante e mais encantador.

Passo de ação 6.4   Crie um novo modelo de rede preliminar

Vamos retornar à área-problema que você identificou. Revise suas respostas para os exercícios no Passo de ação nos Capítulos 2 a 6. Elabore uma rede de eventos que pareçam caracterizá-la. Isto é semelhante à sua tarefa no Passo de ação 2.2, em que você criou seu primeiro modelo de rede, exceto que agora já exploramos todas as dimensões e os níveis do EEMM (mas ainda não todas as colunas). Inclua todos os fatores relevantes à medida que se apresentarem a você nas dimensões e nos níveis. Use flechas com uma ou duas pontas o quanto julgar necessário.

A seguir, escreva um parágrafo curto sobre os pensamentos e os sentimentos que aparecem para você quando considera esta área-problema segundo o ponto de vista de um modelo de rede mais elaborado. Para onde sua mente vai? Como você reage quando olha para este problema pelas lentes dessa rede?

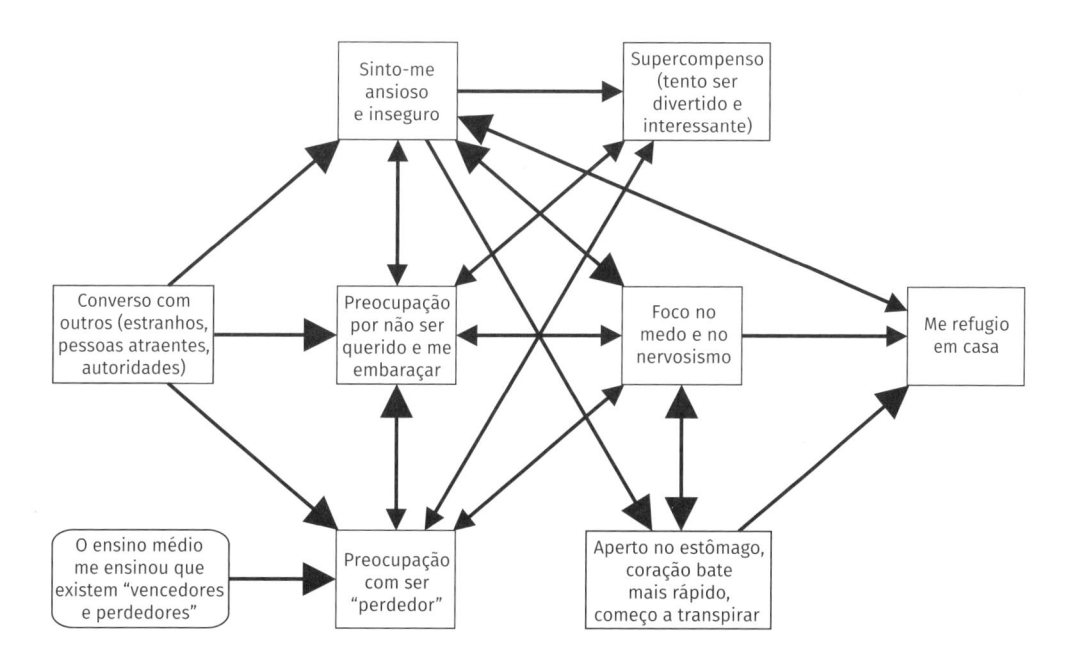

Que pensamentos e sentimentos aparecem para mim: acho que entendo muito melhor tudo o que acontece comigo. Eu não tinha consciência nem da metade disso. É muita coisa, mas também um alívio, pois sinto que posso controlar esta confusão. Não me dei conta do quanto é importante meu foco no meu medo e meu nervosismo, e como todos esses elementos reforçam uns aos outros. É um nó muito grande, mas finalmente posso ver os fios para desatá-lo.

7

Sensibilidade ao contexto e retenção

Nosso trabalho como terapeutas não está completo até que tenhamos ajudado nosso cliente a fazer uma mudança adaptativa que seja duradoura. Antes que isso possa acontecer, precisamos aprender sobre a situação do cliente e identificar os fatores que mantêm e exacerbam os problemas. Depois que isso estiver feito, podemos nos concentrar no trabalho real: ajudar o cliente a fazer uma mudança, rompendo padrões mal-adaptativos e construindo respostas que sejam adaptativas dentro dos contextos relevantes.

Um *contexto* refere-se às circunstâncias internas e externas do cliente: sua história pessoal, sua predisposição genética, sua identidade cultural, seu ambiente de trabalho, sua qualidade de vida, seu *status* socioeconômico e alguns outros fatores relevantes do contexto que determinam se uma resposta é adaptativa ou mal-adaptativa. O que pode ser adaptativo em um contexto pode ser mal-adaptativo em outro. Por exemplo, gabar-se sobre as suas realizações pode ser bem aceito entre seus amigos, mas não cair bem entre seus colegas de trabalho. Na terapia, visamos a aumentar a sensibilidade de um cliente ao contexto para que ele se torne mais sensível às demandas do seu contexto e possa então ajustar de modo flexível a sua resposta. Uma pessoa que é sensível ao contexto, por exemplo, sabe quando é apropriado falar abertamente e quando é melhor guardar segredo.

Além de aumentar a sensibilidade do cliente ao contexto — desse modo ajudando-o a escolher respostas mais adaptativas —, também queremos assegurar que a nova resposta se mantenha. Afinal, uma mudança não vale muito a pena se não durar além da sessão de terapia. O processo de solidificação de novas respostas até hábitos completamente desenvolvidos é denominado *retenção*. Em suma, queremos ajudar o cliente a fazer uma mudança aumentando sua sensibilidade ao contexto (assim fortalecendo sua habilidade de notar as mudanças nas demandas do seu contexto e escolher respostas adaptativas) e aumentando sua retenção (fortalecendo sua habilidade de fazer com que as novas respostas se mantenham).

Para tanto, vamos revisitar o caso de Maya. Como você deve lembrar, Maya teve um acidente no trabalho que a deixou com dor crônica nas costas. Ela foca abertamente em sua dor e muitas vezes se preocupa que a dor possa nunca desaparecer ou que ela possa se machucar novamente. Em consequência, ela evita ir para o trabalho e restringe quase todas as suas atividades. Maya acha que "isso é injusto" e que seu acidente "não deveria ter acontecido" porque ela já havia alertado seus superiores, em vão, sobre o risco à segurança. Todas as suas queixas e seus avisos anteriores foram apontados, mas providências não foram tomadas. Naturalmente, Maya tem um forte sentimento de raiva com sua situação, que só cresce. Na Figura 7.1, você pode ver o modelo de rede de Maya.

Autorrestrição e evitação do trabalho, além da sua raiva, são centrais para as dificuldades de Maya. Como Maya buscou tratamento sobretudo em função da raiva, faria sentido iniciar o tratamento primeiramente abordando essa questão. Como você pode ver na Figura 7.1, sua raiva é mantida e exacerbada por inúmeros fatores próximos que giram em torno da sua autorrestrição, sua ruminação, seu sentimento de injustiça e atenção excessiva à sua dor. O terapeuta pode trabalhar para diminuir a raiva de Maya diretamente, acrescentando e/ou removendo elementos para atenuar sua raiva, ou indiretamente, acrescentando e/ou removendo elementos que diminuam a força e a influência desses fatores circundantes que alimentam sua raiva.

Depois que a raiva de Maya tiver diminuído, pode ficar mais fácil introduzir novos elementos para abordar sua segunda dificuldade: sua tendência a se restringir e a evitar ir para o trabalho. Em outras palavras, ao atenuar sua raiva, o terapeuta pode ser capaz de levar Maya a um ponto onde ela se engaje ativamente na sua vida mais uma vez. Antes de conseguirmos chegar lá, no entanto, precisamos abordar a raiva de Maya. Como ficou claro a partir do modelo de rede dessa cliente, um dos fatores que alimenta a raiva de Maya é a tendência a focar em sua dor. Assim sendo, nosso primeiro passo será tornar Maya mais consciente do papel da atenção dentro da sua rede e como isso se soma à sua raiva. Além disso, queremos oferecer à Maya uma resposta alternativa, portanto, em vez de deixar que sua

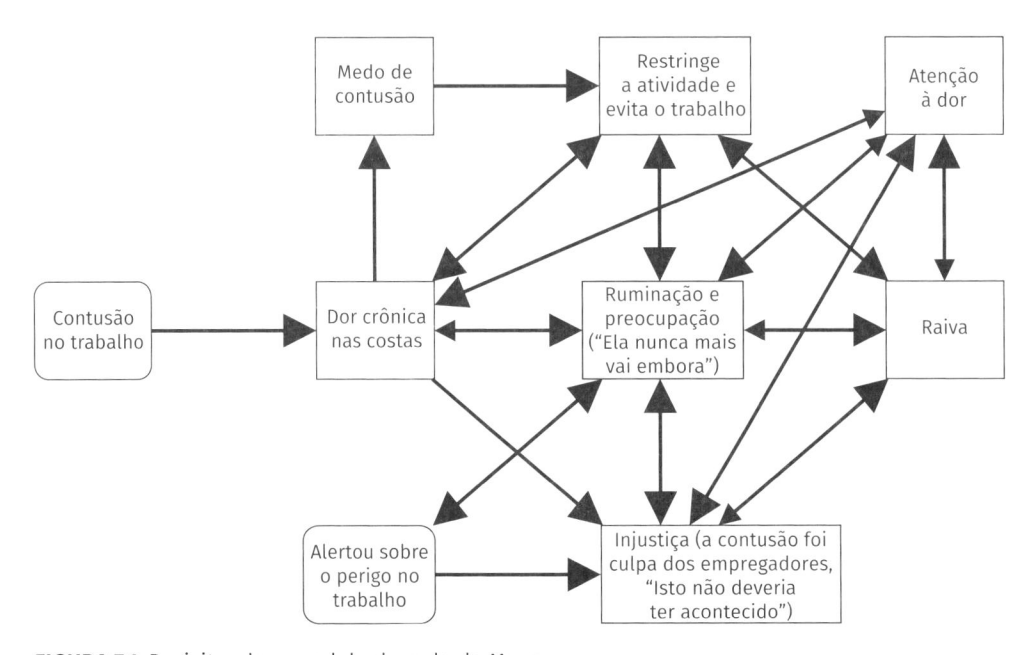

FIGURA 7.1 Revisitando o modelo de rede de Maya.

atenção seja automaticamente atraída para sua dor, ela pode orientar seu foco de modo mais flexível e adaptativo que realmente a beneficie. Em outras palavras, queremos aumentar a sensibilidade de Maya ao seu contexto e possibilitar uma resposta mais flexível e adaptativa.

COMO AUMENTAR A SENSIBILIDADE AO CONTEXTO

Aumentar a sensibilidade de um cliente ao contexto significa torná-lo mais consciente das mudanças nas demandas do seu contexto para que ele possa ajustar flexivelmente sua resposta a ele de uma forma adaptativa. Para fazer isso, você primeiramente precisa ter uma compreensão da situação complexa do cliente. Ao ter consciência do contexto do cliente, você pode entender melhor as forças que dão origem à resposta dele, e assim ajudá-lo a fazer o mesmo. O primeiro passo, que é identificar fatores centrais e determinar seu papel dentro dos problemas do cliente, foi dado na fase inicial de avaliação. Depois que as forças principais foram identificadas e o cliente está mais consciente das demandas do seu contexto, ele pode escolher ativamente respostas adaptativas alternativas.

No caso de Maya, há inúmeras respostas mal-adaptativas que, por fim, se somam à raiva. Como já vimos, uma das respostas de Maya era a sua tendência a focar em sua dor de uma forma rígida e julgadora. Em seguida, precisamos perguntar "Que contexto dá origem à sua resposta?". No modelo de rede de Maya (Fig. 7.1), podemos ver que sua dor crônica nas costas, seu sentimento de raiva em geral e seu sentimento de injustiça comumente a levam a focar rigidamente em sua dor. O terapeuta pode então mostrar a Maya que seu foco na sua dor exacerba sua raiva e apontar por que ela tem probabilidade de focar em sua dor de forma rígida em primeiro lugar.

Assim, para aumentar a sensibilidade do cliente ao contexto, você tem que (1) identificar as principais respostas dentro da rede do cliente e (2) identificar os fatores que reforçam e mantêm essas respostas fundamentais. Ao se tornar consciente das demandas contextuais e das mudanças na dinâmica, o cliente pode escolher repostas alternativas adaptativas. Algumas vezes, é possível mudar elementos importantes dentro do contexto de um cliente, desse modo tornando muito mais fácil uma transição para respostas adaptativas. Isso é possível, por exemplo, quando o cliente consegue eliminar uma relação disfuncional que reforça seu vício em drogas. Na maior parte das vezes, no entanto, mudar elementos importantes no contexto do cliente não é uma tarefa fácil, e a mudança precisa começar com respostas modificadas do cliente. Nesse caso, você ajuda o cliente explorando respostas alternativas às suas demandas contextuais.

No caso de Maya, não podemos nos livrar facilmente da sua dor crônica nas costas. Nem podemos simplesmente desligar a raiva que ela sente. E embora, com tempo suficiente, Maya possa aprender a deixar de lado seu sentimento de injustiça, é mais efetivo começar lhe ensinando uma resposta alternativa. Em vez de focar em sua dor de forma rígida e julgadora, Maya pode aprender a orientar sua atenção de maneira compassiva, que lhe permita reconhecer sua dor sem ficar aprisionada a ela e paradoxalmente aumentar seu impacto. Além disso, lhe possibilitaria entrar em maior sintonia com o seu corpo e explorar toda sua gama de capacidades, em vez de simplesmente aceitar de forma precipitada as limitações impostas pela sua própria mente. Vejamos como isso seria em uma sessão de terapia.

EXERCÍCIO DE MEDITAÇÃO DE MAYA

Terapeuta: Se você concordar, eu gostaria de fazer com você um pequeno exercício com os olhos fechados.

Maya: Você quer dizer como uma meditação?

Terapeuta: Algo similar, sim. É um tipo de exercício de imaginação guiada, só para ver como a atenção funciona no seu caso.

Maya: Ok, tudo bem.

Terapeuta: Quero que você se sente confortavelmente em sua cadeira. E agora quero que você traga a consciência para o corpo inspirando e expirando. Gentil e lento. Inspire e expire novamente. E quando estiver pronta, inspire intencionalmente e mova sua atenção para seu corpo. Note onde seu corpo toca a cadeira e como é a sensação da pressão. Note quais áreas estão quentes e quais estão frias. Quais áreas do seu corpo estão cobertas e quais estão expostas. Algumas vezes, você pode notar sua consciência se desviando. Tudo bem. Na verdade, é impossível evitar que isso aconteça de vez em quando. Apenas note que sua atenção se desviou e gentilmente a traga de volta para seu corpo. Note como é a sensação de tensão, onde ela inicia e onde termina. Como um cientista curioso, você só quer observar o que pode notar sem aplicar nenhum julgamento a isso. Agora, mova-se para áreas muito dolorosas. Onde é a sua dor? Que forma ela tem? Como é a sensação? Não responda a estas perguntas com palavras, mas veja se consegue sentir e respirar dentro da sua dor sem qualquer julgamento. Apenas observando. Sua dor está aqui neste momento, e você também está. Mova sua atenção para seus pés. Você consegue sentir seus pés? E quanto aos tornozelos? Mova sua atenção subindo pelas pernas até a pélvis. Você consegue sentir sua barriga se mover para cima e para baixo enquanto inspira e expira? E agora mude seu foco para mais acima ainda, até o peito. Erga os braços. Você consegue sentir suas mãos? E cada dedo? E agora erga o pescoço. Note a tensão em seu maxilar e a libere. Sem se mover, você consegue sentir seus lábios? Suas orelhas? Seu nariz? Suas bochechas ou sua testa? E agora veja se consegue focar sua consciência em todo seu corpo ao mesmo tempo. E agora novamente inspire com profundidade e expire. E então, aos poucos, abra os olhos. Bem-vinda de volta!

Maya: Olá.

Terapeuta: Diga, como foi para você?

Maya: Novo. Nunca havia feito qualquer tipo de meditação antes.

Terapeuta: Entendo. E o que você notou em seu corpo?

Maya: Notei que estava ficando mais calma. A respiração parecia mais fácil.

Terapeuta: Sim, isso acontece com frequência com pessoas que meditam. E como foi exercitar sua atenção dessa maneira?

Maya: Tenho que admitir, frequentemente eu ficava distraída. Você estava dizendo alguma coisa em um momento, e de repente eu tinha que pensar em alguma coisa completamente diferente.

Terapeuta: Sim, isso também acontece com frequência com pessoas que meditam. E como foi focar em partes individuais do corpo?

Maya: Estranho. Quero dizer, eu já havia sentido essas partes antes, mas nunca assim. Foi interessante sentir o corpo sem tocá-lo. Como uma nova sensação.

Terapeuta: Muito bom. E também falamos sobre a sua dor. Você mencionou que presta muita atenção à sua dor, mas imagino que seja diferente da forma como acabamos de fazer no exercício, está correto?

Maya: Sim. Quero dizer, quando eu foco na minha dor ela se torna cada vez maior e acaba me consumindo. E como fizemos agora pareceu um pouco mais leve. Quero dizer, ela ainda está lá, ainda dói.

Terapeuta: Sim, e infelizmente nenhuma forma de mediação acabará com a sua dor completamente. Mas pode fazer o que você acabou de descrever, ou seja, ajudá-la a não ser consumida pela sua dor e encontrar uma abordagem mais leve para lidar com ela.

Maya: (*Concorda com um aceno de cabeça.*)

Terapeuta: Veja só, sempre que prestamos atenção a alguma coisa ela se torna maior em nossas mentes. Isso vale para um exercício de meditação simples como este e também vale para a sua dor. Mas também é importante a forma como prestamos atenção: podemos focar rigidamente em alguma coisa e julgá-la com severidade ou podemos focar flexivelmente e apenas observar sem julgamento. É difícil, mas é possível. E esta é uma habilidade que todos podem aprender.

Maya: Mas nunca vou deixar de odiar a minha dor. Ela deixa a minha vida muito infeliz.

Terapeuta: Eu entendo. Infelizmente, nada que eu possa fazer fará essa dor desaparecer. Mas você acabou de experienciar o que significa carregar sua dor com mais leveza. E se você praticar seu foco de forma diferente como fizemos agora, poderá aprender a carregá-la com mais leveza e poderá ter sua vida de volta.

Maya: Só não quero estar com dor.

Terapeuta: Eu entendo você. E se pudesse ter uma varinha mágica para fazê-la desaparecer, eu faria. Infelizmente, seu corpo mudou. E agora depende de você conhecer este novo corpo que é seu: do que você é verdadeiramente capaz e como pode ter sua vida de volta. Isso não parece ser um objetivo que vale a pena?

Maya: Sim. Eu quero fazer isso.

Terapeuta: Ótimo! O que acabamos de praticar requer algum tempo para se acostumar, mas oferece benefícios à saúde se praticá-lo regularmente. Não se trata de apagar a dor, mas de entrar em maior sintonia com seu corpo e criar mais leveza ao enfrentar sentimentos difíceis. Você estaria disposta a experimentar essa prática em casa?

Neste segmento da conversa, o terapeuta ensinou a Maya uma prática de *mindfulness* fundamental. Ao praticar a consciência desse modo, Maya pôde aprender a focar sua atenção de forma mais flexível e menos julgadora, que permite mais variação e seleção mais flexível. Com a prática repetida, Maya será capaz de direcionar sua atenção mais deliberadamente, em vez de ser atraída pela sua dor. Note que o objetivo aqui não é mudar a experiência em si: não se trata de diminuir sua dor, mas reduzir a influência que a dor tem sobre Maya, sobre suas ações e sobre o nível global da raiva experienciada.

O terapeuta convidou Maya a observar atentamente sua experiência sempre que sua mente se desviar para um território difícil. Em outras palavras, sempre que Maya notar que está com medo de se machucar de novo ou quando notar que sua mente está presa à preocupação ou à raiva, ou quando focar rigidamente na sua dor, ela deverá usar esses momentos como oportunidades para praticar *mindfulness*. Se acrescentarmos o novo elemento "Prática de *mindfulness*" (juntamente com suas relações subjacentes com os outros fatores) ao modelo de rede de Maya, ele pode se parecer com o que podemos ver na Figura 7.2. Note que as pontas das flechas que se originam de "Prática de *mindfulness*" são vazadas, a fim de indicar que essas relações diminuem a força dos seus fatores associados.

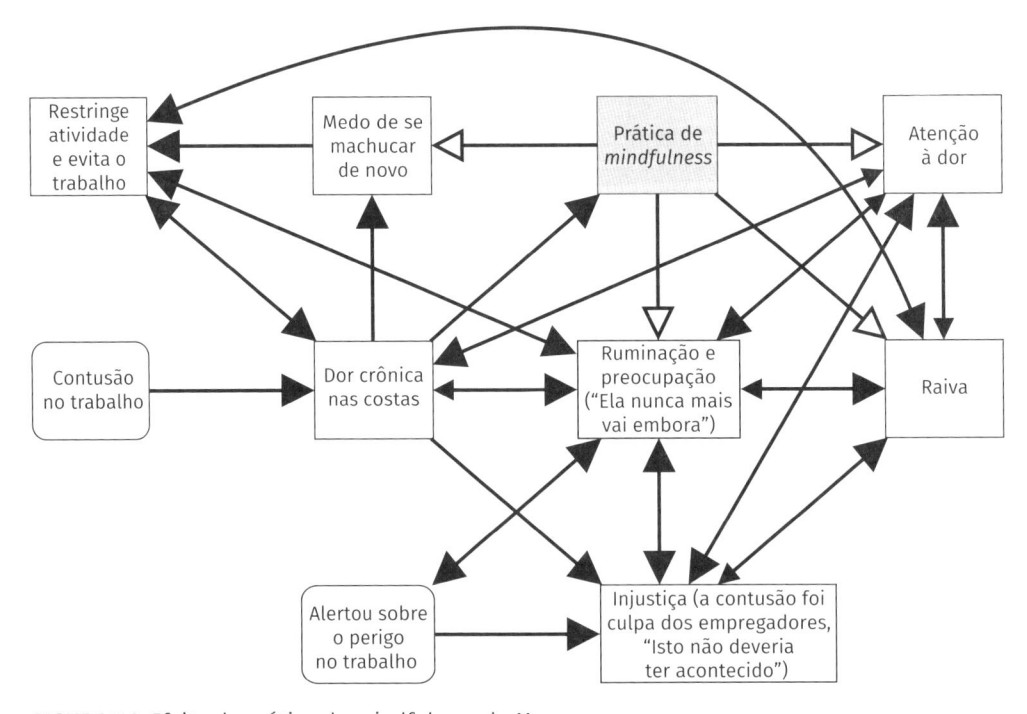

FIGURA 7.2 Efeito da prática de *mindfulness* de Maya.

A prática de *mindfulness* permite que Maya se relacione com seu corpo de maneira mais consciente e compassiva. Em vez de ser dominada por pensamentos dolorosos, sentimentos e sensações, Maya pode escolher seu foco e se conectar com o que realmente está ali (em vez de acreditar cegamente no que sua mente lhe diz). Desse modo, o terapeuta e Maya abordaram um fator importante que se soma à raiva de Maya. Entretanto, permanecem outros fatores importantes responsáveis pela raiva de Maya que também precisam ser abordados. E é para esses outros fatores que nos voltaremos a seguir.

Os pensamentos de Maya tendem a girar em torno da sua dor — que ela "nunca mais vai embora", que sua contusão foi "injusta" e que "isto não deveria ter acontecido". Esses pensamentos, embora possivelmente verdadeiros, somam-se à sua raiva porque retratam Maya como vítima de uma tragédia sem sentido. Segundo sua perspectiva, a vida lhe pregou uma peça, e não há nada que ela possa fazer a respeito. Enquanto Maya continuar apegada a esses pensamentos inúteis, é improvável que aconteça uma mudança real. Por essa razão, o terapeuta precisa abordar o sentimento de autoeficácia de Maya e colocá-la de volta no banco do motorista, onde ela pode começar a acreditar na sua habilidade de direcionar o curso da sua vida.

Como você pode ver no modelo de rede de Maya (Fig. 7.2), há vários fatores que reforçam sua tendência a se preocupar e a ruminar. Infelizmente, nenhum terapeuta no mundo será capaz de desfazer a lesão que resultou na sua dor nas costas. Tampouco poderá mudar o fato de que os superiores de Maya ignoraram seus alertas, o que a levou a achar que seu acidente foi "injusto". Agora depende de Maya encontrar uma forma diferente de responder a estas realidades imutáveis — uma que permita mais flexibilidade para que, ao lado dos seus pensamentos contraproducentes, também haja espaço para os fortalecedores. Construir um senso de autoeficácia no cliente é um processo a longo prazo, no qual o cliente precisa criar experiências graduais de definição e atingimento de objetivos escolhidos para si mesmo. Dessa forma, a crença do cliente na sua própria capacidade pode crescer.

Não obstante, é possível desencadear este processo mostrando ao cliente que ele pode ir além das limitações que estabeleceu para si mesmo. A seguir, apresentamos um exemplo de como isso pode ocorrer.

Terapeuta: Eu gostaria de fazer um exercício diferente. Para este exercício, você pode deixar os olhos abertos, pode permanecer na sua cadeira e só precisamos de um braço. Parece bom?

Maya: Sim, eu acho bom.

Terapeuta: Certo, para este exercício, eu gostaria que você escolhesse um braço e então o erguesse o mais alto possível sem sair da sua cadeira. Entendeu?

Maya: Sim, não consigo levantar mais.

Terapeuta: Você está o mais alto que consegue?

Maya: Sim.

Terapeuta: Ótimo. E agora, veja se consegue erguê-lo só mais um milímetro. Excelente. Muito bom. Agora você pode abaixar o braço. O objetivo deste exercício tolo é mostrar que o que nossa mente diz não precisa necessariamente ser verdadeiro. Você disse que não consegue erguer mais seu braço. Mas quando eu lhe pedi para levantar o braço ainda mais alto, você conseguiu fazer.

Maya: Não entendo. O que isso tem a ver comigo?

Terapeuta: Parece que sua mente elaborou alguns pensamentos muito rígidos de que o que aconteceu com você é injusto, que isso nunca vai acabar e que você não pode fazer mais nada. Está certo?

Maya: Bem, sim, mas isso é tudo verdade.

Terapeuta: Pode ser. Sim. E também pode não ser. E se, assim como erguer seu braço, você fizesse mais do que a sua mente diz que você pode? Até pode ser que não consiga fazer tudo da mesma maneira que antes do acidente. E sim, sua dor pode nunca desaparecer totalmente. Mas e se você tiver um potencial inexplorado? E se você tiver possibilidades que a sua mente ainda não vê porque está muito focada no fato de que a sua dor pode nunca mais desaparecer?

Maya: Estou me limitando demais.

Terapeuta: Talvez. Depende de você descobrir o que pode ser esse potencial inexplorado. Eu gostaria de explorar isto em maior profundidade junto com você. Isso vai requerer que você entre mais em contato consigo mesma e, em vez de apenas acreditar nas limitações que a sua mente lhe diz, realmente sentir seu corpo e explorar a nova gama de possibilidades.

No segmento da conversa acima, o terapeuta acrescentou um elemento de autoeficácia ao modelo de rede de Maya. Conforme previamente mencionado, para que a autoeficácia cresça de forma constante na vida de Maya, ela ainda terá que fazer mais do que apenas um rápido exercício com seu terapeuta. Construir autoeficácia é um processo a longo prazo de definição e atingimento de objetivos autoescolhidos (ou viver segundo compromissos e valores autoescolhidos). Quanto mais consistente o cliente puder ser em seu esforço, mais sólido seu senso de autoeficácia pode se tornar. Apesar da natureza simples do exercício, ele demonstrou a Maya que os limites da sua mente não refletem necessariamente suas verdadeiras limitações, e que ela tem o potencial para ir além do que previamente acreditava ser possível. Capacitando Maya para começar a acreditar na sua habilidade para efetuar mudanças significativas em sua vida, duas coisas cruciais podem acontecer: primeiro, Maya para de ser a vítima das circunstâncias e se torna um agente ativo em sua vida mais uma vez, desse modo reduzindo sua raiva sentida (a qual parcialmente se originava da suposta sensação de impotência). Segundo, como um sentimento aumentado de autoeficácia diminui a influência da dor crônica nas costas na sua vida, Maya tem menos propensão a ruminar e se preocupar com sua dor. Maya pode notar que embora a vida possa não voltar a ser como era, ela ainda é capaz de viver sua vida com intenção e propósito. Ao introduzir esse novo elemento poderoso na vida de Maya, outras mudanças podem acontecer com mais facilidade. Se acrescentarmos esse novo elemento de autoeficácia (além das suas relações subjacentes) ao modelo de rede de Maya, ele seria parecido com o que podemos ver na Figura 7.3.

Até aqui, Maya estabeleceu dois novos elementos adaptativos em seu modelo de rede (i. e., "Prática de *mindfulness*" e "Autoeficácia"), ambos os quais partem seus processos mal-adaptativos e permitem maior variação e seleção mais flexível (significando que Maya tem mais opções disponíveis de como pode escolher reagir em sua situação). O terapeuta colocou Maya de volta a uma posição em que ela pode estar em mais sintonia com o próprio corpo e começar a acreditar na sua capacidade de influenciar mudanças significativas em sua vida. Em consequência, agora está na hora de descobrir que significado isso pode ter. Na conversa a seguir, demonstraremos isso.

Maya: Algumas vezes, é mais fácil atravessar o dia, mas a dor está sempre ali. E algumas vezes ela é tudo em que consigo pensar.

Terapeuta: Pode parecer uma pergunta estranha, mas e se a dor desaparecesse?

Maya: O que você quer dizer? Isso seria maravilhoso, é claro.

Terapeuta: Tenho certeza de que seria. Mas o que quero dizer especificamente é o que você faria se não tivesse dor?

Maya: Não sei. Na verdade, nunca pensei sobre isso. Quero dizer, isso não importa, de qualquer forma, porque a dor está aí — queira eu ou não.

Terapeuta: Entendo. E pelo que posso ver, você colocou sua vida inteira em pausa quando a dor entrou na sua vida. Isso é verdade?

Maya: (*Lacrimejando*) Isso me deixou tão infeliz.

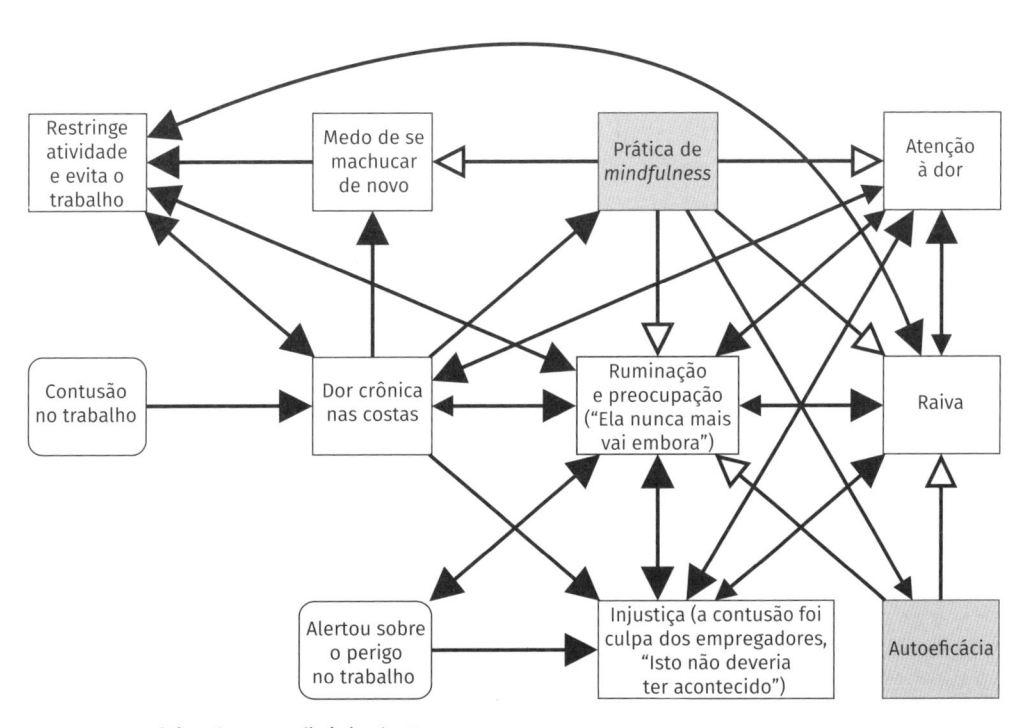

FIGURA 7.3 Efeito da autoeficácia de Maya.

Terapeuta: Entendo. Sua dor tornou muitas coisas mais difíceis para você, e até mesmo impossíveis. Mesmo assim, você ainda está respirando. Ainda há uma vida aqui que quer ser vivida. E estou disposto a apostar que ainda há coisas na vida com que você se importa — independentemente se está com dor ou não.

Maya: É verdade. Uma grande verdade.

Terapeuta: Certo. Então, suponha que aconteça um milagre e sua dor desapareça — não estou dizendo que isso vai acontecer, mas, por causa do exercício, vamos apenas supor — e daqui a alguns anos, você fosse entrevistada ao vivo na televisão sobre como lidou com tudo isso e como era quando estava enfrentando o pior, o que gostaria de dizer?

Maya: Acho que eu gostaria de dizer que eu fui... Hum... Acolhedora... E gentil comigo mesma... E... Hum... Paciente e esperançosa.

Terapeuta: Mais alguma coisa?

Maya: Que eu não desisti. E que eu estava disponível para os outros também.

Terapeuta: Então, ser acolhedora, gentil, paciente e esperançosa. E que você continua disponível para si mesma e para os outros.

Maya: Sim.

Terapeuta: Ok, então apenas permaneça com isso por um momento. Ser acolhedora, gentil, paciente, esperançosa e apoiadora: isso é o que importa para você.

Maya: Sim. Quero fazer o que é melhor para mim, mas também quero ajudar outras pessoas. Tenho vários amigos no trabalho, e antes de tudo eles têm que lidar com a mesma confusão que me trouxe até aqui.

Terapeuta: Ok. Então na próxima vez que notar que está ruminando e se preocupando com sua dor, "se ela vai desaparecer" ou que "tudo isso foi injusto", parece que você tem uma opção. Você pode permitir ser intimidada pela sua mente e deixar que a dor a domine e lhe diga o que fazer ou não fazer. Ou então você pode escolher não se engajar nesses pensamentos inúteis, e em vez disso focar no que é verdadeiramente importante aqui, ou seja, ser acolhedora, gentil, paciente, esperançosa e apoiadora. Você pode ser o tipo de pessoa que quer ser, apesar da dor e dos pensamentos difíceis que surgem. Qual dessas duas opções você vai escolher?

Maya: Bem, eu quero ser acolhedora, esperançosa e apoiadora.

Terapeuta: Ótimo. Se você não se importar, eu gostaria de usar nosso tempo restante para explorarmos como seria viver de acordo com estes valores — acolhedora, esperançosa e apoiadora — e como você pode trazer esses valores para a sua vida.

Na conversa, o terapeuta explorou com Maya o que faria com que sua vida valesse a pena ser vivida. Maya construiu sua vida inteira em torno da sua dor, e agora está na hora de construir uma vida que inclua sua dor, mas não faça dela o foco central. Ficou evidente que Maya valoriza ser acolhedora, gentil, paciente, esperançosa e apoiadora consigo mesma e com as outras pessoas. Em seguida, fica a cargo de Maya e seu terapeuta explorar como ela pode trazer esses valores para a sua vida e traduzi-los em ações reais, em objetivos e em compromissos atingíveis. Embora um novo foco no que é importante para Maya não elimine necessariamente sua ruminação e suas preocupações, ele fortalece seu sentimento de autoeficácia, uma vez que agora ela está mais em contato com suas motivações essenciais. Além disso, este novo foco no que ela valoriza pode diminuir seu medo de contusões, já que sua dor crônica nas costas se coloca cada vez menos no centro da sua vida, dessa forma tornando o risco de nova lesão menos assustador. Se acrescentarmos o novo elemento "Foco em objetivos valorizados" (juntamente com suas relações subjacentes com outros fatores) ao modelo de rede de Maya, ele pode se parecer com o que podemos ver na Figura 7.4. Note que "Prática de *mindfulness*" fortalece o foco de Maya em objetivos valorizados, já que a consciência atenta promove uma autoconsciência global, incluindo o que ela valoriza.

À medida que a terapia progride, cada vez mais elementos são introduzidos no modelo de rede de Maya que reduzem os processos mal-adaptativos. Como você pode ver, esses novos elementos são configurados de forma autorreforçadora: o nó "Prática de *mindfulness*" reforça os nós "Foco em objetivos valorizados" e "Autoeficácia" — ambos os quais também reforçam um ao outro. Desse modo, passo a passo, ciclos adaptativos são introduzidos e se tornam mais dominantes. Na próxima seção, ampliaremos o foco de Maya no que é importante para ela transformando seus valores em compromissos executáveis. Em outras palavras, trabalharemos na retenção, solidificando novas respostas em verdadeiros hábitos.

COMO AUMENTAR A RETENÇÃO

Retenção é sobre fazer com que mudanças positivas sejam duradouras. Com frequên-

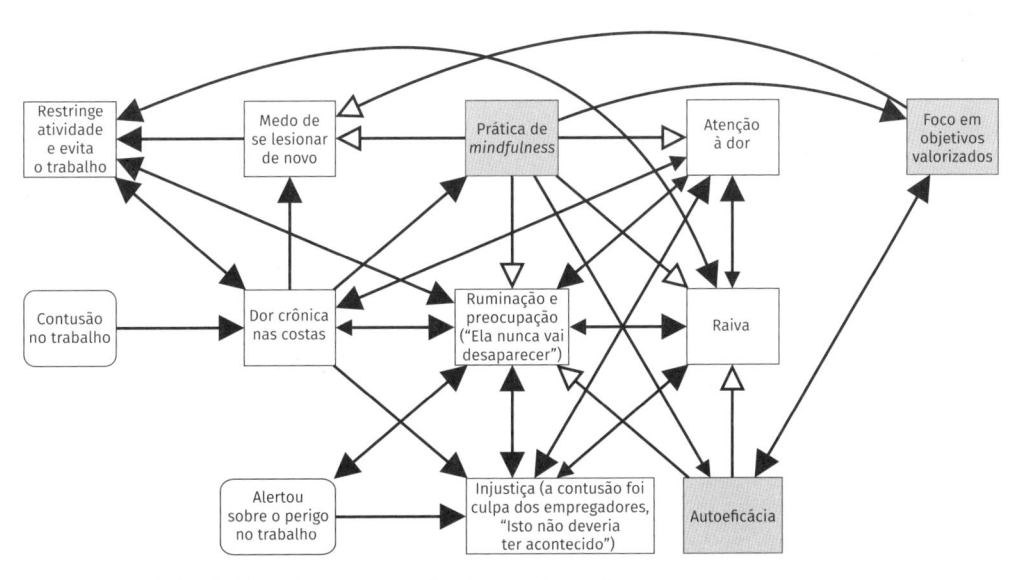

FIGURA 7.4 Efeito do foco de Maya em objetivos valorizados.

cia, respostas mal-adaptativas foram solidificadas por meio de ciclos autorreforçadores. Má adaptação estimula má adaptação. Quanto mais tempo o cliente tem estado preso a determinado padrão, mais suas respostas se transformarão em hábitos rígidos, e mais difícil será para o cliente fazer uma mudança.

Retenção é fazer o oposto: repetir um padrão positivo e construí-lo como padrões integrados maiores. Isso pode acontecer com qualquer uma das dimensões do EEMM: repetir estratégias atencionais adaptativas ajuda a retê-las; construir processos cognitivos saudáveis como grandes padrões de ajustamento faz o mesmo; e assim por diante. O caminho mais firme e mais certo para a retenção, no entanto, é vincular processos positivos de mudança a comportamento explícito positivamente motivado. A criação de uma vida que valha a pena ser vivida é onde o trabalho realmente acontece.

Assim sendo, retenção envolve relacionar os processos de mudança a respostas adaptativas e experimentar diferentes estratégias para transformá-las em hábitos sustentáveis que se agrupam em padrões de ação maiores. Considerando esse objetivo, é fundamental para a retenção adotar uma nova resposta que faça sentido dentro do modelo de rede do cliente. O ideal é que o novo padrão represente uma alternativa a um padrão mal-adaptativo. Por exemplo, a tendência de Maya a se restringir de atividades e do trabalho está fomentando sua raiva e exacerbando sua dor e sua ruminação. Ao conectar uma nova resposta a outros nós estabelecidos — como seu foco em objetivos valorizados — a resposta se torna mais sustentável.

Alguns clientes precisarão de pouca assistência na seleção das estratégias para reter uma nova resposta, enquanto outros podem precisar de toda a ajuda que você possa prestar. Não há uma regra de ouro que funcione para todos, isso se resume a um processo de experimentação. Discuta um curso de ação, dê ao cliente tempo para implementá-la, reúnam-se e reflitam, e por fim, adapte o curso de ação que melhor servir ao interesse do cliente. Apresentamos a seguir um exemplo de como o processo de escolha e retenção de uma nova resposta se deu com Maya.

Terapeuta: Já falamos sobre você querer ser acolhedora, paciente e apoiadora. Vamos falar um pouco sobre o que isto significa e como você pode trazer esses valores para a sua vida. Por exemplo, o que significa para você ser "acolhedora"?

Maya: Acho que é me tratar melhor. Ser mais gentil comigo mesma. Ser mais amável com a minha alma e com o meu corpo.

Terapeuta: E como você poderia fazer isso?

Maya: Me dando o que eu preciso. Por exemplo, sei que tenho adiado fazer alguns exercícios que meu fisioterapeuta e meu médico recomendaram. Sei que preciso fazer isso. Só que não faço.

Terapeuta: Então uma maneira de ser mais acolhedora consigo mesma seria começar a se exercitar?

Maya: Sim, acho que sim.

Terapeuta: Você pode me contar sobre os exercícios?

Maya: A coisa mais importante seria os exercícios de alongamento. Alguma coisa como ioga. Eu até comprei um tapete, mas nunca usei.

Terapeuta: Ok, então você sabe o tipo de exercícios que deveria fazer e tem o equipamento necessário.

Maya: Sim.

Terapeuta: O que está atrapalhando?

Maya: Isso é um pouco assustador, para ser honesta. Tenho medo de me machucar. Meu médico disse que não, mas ainda assim eu sinto medo. E depois tem a continuidade. Será que eu vou fazer?

Terapeuta: O medo terá que fazer parte disso inicialmente. O que me parece é que você tem dado ouvidos ao seu medo. Isso é o que você tem feito há algum tempo, e embora seja compreensível, você sabe pela experiência como isso a afeta. Sua vida vai ficando menor e a sua dor na verdade fica maior, não é? E se, em vez disso, nossa atenção se voltasse para você estar disponível para si mesma, de forma acolhedora, paciente e apoiadora? E uma forma de fazer isso é se exercitando. Você pode ter sua vida de volta e dar ao seu corpo o que ele precisa. Se você tivesse essas duas opções na mesa à sua frente, qual delas escolheria?

Maya: A segunda. Fazer exercícios.

Terapeuta: Ótimo. Agora, em uma escala de 1 a 10, o quanto você está certa de que realmente fará os exercícios que seu treinador físico recomendou?

Maya: Não tenho certeza. Talvez um 6?

Terapeuta: Certo, um 6 não é tão ruim. Agora eu gostaria de aumentar seu nível de certeza, pelo menos para um 8 ou 9. Uma coisa que ajuda muitas pessoas é ter outra pessoa com quem fazer os exercícios juntos. Você tem alguém a quem poderia convidar?

Maya: Tenho um vizinho que é meu amigo, e ele faz ioga todas as manhãs. Eu posso lhe pedir para fazermos juntos.

Terapeuta: Ótimo. E se você fizer isso, como avaliaria seu nível de certeza? Tudo bem se ele não mudou, mas se mudou, onde você o colocaria?

Maya: Bem, então com certeza é um 9.

Terapeuta: Ótimo. Então seu plano é perguntar ao seu vizinho sobre se exercitarem juntos pela manhã, e então na próxima vez conversaremos de novo sobre como isso se deu. Disposta?

Maya: Sim, estou disposta.

O terapeuta e Maya fizeram duas coisas. Primeiro, exploraram respostas alternativas a respostas mal-adaptativas. Segundo, exploraram estratégias para aumentar as chances de Maya dar continuidade a novas respostas. Maya escolheu agir segundo seu valor de ser acolhedora consigo mesma fazendo os exercícios de alongamento que seu treinador físico lhe recomendou. E para aumentar suas chances de dar continuidade, Maya se comprometeu a pedir ao seu vizinho apoio social adicional.

O novo curso de ação de Maya é motivado por seus valores e é reforçado por outras partes estabelecidas na rede de Maya. Posteriormente, no caso de Maya, o terapeuta mais uma vez usou a estratégia de "ampliar e construir" na criação de hábitos adaptativos para competir com emoções difíceis. Como a dor, o sentimento de injustiça e a raiva poderiam ainda perturbar o novo padrão, o terapeuta aproveitou a nova oportunidade para aplicar o processo que Maya fez a uma nova área.

Maya: A situação no trabalho ainda é uma bagunça, e eu meio que me preocupo com meus amigos e colegas que estão lá. O pessoal encarregado não tem ideia das condições de trabalho, e alguém precisa resolver isso. Está muito errado.

Terapeuta: Posso fazer uma pergunta? Se você adotar esse mesmo valor nuclear — ser acolhedora e apoiadora — há algum lugar onde poderia aplicar essa motivação quando vê essa injustiça no trabalho? Há alguma forma de apoiar seus amigos e colegas?

Maya: Eu sempre quis fazer parte do sindicato dos funcionários. Você sabe, fazer a diferença para que o que aconteceu comigo não aconteça com mais ninguém.

Terapeuta: E como você faria isso?

Maya: Não tenho certeza exatamente como isso funciona, mas conheço alguém que está no sindicato, então eu poderia lhe perguntar. Já tenho isso em mente há muito tempo.

Terapeuta: Ótimo. E você estaria disposta a fazer isso antes da nossa próxima sessão?

Maya: Com certeza. É mais fácil do que os exercícios, e eu fiz!

Em que medida será necessário explorar estratégias para aumentar as chances de o cliente reter os ganhos com sucesso é uma questão que irá variar de acordo com o cliente, seu contexto único e a mudança pretendida. Aqui, o progresso de Maya ocorreu em parte devido à decisão de agir segundo seus valores e tornar-se ativa em um sindicato dos empregados, que se aplica a essa mesma motivação e lhe dá um lugar positivo onde aplicar seus sentimentos de injustiça. Os dois grupos de respostas — participar do sindicato dos empregados e fazer exercícios com seu vizinho — estão apoiando a crença de Maya na sua capacidade de influenciar a mudança. Ambas diminuem o risco de recaída apresentado por seu sentimento geral de raiva e uma sensação de injustiça. A raiva de Maya estimulou sua decisão de participar do sindicato dos empregados, mas, ao se tornar ativa deste modo, sua raiva (ou a dominância da sua raiva) diminuiu (por isso a relação excitatória-inibitória com a flecha com duas pontas).

Se acrescentarmos esses novos elementos de "Participar do sindicato dos empregados" e "Exercício matinal com o vizinho" (juntamente com suas relações subjacentes com outros fatores) ao modelo de rede de Maya, ele pode se parecer com o que podemos ver na Figura 7.5.

Com a introdução de novas estratégias para lidar com seus problemas, o modelo de rede de Maya agora pode ser capaz de mudar de uma forma fundamental. Em vez de ficar presa a redes autorreforçadoras de má adaptação, os fatores centrais estão agora em vigor e podem reforçar respostas adaptativas e ciclos adaptativos. Em consequência, sua raiva em geral pode diminuir.

Maya não conseguiu se livrar de sua dor crônica, nem conseguiu desligar completamente os pensamentos e sentimentos negativos em torno da sua dor e sua lesão. Mas se for bem-sucedida, Maya utilizará formas novas e mais adaptativas de responder à sua

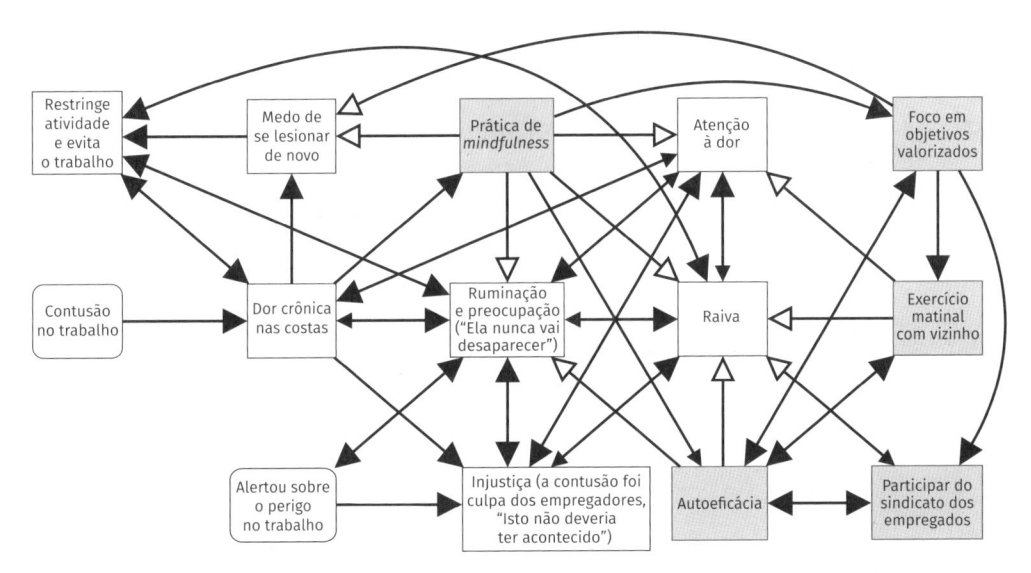

FIGURA 7.5 Efeito do exercício matinal de Maya com vizinho e participação no sindicato dos empregados.

realidade. Em vez de ser a vítima das suas circunstâncias, Maya estará habilitada a moldar sua vida ativamente de formas significativas.

No entanto, como veremos no Capítulo 11, estas são meras previsões que precisam ser avaliadas. Se essas previsões forem incorretas e as estratégias não tiverem os efeitos pretendidos na rede, mesmo depois de tentativas repetidas, o terapeuta precisa estar preparado para ajustar flexivelmente a abordagem. Revisitaremos Maya no Capítulo 11, quando discutiremos o curso do tratamento. Lá ilustraremos como incorporar os dados ao processo de tratamento para examinar a validade da hipotética rede e então como reorientar e reconsiderar a abordagem e aplicar técnicas terapêuticas adequadas de uma maneira flexível em determinado contexto.

Passo de ação 7.1 Preencha seu EEMM completo

Vamos retornar ao problema que você identificou na sua própria vida. Baseado nos passos de ação prévios (especialmente Passos de ação 4.3, 4.4, 6.3 e 6.4), veja se consegue preencher o EEMM completo a seguir na sua relação com seu problema, focando sobretudo em processos mal-adaptativos. Lembre-se de que retenção e controle contextual podem estar relacionados a questões em outras fileiras (i. e., dimensões e níveis).

	Variação	Seleção	Retenção	Contexto
Afeto				
Cognição				
Atenção				
Self				
Motivação				
Comportamento explícito				
Biofisiológico				
Sociocultural				

Exemplo

	Variação	Seleção	Retenção	Contexto
Afeto	Recuso situações sociais que podem me deixar ansioso.	Sinto-me imediatamente melhor, mas também logo temo a próxima situação.	Meu medo cresce ainda mais sempre que acredito nele e fujo dele.	Isso é reforçado pela minha história, meu foco e minhas ações.
Cognição	Acho que vou me embaraçar, e as pessoas não vão gostar de mim.	Tenho uma sensação de controle se estiver suficientemente vigilante.	Independentemente de como os outros reagem, tenho que permanecer vigilante para não me embaraçar.	Isso é reforçado pela minha história e minhas ações.
Atenção	Fico atento a sinais de ansiedade iminente.	Sinto-me mais seguro e menos vulnerável, mesmo que isto interfira no meu desempenho.	Independentemente do que acontecer, preciso me manter vigilante para me certificar de que não vou me embaraçar.	Isso é reforçado pela minha história, minhas emoções e minhas sensações corporais.
Self	Penso em mim mesmo como um "perdedor" e "não suficientemente bom".	Ao me rejeitar primeiro, eu suavizo a rejeição dos outros.	Só faço experiências que confirmam minha autopercepção.	Isso é reforçado pela minha história, minhas ações e meu foco.
Motivação	Sou principalmente preocupado em não me embaraçar. Quero que os outros gostem de mim.	Quero me sentir seguro e apreciado.	Independentemente de como os outros reagem, tenho que me manter vigilante para não me embaraçar.	Isso é reforçado pela minha história, minhas ações e meu foco.
Comportamento explícito	Eu supercompenso e tento ser divertido, ou então me retraio e vou para casa.	Quero que gostem de mim, ou quero evitar me sentir magoado pela rejeição.	Independentemente de como os outros reagem, tenho que me provar ou fugir da minha dor.	Isso é reforçado pelos meus sentimentos, minha autopercepção e minha motivação.
Biofisiológico	Meu estômago fica apertado, meu coração bate mais forte, começo a ficar nervoso.	Meu corpo se prepara para o perigo iminente.	Estas sensações ficam mais fortes quando fujo do meu medo.	Isso é reforçado pelos meus sentimentos, minhas ações e meus pensamentos.
Sociocultural	Aprendi no ensino médio que existem "vencedores" e "perdedores".	Ficar apegado a esses termos tudo ou nada me dá uma falsa sensação de segurança.	Estas crenças são reforçadas sempre que ajo de acordo com elas.	Isso é reforçado pelas minhas ações, minha história e meus sentimentos.

Até este ponto no livro, abrangemos as ferramentas centrais para a PBT: a abordagem de rede e o EEMM, incluindo suas seis dimensões psicológicas (cognição, afeto, atenção, *self*, motivação e comportamento explícito), dois níveis (biofisiológico e sociocultural) e quatro características críticas (variação, seleção, contexto e retenção). Aplicamos essas ferramentas a casos clínicos e, por meio dos passos de ação, a um problema que você identificou na sua própria vida. Neste ponto, vamos examinar mais de perto os processos de mudança, os mecanismos necessários para que o tratamento tenha sucesso.

8

Um olhar mais atento aos processos

Os processos na vida de um cliente moldam e determinam a sua realidade. Quando os processos são adaptativos, o cliente se aproxima dos seus objetivos e das suas aspirações, a caminho de uma vida saudável, feliz e gratificante. Quando os processos são mal-adaptativos, no entanto, o cliente se desvia do curso, engaja-se em hábitos autodestrutivos e convida a dor, o sofrimento e o pesar a entrarem em sua vida. Na PBT, visamos a ajudar o cliente a interromper antigos processos mal-adaptativos e construir novos processos adaptativos que sirvam aos seus interesses mais profundos e mais significativos.

Já falamos sobre o papel dos processos no desenvolvimento de problemas clínicos, mas agora está na hora de examinarmos os processos no contexto da terapia. Que processos devem ser focados e com qual intervenção terapêutica? Como você pode medir processos relevantes e acompanhar sua progressão? Como uma análise funcional muda quando os processos dentro dela mudam? E como você pode construir novos processos adaptativos formando redes autossustentáveis?

Abordaremos estas questões e outras mais nas páginas a seguir. E faremos isso retornando ao caso de Julie. Como você deve se lembrar, Julie tem dificuldades para se defender. Sua mãe tentou moldá-la como uma "boa menina", e agora ela frequentemente recorre ao comportamento de agradar as pessoas. Ela deseja ajudar as pessoas de maneira genuína, o que inspirou sua carreira, mas também com frequência encontra dificuldades para fazer valer suas necessidades e impor limites sem se sentir egoísta.

Julie tem um marido que muitas vezes não é apoiador, o que reforça ainda mais sua tendência a evitar totalmente conversas difíceis. Na Figura 8.1, você pode ver o modelo de rede de Julie. No centro da situação clínica de Julie, está sua dificuldade de se defender, que é reforçada por uma variedade de outros fatores, o que alimenta ainda mais suas crenças, seu comportamento e sua dinâmica de relacionamentos mal-adaptativos. O objetivo na terapia é, então, introduzir novos fatores adaptativos e interromper os mal-adaptativos de modo que Julie possa fazer respeitar suas necessidades e seus limites. Exploraremos formas de fazer isso usando a matriz do EEMM que introduziremos a seguir.

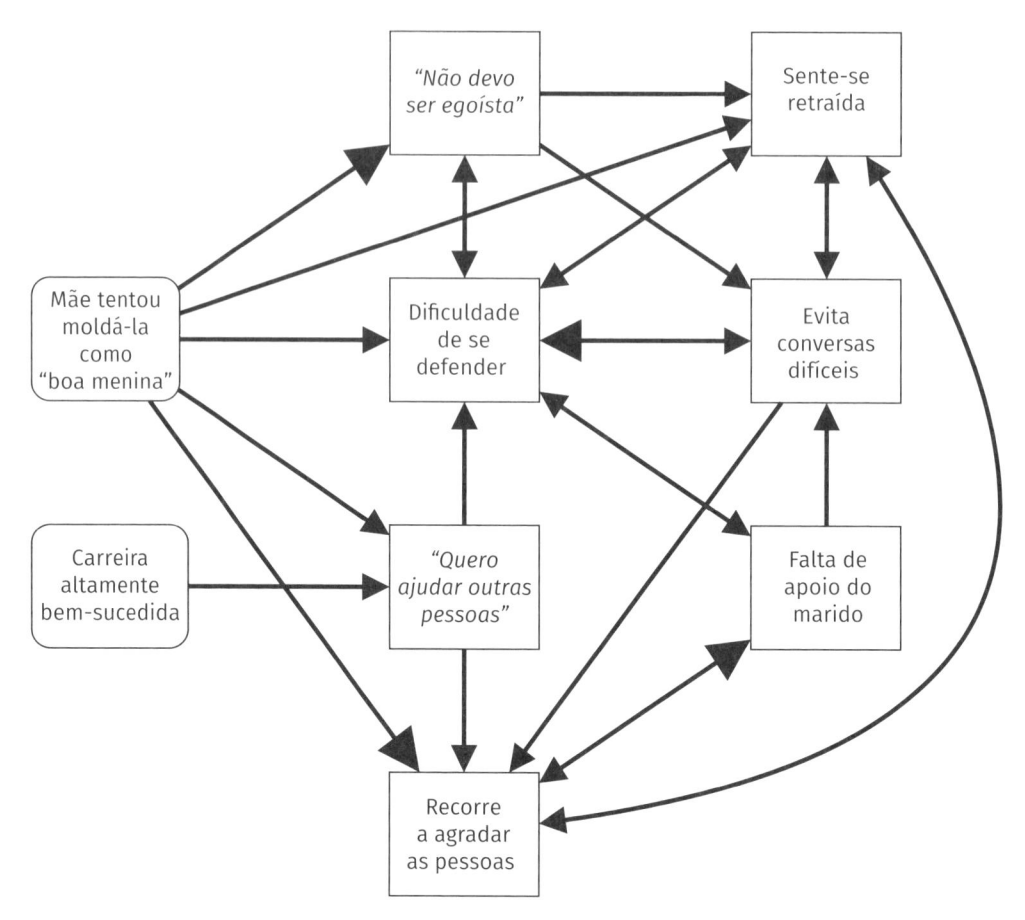

FIGURA 8.1 Revisitando o modelo de rede de Julie.

A MATRIZ DO METAMODELO EVOLUCIONÁRIO ESTENDIDO

Os benefícios do EEMM para a PBT são especialmente óbvios no estágio da análise funcional baseada em processos. O EEMM nos lembra como clínicos de considerarmos como instigar a mudança, como reconhecer os passos positivos quando eles ocorrem, como promover a manutenção desses passos na direção certa e garantir que as habilidades que são aprendidas sejam adequadas aos desafios das situações interna e externa. O EEMM também nos estimula como clínicos a mantermos nossos olhos bem abertos, levando em consideração dimensões psicológicas relevantes e os níveis de análise biofisiológico e sociocultural.

Esse primeiro grupo de perguntas — as colunas do EEMM — são respondidas pela relação dinâmica entre os elementos no caso. Dito de outra maneira, se escolhemos os nós e as relações principais, esse primeiro grupo de perguntas é respondido pela própria rede. Mas note a palavra "se" — como podemos ser lembrados de fazer um trabalho melhor ao escolher os principais nós e relações? No restante deste livro, usaremos um recurso que consideramos útil. Ele tem o grande benefício de criar mais consistência em como usamos as redes para fazer a análise funcional baseada em processos, ao mesmo tempo também fornecendo um lembrete e um estímulo positivo para a escolha de características do caso a serem acompanhadas. Dê uma olhada na Figura 8.2.

A matriz do EEMM é um modelo sombreado que compreende quadros que representam as várias dimensões e os níveis do EEMM. O propósito da matriz é derivar uma rede consistente para um cliente em particular. A matriz possibilitará que diferentes clínicos (independentemente da sua orientação terapêutica) derivem a mesma rede (ou similar) do problema de um cliente. Para isso, é importante usar as próprias palavras do cliente ao descrever o problema (em vez de interpretar o relato do cliente muito cedo) e ser o mais concreto possível (i. e., perguntar acerca de eventos atuais, pensamentos, comportamentos, etc.). Essas informações representam os nós principais do proble-

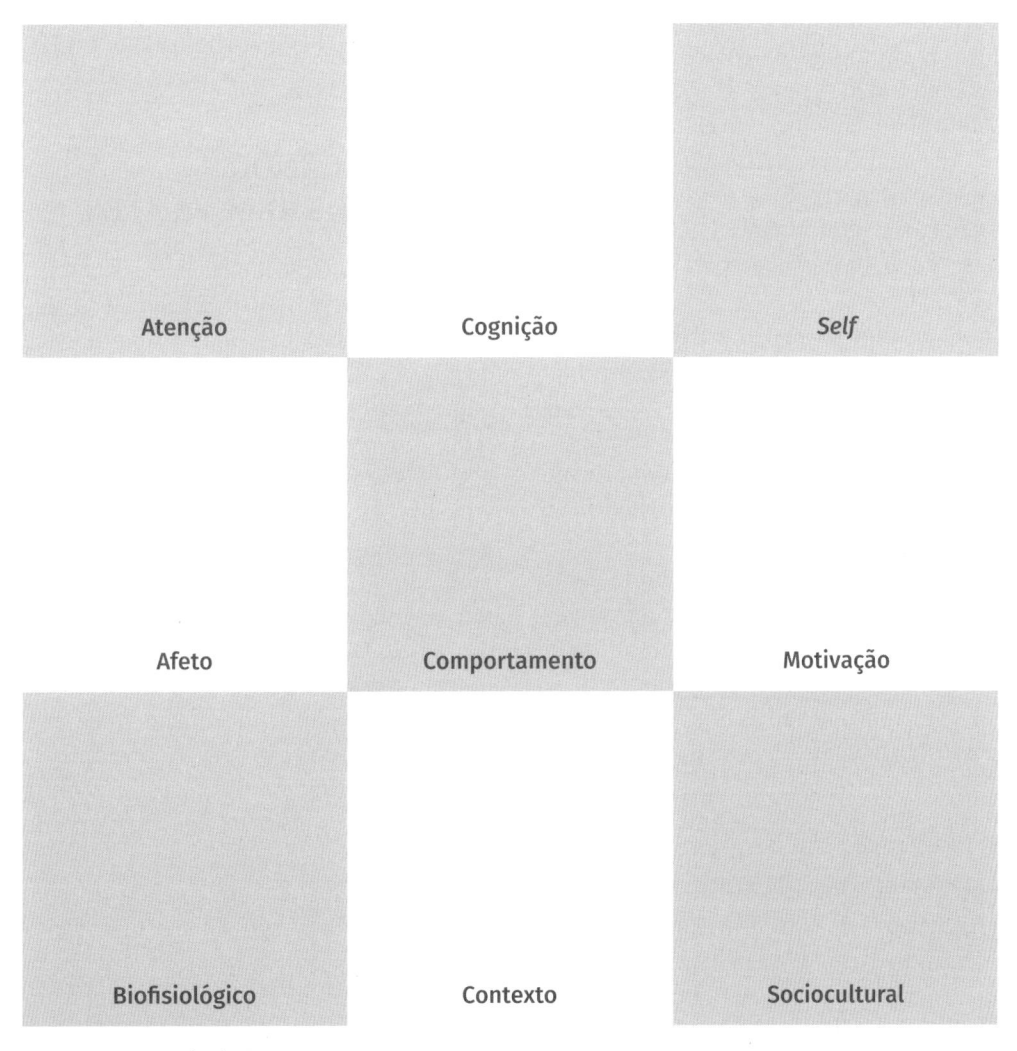

Atenção	Cognição	*Self*
Afeto	Comportamento	Motivação
Biofisiológico	Contexto	Sociocultural

FIGURA 8.2 Matriz do EEMM.

ma, incluindo moderadores e outros fatores contextuais, as seis dimensões psicológicas e os níveis biofisiológico e sociocultural. A matriz irá ajudá-lo a ter em mente o EEMM enquanto você desenvolve a rede do cliente. Nem todos os quadros da matriz necessariamente precisam incluir um nó para cada cliente, mas um quadro vazio pode sugerir que você se esqueceu de explorar uma dimensão importante.

A matriz é um apoio, não uma canga em torno do seu pescoço. Há momentos em que a matriz do EEMM pode criar afunilamentos em termos da colocação dos nós e da simplicidade gráfica da rede, mas quase sempre eles são solucionáveis simplesmente reposicionando os quadros da matriz. Recomendamos que você use a matriz no estágio inicial para garantir que a análise funcional baseada em processos seja abrangente antes de simplificá-la.

Se usarmos a matriz do EEMM para o caso de Julie, ele mudará seu modelo de rede, conforme mostrado na Figura 8.3. Depois de examinar mais atentamente, compare-o com a Figura 8.1 e veja como a matriz mudou a estrutura e a aparência do modelo enquanto os nós e as flechas permaneceram os mesmos. Ao prosseguirmos, continuaremos a usar a matriz do EEMM para representar os modelos de rede da cliente, colocando cada nó na área apropriada da matriz.

Como você deve lembrar, há inúmeros passos envolvidos em um diagnóstico baseado em processos. Estes passos envolvem um modelo que pode organizar os processos dentro do EEMM e então localizá-lo nos próprios processos. Isto significa que organizamos as características da rede em processos de mudança e moderadores conhecidos — todos no que diz respeito aos objetivos do cliente. Em particular, focamos em relações autoamplificadoras e sub-redes dentro da rede mais ampla e nos baseamos, sempre que possível, em relações empiricamente estabelecidas. Nos passos posteriores, medimos os processos e resultados quando necessário e, baseados nesses dados, reconsideramos a rede e a modificamos quando necessário. A análise funcional baseada em processos que descrevemos no Capítulo 3 envolve uma série de passos que requerem revisitar o modelo de rede repetidamente e as reviravoltas dos elementos individuais até que o cliente tenha feito uma mudança. Entretanto, antes que a mudança se torne possível, primeiro precisamos saber por onde começar.

IDENTIFICANDO PROCESSOS RELEVANTES

Os processos em um modelo de rede não são igualmente importantes. Dependendo das dificuldades, das necessidades e dos desejos do cliente, alguns processos desempenham papel mais central, enquanto outros não tanto. Um processo pode ser central porque é, em grande parte, responsável por manter e facilitar as dificuldades de um cliente ou porque ele impede ativamente o cliente de progredir na direção dos seus objetivos e interesses mais profundos. Conhecer o papel dos processos individuais não só lhe dará *insights* importantes sobre a situação do cliente como também lhe dirá por onde você pode melhor começar com as intervenções terapêuticas. Embora os processos sempre difiram entre os clientes, existem regras de ouro úteis que você pode seguir.

Os processos em um modelo de rede apresentam duas variedades: originários e de manutenção. Os *processos originários* são importantes na explicação de como um problema veio a existir, enquanto os *processos de manutenção* são importantes na expli-

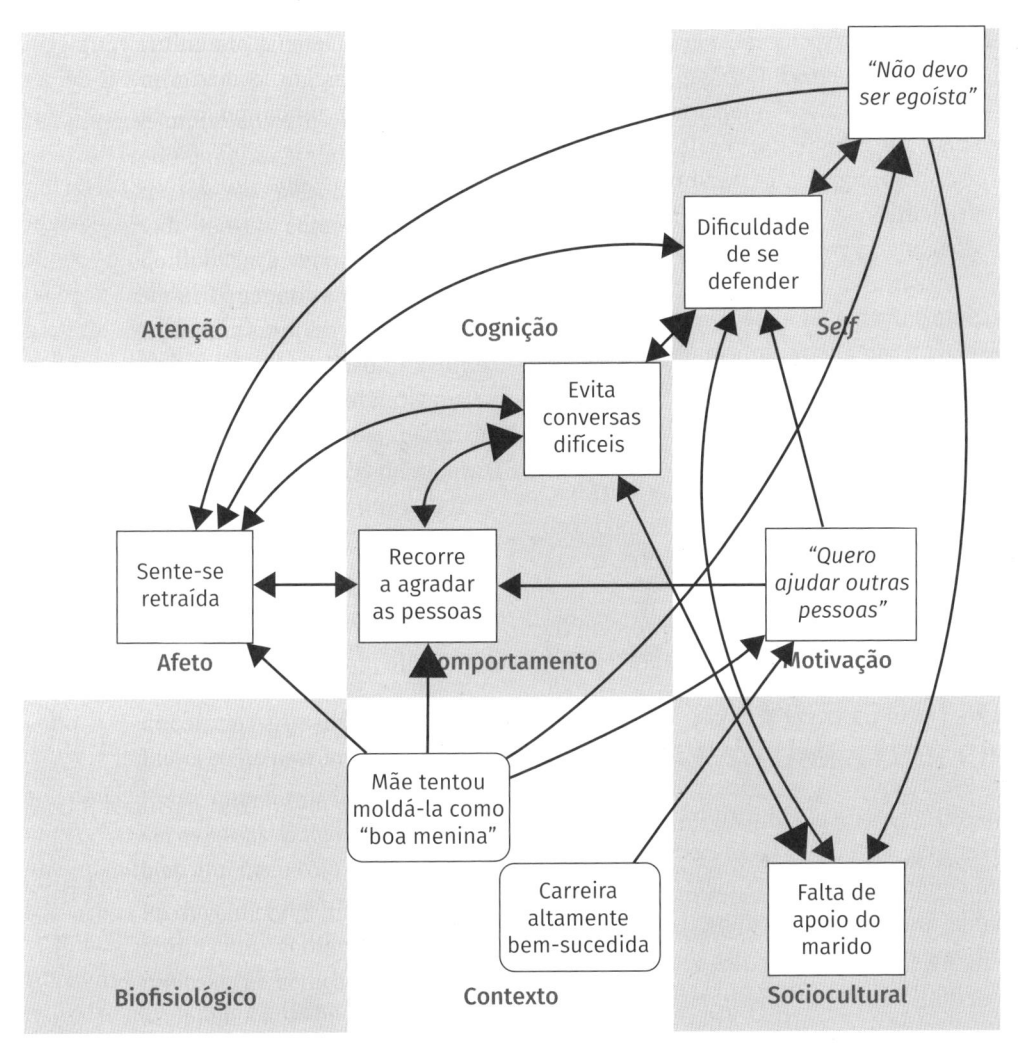

FIGURA 8.3 Modelo de rede de Julie com a matriz do EEMM.

cação do que o mantém. Ao trabalhar com um cliente, estamos interessados em ambos. No entanto, por mais importante que possa ser entender como uma dificuldade surgiu, é mais vital saber o que a mantém. Ao identificar os processos de manutenção, temos melhor compreensão da situação atual do cliente e adquirimos o conhecimento de que precisamos para perturbar e diminuir suas dificuldades. Os processos originários, em contrapartida, só são relevantes na medida em que falam da situação atual. Portanto, colocamos o foco nos processos de manutenção.

No caso de Julie, por exemplo, sua mãe tentou moldá-la como uma "boa menina", o que a colocou em um caminho voltado para agradar as pessoas. Embora isso explique como Julie passou a ter este problema particular, isso não pode ser desfeito, já que não há como interferir no passado. Esta é a triste realidade de qualquer cliente que lida com experiências passadas difíceis. Entretanto, podemos interferir no presente, focando nos processos que mantêm as dificuldades de Julie. Por exemplo, ao fazer com que Julie se engaje voluntariamente em conversas difíceis e pratique sua habilidade de se defender, ela pode aprender a abrir mão de agradar as pessoas — independentemente de qualquer experiência passada que ela possa ter tido com sua mãe. Qualquer processo que mantenha os problemas de Julie no momento presente pode ser adequado como um alvo para intervenções terapêuticas, na medida em que isso leva à adaptação. Em suma, ao escolher quais processos priorizar na terapia, escolha processos de manutenção.

UMA HIERARQUIA DE PROCESSOS E O "CLIENTE IMUTÁVEL"

Alguns processos abrangem outros. Por exemplo, autocompaixão pode ser pensada como um processo único, mas também pode ser desconstruída em autogentileza, *mindfulness* e um senso de humanidade compartilhada — o reconhecimento de que o sofrimento faz parte da experiência humana. Da mesma forma, esses processos desconstruídos podem então ser desconstruídos em partes ainda menores. Essa hierarquia de subprocessos é chamada de *hierarquia dos processos*. Quando você examinar o modelo de rede do cliente, esteja atento a superconjuntos de processos — guarda-chuvas sob os quais processos menores estão funcionando — e então desconstrua-os em processos menores.

Ao desconstruir um superconjunto, você pode fazer mais justiça à experiência do cliente, colorindo seu caso com a complexidade e a profundidade necessárias. Sobretudo, fazer isso lhe dará uma vantagem terapêutica quando formas maiores de ser são obstáculos para os quais o cliente precisa da sua ajuda. Alguns processos podem se tornar tão enraizados no modo de ser de um cliente, que eles parecem além de qualquer intervenção clínica. No entanto, depois que alguns desses processos tiverem sido desconstruídos, você pode começar a ver um ponto de abertura em um subprocesso que seja suscetível à mudança. Dessa maneira, pouco a pouco, você pode trabalhar seu percurso até o processo maior.

Por exemplo, suponha que um cliente adere a uma ideologia política e cultural que enfatiza estar no controle, mas tem problemas de relacionamento que provêm desse próprio padrão. Pode ser inefetivo desafiar o sistema de crenças inteiro, mas desconstruindo o padrão maior você poderá ver que ele consiste em práticas individuais, e somente algumas delas estão interferindo nos objetivos do cliente. Parte desse subgrupo, por sua vez, pode ser consideravelmente suscetível à mudança.

O filme clássico *A Outra História Americana* fornece um exemplo. O ator Edward Norton fez o papel de um neonazista que aderia rigidamente a uma ideologia de ódio e violência. Contudo, depois de fazer amizade com um detento afro-americano e se tornar um alvo para a Irmandade Ariana, ele lentamente começou a se distanciar das suas crenças de ódio. Aquela não foi uma mudança da noite para o dia, mas gradual, e suas crenças nucleares foram desafiadas — pouco a pouco — por novas experiências, cada experiência minando um pouco os pilares que sustentavam sua ideologia. Embora mudanças como estas sejam raras, elas acontecem, e sempre começam pequenas e de formas imperceptíveis.

De forma semelhante, as hierarquias de processos mal-adaptativos podem se reunir em padrões que são falados como se o cliente não pudesse mudar ("transtornos da personalidade" seriam o exemplo clássico e comum). Uma abordagem focada em processos fornece uma rota útil para avançar nesses casos.

ACESSIBILIDADE DOS PROCESSOS DE MUDANÇA

Como uma extensão desse mesmo pensamento, alguns processos são mais adequados para serem focados na terapia simplesmente porque são mais diretamente acessíveis, o cliente está mais disposto a trabalhar nesta área, e mudanças nos processos em uma área estabelecem mudanças saudáveis em outra. Por exemplo, uma cliente pode ter uma crença arraigada de que ela não tem valor devido a uma história de abuso. Uma intervenção frontal nessa crença nuclear pode ser impraticável porque a cliente renunciará a ela, e pode ser inútil porque a cliente dissocia quando sua história é abordada diretamente. Em vez disso, trabalhar, digamos, em habilidades de tolerância ao mal-estar pode ser mais acessível e abrir caminho para o trabalho mais difícil. Esta é a razão por que identificamos a hierarquia dos processos em primeiro lugar: porque a desconstrução de superconjuntos de processos em subprocessos os torna mais acessíveis.

Há certos critérios que determinam se um processo é acessível. Você consegue atingir um processo com intervenções terapêuticas? Você tem permissão do cliente? Você tem o conhecimento técnico necessário? O contexto e o tipo de trabalho permitem que você faça isso? Todas essas perguntas precisam ser consideradas quando você investiga sobre a acessibilidade. Você pode tratar de um cliente cujo processo cultural está vinculado a um sistema de crenças para o qual ele não gosta de olhar. Você pode ter permissão para trabalhar com um cliente sobre suas emoções, mas não sobre a história da sua infância. Algumas vezes, a barreira está no limite do cliente e precisa ser abordada diretamente (p. ex., "Vamos ter que tratar de XYZ ou então não conseguiremos fazer progresso"). Em outros casos, a barreira está na situação, como quando o seguro não cobre um certo programa de tratamento ou foco. Seja qual for a barreira, é importante identificá-la e encontrar formas de trabalhar em torno dela.

MEDINDO PROCESSOS RELEVANTES

Na terapia, você precisa saber para onde está indo. Você precisa saber se está realmente ajudando o cliente a fazer progresso em direção a seus objetivos ou só está perdendo seu tempo. Somente com *feedback* confiável você será capaz de identificar qual desses dois é acurado, sendo por isso que precisa monitorar processos importantes.

Como já discutimos, você quer focar em processos que são centrais para os problemas do cliente e acessíveis com intervenções clínicas. Depois de descobrir um processo que satisfaça esses critérios, você deve se deter em um aspecto particular desse processo. Por exemplo, um cliente que frequentemente come em excesso para enfrentar seus pensamentos de desvalia pode ser melhor ajudado com o monitoramento dos seus pensamentos contraproducentes. Embora este trabalho possa ser mais complexo do que simplesmente monitorar pensamentos contraproducentes, se o seu impacto funcional for central para o comportamento mal-adaptativo do cliente (p. ex., comer em excesso), eles precisam ser monitorados. O mesmo pode não valer para um cliente diferente que enfrenta o mesmo problema. A análise da rede e a avaliação idiográfica o ajudarão a identificar os processos relevantes que faz mais sentido monitorar.

O método de medição deve ser confiável e conveniente para o cliente, desse modo aumentando as chances de que os dados resultantes sejam acurados e úteis. Um método popular de medição é o autorrelato, mas precisamos ir além dos extensos instrumentos psicometricamente baseados que só podem ser utilizados de maneira periódica e usar medidas com um único item ou muito curtas que podem ser feitas frequentemente e ligadas ao conteúdo. Algumas delas podem ser geradas tomando-se itens com alta carga fatorial em testes existentes. Uma ampla variedade dessas medidas está se tornando disponível. Os intervalos de avaliação devem ser suficientemente curtos para estimar a variabilidade intrapessoal, mas infrequentes o suficiente e abrangendo um período de tempo suficientemente longo que capture sequências significativas sem que se torne uma carga para o cliente.

Os comportamentos dentro da sessão são uma fonte de informação pronta. Os avanços na geração automática e pontuação das transcrições da terapia estão tornando a avaliação da escolha de palavras do cliente na terapia uma opção facilmente disponível, e já sabemos que elas podem ser usadas para processos de mudança importantes (Hesser et al., 2009). Medidas biofisiológicas simples, muitas vezes com conexões com *smartphone*, também estão disponíveis.

Vamos retornar ao caso de Julie. Centrais para seus problemas são sua dificuldade de se defender, sua tendência a evitar conversas difíceis e seu hábito de agradar as pessoas à custa do autocuidado. Todos esses fatores atualmente contribuem para mantê-la emperrada, e todos giram em torno do eixo de seus pensamentos sobre ser egoísta. No próximo segmento de sessão, o terapeuta recomendará o monitoramento de seus pensamentos contraprodutivos e sugerir um método para fazer isso melhor.

NOTANDO OS PENSAMENTOS DE JULIE

Terapeuta: Parece que seus pensamentos e a forma como pensa sobre si mesma desempenham papel importante na sua dificuldade de se defender. Seria razoável dizer isso?

Julie: Sim, está certo, provavelmente. Só que não consigo evitar.

Terapeuta: Eu sei, os pensamentos podem ser muito traiçoeiros. Algumas vezes é como se os seus pensamentos tivessem vontade própria. Eles simplesmente vêm e vão quando querem, sem levar em conta se na verdade os queremos ou não.

Julie: Sim, algumas vezes parece assim.

Terapeuta: Então não estou lhe dizendo para parar de pensar o que quer que você esteja pensando, pois não é assim que nossas mentes funcionam. Em vez disso, gostaria de saber exatamente com que frequência sua mente se volta para esses pensamentos que lhe dificultam se defender. Você está entendendo, Julie?

Julie: Sim. Então o que vamos fazer?

Terapeuta: Tenho uma missão para você para a próxima semana. Eu gostaria de dar uma espiada dentro do seu mundo para ver como sua mente levanta questões relativas a "egoísmo" e se esse pensamento e outros como ele dificultam que você se defenda. Eles podem ser pensamentos em que fala mal de si mesma ou se desencoraja de manter um limite saudável.

Julie: Ok, acho que posso fazer isso.

Terapeuta: Ótimo! Agora quero que isso seja o mais fácil possível para você, então você não terá que ficar às voltas com uma caneta e um caderno sempre na mão. Você tem consigo seu telefone na maior parte do tempo?

Julie: Sim, nunca vou a lugar nenhum sem ele. (*ri*)

Terapeuta: Ótimo. Existe um aplicativo simples que vai emitir um silvo quatro a cinco vezes por dia entre os horários que nós definirmos. Vou lhe enviar o *link* e poderemos modificá-lo, mas agora ele está configurado para 9h da manhã até 9h da noite. Quando ele emitir o silvo, só quero que você diga se teve o pensamento *Eu sou egoísta* nos últimos dez minutos e, em caso afirmativo, o quanto esse pensamento era crível usando uma escala de "de modo algum" a "completamente". Se teve algum outro pensamento que lhe dificulte se defender, você pode acrescentá-lo também e classificá-lo segundo sua confiabilidade. Por fim, ele vai perguntar se você está sozinha ou com alguém e se está tendo uma conversa sobre alguma coisa de importância para você, positiva ou negativa. Isso lhe parece viável? Deve durar menos de sessenta segundos para fazer, quatro ou cinco vezes por dia.

Julie: Sim, acho que posso fazer isso. Provavelmente vou pular algumas vezes se isso me pegar em um mau momento, mas vou tentar.

Terapeuta: Ótimo! E não tem problema se você tiver que pular algumas vezes. Apenas veja se consegue fazer a maioria. Apenas esses tipos de pensamentos e como eles ocorrem nos próximos sete dias.

Se você usar esse tipo de ferramenta, certifique-se de dar ao cliente uma boa justificativa para usá-la para que ele entenda por que e o que você irá medir.

Uma coisa boa sobre o automonitoramento como este é que a própria medida pode motivar mudança. Julie pode achar mais fácil se defender e se engajar em conversas difíceis meramente se tornando mais consciente do seu processo de pensamento e sabendo que seu terapeuta irá monitorar estas relações. Em vez de seguir cegamente os comandos de seus pensamentos historicamente produzidos, Julie pode criar alguma distância saudável entre ela e seu pensamento, não se apegando tanto a pensamentos autocríticos como: *Não devo ser egoísta*. Todos esses fatores (p. ex., "Evita conversas difíceis", "Dificuldade para se defender") desencadeiam pensamentos contraproducentes e assim dão a Julie uma razão para registrá-los (por isso a relação nesta direção é excitatória).

Se acrescentarmos "Registro de pensamentos contraproducentes" como um novo nó (juntamente com suas relações com outros nós) no modelo de rede de Julie, colocando-o na dimensão da cognição da matriz, ele será parecido com o que você pode ver na Figura 8.4.

Este novo nó no modelo de rede de Julie não só nos dá melhores percepções dos seus problemas (já que obtemos melhor perspectiva do tipo de pensamentos que perturbam Julie, além da sua frequência), mas também introduzimos uma virada adaptativa nos processos estabelecidos de Julie. Desse modo, um método de medição pode simultaneamente ser uma intervenção. Isso não vale para todos os métodos de medição. Na próxima sessão de terapia, dependerá de Julie e do seu terapeuta aproveitar o conhecimento recém adquirido e ajustar sua abordagem de acordo. É aí que os mediadores entram.

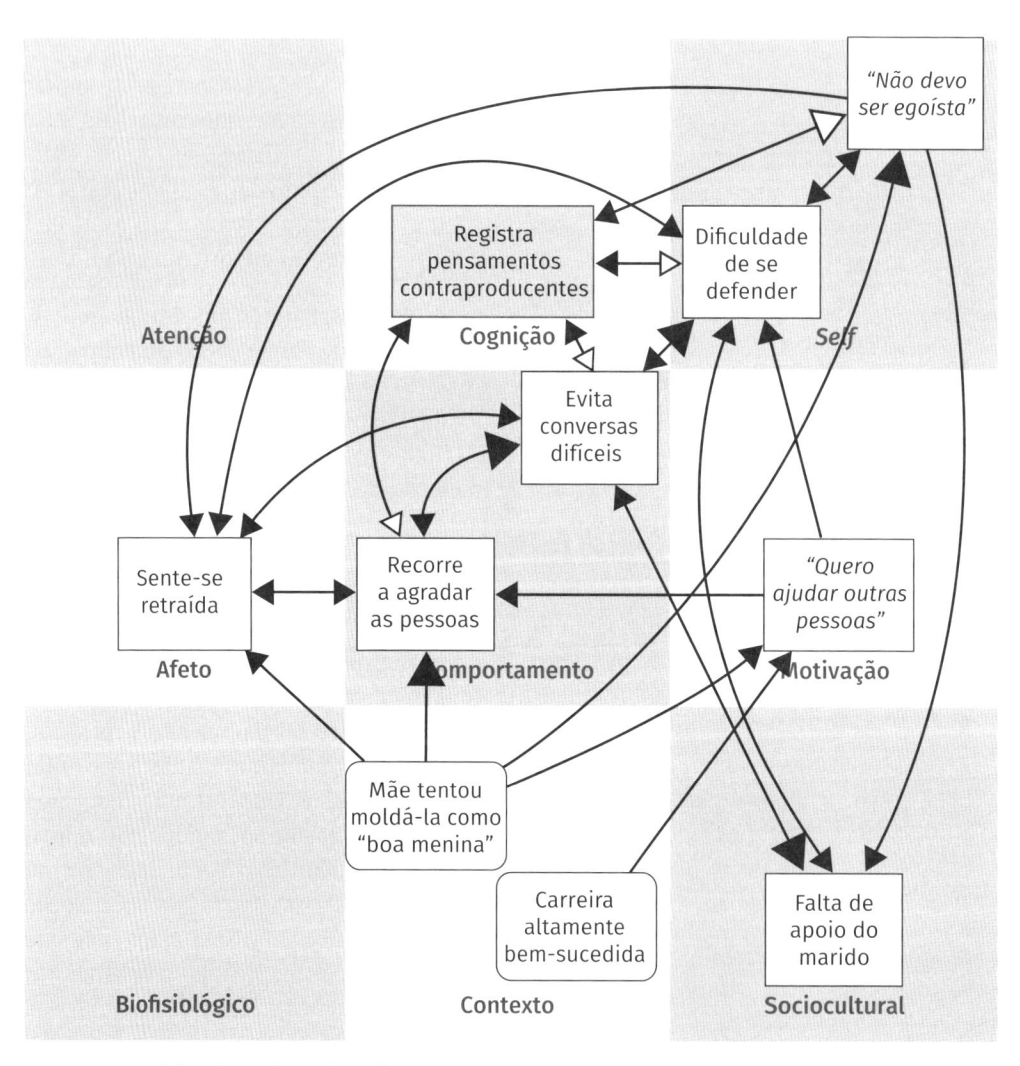

FIGURA 8.4 Efeito do registro de Julie de pensamentos contraproducentes.

SELECIONANDO MEDIADORES

Há incontáveis abordagens diferentes que você pode adotar para ajudar um cliente que resiste à mudança. Para facilitar as coisas, no entanto, compilamos uma lista parcial de processos de mudança que são especialmente úteis quando um cliente está emperrado em uma dimensão específica (cognição, afeto, atenção, *self*, motivação e comportamento) ou nível (biofisiológico ou sociocultural) do EEMM. A lista dos processos de mudança está baseada em uma metanálise massiva da literatura científica mundial sobre mediadores de mudança na saúde mental e comportamental (Hayes, Hofmann, Ciarrochi, et al., 2020).

Mediadores são caminhos funcionalmente importantes para os resultados que foram movimentados pela intervenção e que demonstraram relação com os resultados quando controlados para o tratamento. Em resumo, são processos de mudança com utilidade comprovada no tratamento. Em tom de brincadeira, nomeamos esta grande metanálise dos mediadores como Projeto Death Star porque, assim como o planeta artificial no filme *Star Wars*, o projeto era gigantesco, levou uma eternidade para ser construído e, achamos, pode perturbar as atividades em curso.

Incluímos todos os estudos psicoterápicos de boa-fé de intervenção/experimentais, além de orientações psicoterápicas e importantes resultados terapêuticos que identificaram mediadores significativos em ensaios randomizados de métodos psicológicos quando comparados ao tratamento usual ou sem tratamento. Usando critérios de pesquisa muito abrangentes, identificamos aproximadamente 55 mil estudos mediacionais potenciais. Múltiplos avaliadores conduziram rastreios abstratos, resultando em quase 110 mil avaliações independentes a partir das quais identificaram aproximadamente 1.500 artigos que potencialmente satisfazem os critérios para mediação.

Depois que passamos um longo tempo lendo e categorizando os estudos, a tabela a seguir veio à luz (Tab. 8.1). Você pode ver qual processo de mudança mais frequentemente se mostrou efetivo, organizado por dimensão e nível do EEMM. Note que o Projeto Death Star ainda não foi concluído e, portanto, a tabela não está finalizada. Tampouco a tabela é exaustiva, pois há muitos outros processos de mudança efetivos que são apresentados aqui. Nós meramente descrevemos os três mediadores mais efetivos por dimensão e nível conforme são atualmente indicados por nossos dados (deixando de fora mediadores que simplesmente mencionaram o título da fileira — como os estudos que mostram que "afeto" foi um mediador). A propósito, todos eles estão listados nas palavras dos autores de cada estudo, assim não impusemos nossas ideias teóricas nesta lista.

Você pode usar esta tabela como guia de referência para ajudá-lo a determinar como intervir quando um cliente estiver emperrado em um domínio particular. Se você deseja escolher um foco que não esteja representado nesta tabela, sinta-se à vontade para fazer isso. Como mencionamos anteriormente, esta tabela ainda não está finalizada, nem é exaustiva. Você pode ver esta tabela como um guia útil que contém sugestões, em vez de como um livro rígido de regras estritas.

Quando examinamos o modelo de rede de Julie, fica evidente que sua dificuldade se encontra sobretudo no domínio do comportamento, em que tem dificuldades para se defender, evita conversas difíceis e muitas

TABELA 8.1 Lista dos principais mediadores

Nível	Dimensão		
Dimensão	Cognição	1.	Crenças
		2.	Desfusão cognitiva
		3.	Reavaliação cognitiva
	Afeto	1.	Aceitação
		2.	Sensibilidade à ansiedade
		3.	Autocompaixão
	Atenção	1.	*Mindfulness*
		2.	Ruminação e preocupação
		3.	Agir com consciência
	Self	1.	Autoeficácia
		2.	Autorregulação
		3.	Religiosidade/espiritualidade
	Motivação	1.	Valores
		2.	Intenções
		3.	Objetivos
	Comportamento	1.	Habilidades de enfrentamento
		2.	Ativação comportamental
		3.	Evitação
Nível	Biofisiológico	1.	Neuropsicológico
		2.	Consumo alimentar
		3.	Exercício
	Sociocultural	1.	Parentalidade
		2.	Apoio social
		3.	Aliança terapêutica

vezes se engaja em agradar as pessoas. Na Tabela 8.1, podemos ver que habilidades de enfrentamento, evitação e ativação comportamental são os três principais mediadores comportamentais de mudança mais frequentemente encontrados.

No caso de Julie, a evitação explícita parece desempenhar um papel particularmente forte, já que ela tem dificuldades para se engajar em contextos sociais que podem ameaçar seu senso de identidade como uma boa menina. Prosseguindo, seria aconselhável que o terapeuta monitore em que medida Julie se engaja em comportamento evitativo, que é exatamente o que acontece na sessão de terapia posterior.

Terapeuta: Estive olhando os dados no seu registro de pensamentos e ele mostra uma relação poderosa.

Julie: O que você encontrou?

Terapeuta: Se você está com alguém e teve um pensamento "Eu sou egoísta" ou uma de suas variantes, você tem muito mais probabilidade de não falar sobre qualquer coisa de importância. Você tem cinco vezes mais probabilidade de não falar sobre coisas *negativas* que são importantes, do que poderia esperar com base no que me contou. Mas veja só. No entanto, quando você tem o pensamento "Eu sou egoísta", você tem duas vezes mais probabilidade de não falar sobre coisas *positivas* quando comparado com quando não teve esse pensamento. É como se esse pensamento fosse um daqueles interruptores com regulação da luz que mantém as conversas íntimas à distância, sejam elas boas *ou* ruins.

Julie: Eu sabia disso sobre as ruins, mas estou chocada sobre as boas. Tenho que pensar sobre isso. O que seria isso? O que eu vou fazer?

Terapeuta: Não tenho certeza, mas como as conversas "boas" são mais surpreendentes, vamos começar por ali. Acho que precisamos de mais informações. Acho que precisamos estar mais conscientes de quando isso está acontecendo e com que frequência.

Julie: Eu topo.

Terapeuta: Você consegue pensar em uma conversa que gostaria de ter com seu marido que seja "positiva", mas que você evitaria e poderia de alguma forma estar vinculada ao pensamento "Eu sou egoísta"?

Julie: (*Faz uma pausa*) Isto é esquisito, mas consigo ver como poderia acontecer. Ele me ajuda muito, brincando com as crianças quando eu chego em casa e estou exausta. Isso é tão doce e eu noto, mas na verdade nunca falei a respeito. (*Chorosa*) Isso realmente traz lágrimas aos meus olhos. Ele é um bom homem. Sei que você provavelmente o julgou porque ele não quer que eu vá ao congresso..., mas não quero que ele pense que eu sou egoísta por querer ir. Ele nunca disse isso. Até diz o oposto (como quando ele diz que eu sempre quero agradar as pessoas). Mas se noto que ele está fazendo um bom trabalho com as crianças, sinto-me culpada e então já vêm aqueles pensamentos de novo: *Eu sou egoísta*. Realmente preciso me defender, eu sei, mas acho que às vezes simplesmente tenho dificuldade até de *ser* eu mesma — até quando há coisas boas a serem ditas.

Terapeuta: Posso lhe fazer uma pergunta? Você poderia procurar ter pelo menos duas conversas positivas com seu marido na próxima semana? Tente escolher especialmente tópicos que tenham esta ligação inesperada com "Eu sou egoísta" na sua mente. Por exemplo, você poderia deliberadamente lhe agradecer por cuidar bem das crianças. Dê o máximo de si para ter a conversa enquanto se mantém o mais aberta possível — algo como ser um "detetive mental". Então imediatamente a seguir simplesmente faça anotações sobre isso por uns dez minutos. Apenas escreva sobre o que apareceu. Depois discutiremos isso na próxima sessão.

Julie: Ok. Vou fazer.

Este é um tipo de intervenção de exposição comportamental. Neste ponto, o alvo permanece sendo a dificuldade de Julie de se defender, mas pode ser uma mudança para como ser mais genuína — como ser uma versão mais verdadeira de Julie. Fazendo anotações sobre um exercício de exposição comportamental que enfraqueça sua evitação, Julie e o terapeuta terão uma chance de conhecer melhor as funções da sua evitação, direcionando os holofotes para seus hábitos automáticos e possibilitando que ela escolha ativamente com quem e como ela quer estar em seu relacionamento. Observe que pela primeira vez ela realmente não está certa de por que seu marido não quer que ela vá ao congresso — essa conversa ainda não aconteceu. Se as conversas positivas correrem bem, ter uma conversa mais difícil como essa estará no horizonte. Se acrescentarmos "Registro sobre conversas positivas com o marido" como um nó (e suas relações) no modelo de rede de Julie, colocando-o na dimensão do comportamento na matriz, ele se parecerá com o que vemos na Figura 8.5.

Julie concordou em registrar o impacto da exposição a duas conversas positivas e íntimas com seu marido em uma área anteriormente evitada que evoca pensamentos de egoísmo. Note que nenhuma das intervenções aborda diretamente seus sentimentos de retraimento. Embora sejam desagradáveis e estimulem ainda mais processos mal-adaptativos, estes sentimentos são apenas de preocupação secundária. Ao focar no comportamento, nos pensamentos e na autopercepção de Julie, sua tendência a se sentir tímida quando está perto de outras pessoas provavelmente também irá se ajustar como consequência — lenta, mas consistentemente. Agora já introduzimos um elemento adicional ao modelo de rede de Julie que é apoiado pelos nós existentes, ao mesmo tempo enfraquecendo estruturas mal-adaptativas existentes. Em uma sessão de terapia posterior, Julie relatará o que ocorreu e, com base em seu *feedback*, o terapeuta e ela podem então decidir levar a intervenção até o próximo nível (possivelmente ampliando o exercício de exposição comportamental) ou mudar de direção e tentar alguma coisa inteiramente diferente. Afinal, esta foi apenas uma abordagem, e há muitos caminhos diferentes disponíveis.

Por fim, o trabalho baseado em processos é sempre organizado em torno dos objetivos do cliente. Embora possamos ter nossas próprias opiniões sobre o que é

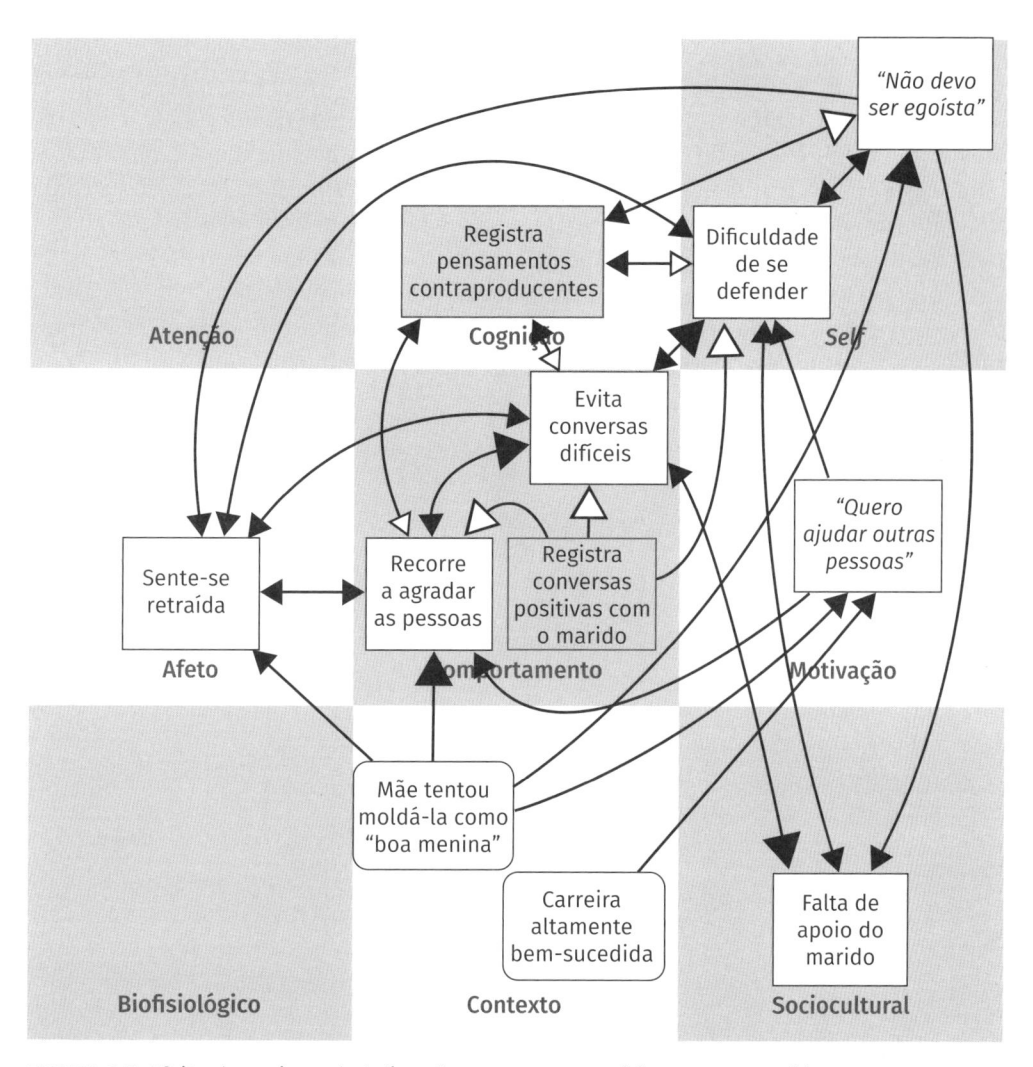

FIGURA 8.5 Efeito do registro de Julie sobre conversas positivas com o marido.

melhor para o cliente, em última análise, o cliente é quem decide o que é importante e que resultados ele espera atingir. Muitas vezes, o objetivo inicial do cliente é se livrar inteiramente da dificuldade — seja ela depressão, ansiedade, adição ou alguma outra coisa. Quando os processos de mudança são o foco, é muito comum que o terapeuta e o cliente criem uma nova visão para o cliente. Ainda não podemos ter certeza, mas Julie pode estar no caminho certo para trabalhar problemas de intimidade, de construção das relações ou de comunicação. Suavizar o impacto de pensamentos historicamente produzidos sobre ser egoísta pode, em última análise, ser mais importante para seu sentimento de autenticidade do que um simples problema de agradar as pessoas.

Não queremos que o cliente retorne à terapia indefinidamente; ao contrário, queremos que ele se torne autossuficiente. Para ajudarmos o cliente a chegar a este ponto, temos que ajudá-lo a moldar sua rede não só de uma forma adaptativa mas também autossustentável. Isso significa moldar a rede do cliente de forma que os fatores estabelecidos alimentem processos adaptativos, enquanto os processos mal--adaptativos pereçam por falta de apoio. Essa tarefa pode ser mais ou menos complexa — dependendo da complexidade da situação do cliente, das suas dificuldades e de seus objetivos. Você pode algumas vezes reverter processos mal-adaptativos no modelo de rede de um cliente para processos adaptativos na mesma dimensão e nível, mas você precisa estar alerta a como as mudanças em uma área da rede podem afetar mudanças em diferentes partes da rede. Ao aumentar o foco nos processos, você pode identificar os mais relevantes para produzir mudança efetiva.

Passo de ação 8.1   Processos adaptativos

Vamos retornar ao problema que você identificou na sua própria vida. Baseado especialmente em suas respostas no Passo de ação 7.1 (o EEMM mal-adaptativo completo), considere os processos na Tabela 8.1, a lista dos principais mediadores, e insira na tabela a seguir formas adaptativas dos processos que você acha que precisa fortalecer. Anote brevemente pelo menos um motivo.

	Processos adaptativos que preciso fortalecer (e por quê)
Afeto	
Cognição	
Atenção	
Self	
Motivação	
Comportamento explícito	
Biofisiológico	
Sociocultural	

Exemplo

	Processos adaptativos que preciso fortalecer (e por quê)
Afeto	Aceitação. Ao entrar em situações sem recorrer a fugir, posso aprender a funcionar efetivamente dentro delas.
Cognição	Crenças. Ao estabelecer novas crenças de que não tem problema me embaraçar e não ser querido, vou me esforçar menos para evitar ambos.
Atenção	*Mindfulness*. Ao praticar consciência no momento presente, posso aprender a mudar meu foco flexivelmente do que acontece interna para o que acontece externamente.
Self	Autoeficácia. Definindo e atingindo objetivos, posso recuperar a confiança em minhas próprias habilidades.
Motivação	Valores. Conhecendo o que verdadeiramente importa para mim, posso focar mais em dar os passos nesta direção, em vez de ser dominado pelo medo.
Comportamento explícito	Evitação. Ao me expor mais a situações estressantes, posso aprender a funcionar melhor com elas.
Biofisiológico	–
Sociocultural	Apoio social. Ao revelar minhas dificuldades a pessoas confiáveis, posso aprender a deixar de lado meu sentimento de vergonha em relação ao meu medo.

9

Interferindo no sistema

Promover mudanças significativas pode ser difícil. O tipo de problemas para os quais as pessoas precisam de ajuda para mudar quase sempre já estavam presentes há algum tempo e são apoiados por relações entre uma rede de eventos. Os clientes geralmente têm vários problemas e vários recursos para um determinado problema. Até aqui, vimos alguns problemas que são singulares e unidimensionais — e isso provavelmente também se aplica a você, quando deu os passos de ação pessoalmente focados. Muitas vezes, outros objetivos positivos também estão por trás das apresentações de problemas, e a sua esperança pode ser que algum dia igualmente haja progresso ali.

É exatamente por isso que usar a abordagem de rede para pensar sobre o sistema que envolveu seu cliente pode ser tão útil. Nesse contexto, você precisará pensar em como e por onde começar. Como um jogador de xadrez planejando movimentos, entender as relações que existem entre as muitas características do caso permite que você escolha alvos de mudança de modo que ajude a maximizar a probabilidade de sucesso.

CONSIDERANDO ALTERNATIVAS

Raramente existe apenas um caminho possível a ser seguido em determinado caso. Várias opções encontram-se disponíveis — cada uma com seus próprios benefícios e desvantagens. O acordo sobre o plano de tratamento deve envolver a escolha do cliente e o consentimento informado, mas, como clínico, você precisa pensar estrategicamente e direcionar sua atenção para alternativas que têm mais chances de serem bem-sucedidas.

Ao considerar os diferentes caminhos, tenha em mente os seguintes critérios: acesso, centralidade, competência, risco, probabilidade de mudança e posicionamento estratégico. Dependendo de como os vários caminhos se classificam nesses critérios, alguns deles serão preferíveis em vez de outros. Vamos explorar esses critérios.

Acesso refere-se à capacidade de trabalhar em determinado alvo, conforme limitado por papel, situação e disposição do cliente. Seu papel profissional pode não permitir que você abra a porta para certas questões. Em alguns sistemas de atenção, alguns problemas de saúde mental não podem ser abordados por conselheiros de drogas e álcool, mas requerem conselheiros com uma *expertise* diferente. Um psicólogo que trabalha em uma clínica para dor crônica pode não ser capaz de focar em regimes de exercícios ou abordar o gerenciamento de medicamentos porque outros membros da equipe têm essa responsabilidade. Ou você pode trabalhar em um contexto que só permita um número limitado de sessões, tornando impossível se aprofundar em áreas complexas. Além disso, o cliente pode limitar o acesso. Você pode achar que trabalhar, digamos, na história de trauma de um cliente poderia ser importante, mas o cliente pode dizer que não está pronto para enfrentar esse problema.

Centralidade refere-se ao número e à força das relações mantidas entre o problema, o processo de mudança e as partes da vida do cliente associadas aos principais resultados. Falando apenas em termos de propriedades da rede, o número de bordas ou flechas entrando e saindo de um nó na rede é um tipo de definição operacional da centralidade — no nível dos processos de mudança, o número de bordas e sub-redes e a sua ligação com os resultados definem os processos mais centrais.

Competência refere-se ao seu treinamento e à sua capacidade de fornecer métodos de intervenção que provavelmente alterarão os processos de mudança. Você pode ser excelente em alterar processos cognitivos e fraco nos passos necessários para alterar os afetivos. Você pode ser excelente no trabalho com valores, mas fraco no trabalho com desfusão. É importante fortalecer as áreas de fragilidade, é claro, mas também é importante usar seus pontos fortes para promover os melhores resultados atualmente possíveis, ou para encaminhar os clientes para outro local se eles não puderem receber de você os cuidados necessários. Como você verá no próximo capítulo, nossa própria definição de "núcleos de tratamento" inclui competências conhecidas para que os profissionais possam avaliar quais abordagens são mais propensas a ter sucesso na movimentação de processos relevantes em uma determinada situação clínica.

Risco refere-se à gama de resultados possíveis e à chance relativa de produzir efeitos iatrogênicos. Processos com menor risco são preferidos como pontos de intervenção em relação àqueles com maior potencial de risco segundo o objetivo hipocrático de pelo menos não causar danos.

Probabilidade de mudança é o inverso do risco: a probabilidade de ver melhora substancial entre a gama de resultados. Alguns processos são mais difíceis de mudar do que outros, e podem existir moderadores que permitam que essas estimativas sejam ajustadas de forma baseada em evidências pelas características do cliente e pela sua situação. Em geral, é melhor escolher alvos, especialmente no começo, que criem um impulso positivo.

Uma série de fatores está relacionada com a probabilidade de mudança. Processos que foram solidificados por período maior de tempo serão mais propensos a resistir a intervenções terapêuticas. Por exemplo, uma pessoa que fez do tabagismo uma parte integrante da sua vida nos últimos 30 anos terá mais dificuldade em parar do que alguém que fuma há apenas algumas semanas. Além disso, um cliente que se beneficia de alguma forma com seus problemas pode ter mais dificuldade em dar os passos na direção da mudança. Por exemplo, uma pessoa que está com uma deficiência como resultado de problemas particulares e, portanto, está recebendo compensações financeiras, pode ter mais dificuldade em mudar nessas áreas específicas, pois tomar medidas para melhorar pode significar perder algum ou todo esse apoio. O mesmo pode valer para o suporte social, questões culturais, preconceito, estigma e toda uma série de questões semelhantes que poderiam dificultar a mudança.

Posicionamento estratégico é talvez a característica mais frequentemente esquecida, mas, em alguns aspectos, é a característica mais importante de uma abordagem baseada em processos. Posicionamento estratégico refere-se à probabilidade de que próximos passos poderosos se revelem se a mudança esperada ocorrer no processo focado e na área-alvo. É raro que um cliente experimente uma única mudança e então tudo esteja "acabado". Mesmo que a terapia termine, é importante que a pessoa agora seja situada para dar os próximos passos positivos e necessários.

Se o seu cliente participou da criação de sua própria rede, o que, muitas vezes, é uma boa ideia, frequentemente é possível discutir com ele os diferentes caminhos a seguir e pesar esses critérios de forma aberta. Quando você e o cliente estão de acordo sobre qual processo abordar, você pode avançar para a próxima fase. Isso incluirá uma discussão dos riscos e dos benefícios de determinados núcleos de tratamento — o tema do próximo capítulo.

Antes de recorrermos a um caso para explorar essas questões de forma mais concreta, vale a pena reservar um momento para alertar contra um erro clínico comum. É perigoso e desumano entrar nessa fase de tratamento com uma opção prontamente disponível de explicar a falha com base na "resistência do cliente", "personalidade do cliente" ou outros julgamentos que são concebidos para diminuir a dor que sentimos como clínicos de ainda não sabermos como ajudar a todos. É empiricamente verdade que é mais difícil alcançar o sucesso com alguns clientes do que com outros. Por exemplo, clientes com problemas crônicos e múltiplos de maior gravidade são, de fato, menos propensos a ser bem-sucedidos do que aqueles cuja situação de vida é menos crônica ou complexa. Podemos como campo ainda não saber exatamente como abordar esse fato, mesmo reconhecendo que é nosso trabalho aprender como fazê-lo. Você provavelmente está lendo este livro porque você leva esse trabalho a sério, e nesse estado de espírito você está melhor preparado para contribuir para soluções futuras. Esta é uma forma perigosa e autorreconfortante para o clínico explicar o fato de que o sucesso pode nos iludir fazendo julgamentos clínicos e atribuindo-os ao cliente.

Essa abordagem não é útil porque simplifica excessivamente uma questão complexa e não promove estratégias adicionais viáveis para ajudar o progresso do cliente. Também não é responsável porque desvia a atenção da sua própria capacidade de resposta. Em vez disso, seria mais aconselhável dar uma olhada mais de perto na rede do cliente e investigar os eventos e processos que levaram o cliente a voltar aos seus velhos costumes. Também seria aconselhável mudar as coisas que você pode, como sua própria competência terapêutica, sua capacidade de fazer uma análise funcional adequada baseada em processos ou sua capacidade de obter a adesão do cliente e motivar a mudança. A culpa não reside no cliente como uma espécie de falha moral, mas na força e na complexidade da rede de relações que o envolveu. Compreender e abordar, esse é o nosso trabalho, e se não temos o conhecimento ou a habilidade necessários, precisamos carregar a dor desse estado das coisas e, como comunidade, trabalhar para resolvê-lo.

SONDANDO O SISTEMA

Nas páginas a seguir, demonstraremos como essas características clínicas do "pensamento de rede" podem parecer na geração de uma estratégia de intervenção, retornando a um cliente que conhecemos no Capítulo 6. Como você deve lembrar, Michael é um empresário de sucesso que luta com a neblina matinal. Inicialmente, ele estava preocupado unicamente que isso pudesse afetar seu desempenho no trabalho, mas após uma investigação mais aprofundada, uma série de outros problemas vieram à tona. Michael não se exercita e tem hábitos alimentares não saudáveis, o que contribui para que esteja acima do peso. Além disso, ele tem problemas do sono e hipertensão. Michael tem história de abuso de álcool e, embora esteja em recuperação há mais de cinco anos, ainda pode notar as sequelas. Ele cresceu em uma família relativamente pobre, com a qual adquiriu certos valores que ainda mantém muito rigidamente até hoje. Embora esses valores tenham possibilitado que ele construísse um negócio de sucesso, eles agora parecem se colocar no caminho para que ele consiga cuidar melhor da sua saúde. Na Figura 9.1, você pode ver o modelo de rede de Michael.

O caso de Michael é bastante complexo, e você pode perceber que para ele pode ser difícil mudar porque as características e os processos são fortalecidos por uma gama de outras características e processos. Afetar a mudança em algum nó nessa rede pode ser difícil porque quase todos os processos relevantes são reforçados por muitos lados. Além disso, Michael parece ser firme em sua maneira de fazer as coisas — afinal, antes de mais nada, isso o levou a se tornar financeiramente bem-sucedido. Central para sua situação clínica é a ideia de que "você não deve agir como se fosse melhor do que os outros". Na conversa com Michael, ficou evidente que ele se mantém firmemente apegado a essas crenças, as quais possibilitaram que construísse um negócio de sucesso, mas que também agora atrapalham seu caminho para aceitar ajuda externa.

Se o terapeuta decidir focar em autocuidado e exercício, esses problemas cognitivos se tornarão centrais. Mas, considerando-se as firmes visões de Michael, criar mais flexibilidade cognitiva nesta área — seja desafiando diretamente o sistema cognitivo ou fazendo isso indiretamente (p. ex., pelo trabalho de desfusão) — pode ser difícil porque essas ideias compensaram muito em seu negócio. No entanto, autocuidado e exercício poderiam ser um bom foco se este problema pudesse ser abordado, pois o exercício está relacionado não só à sua obesidade, mas também à sua neblina matinal e, a partir disso, sua preocupação relacionada ao trabalho.

Um caminho alternativo poderia ser tentar diminuir diretamente a preocupação relacionada ao trabalho na esperança

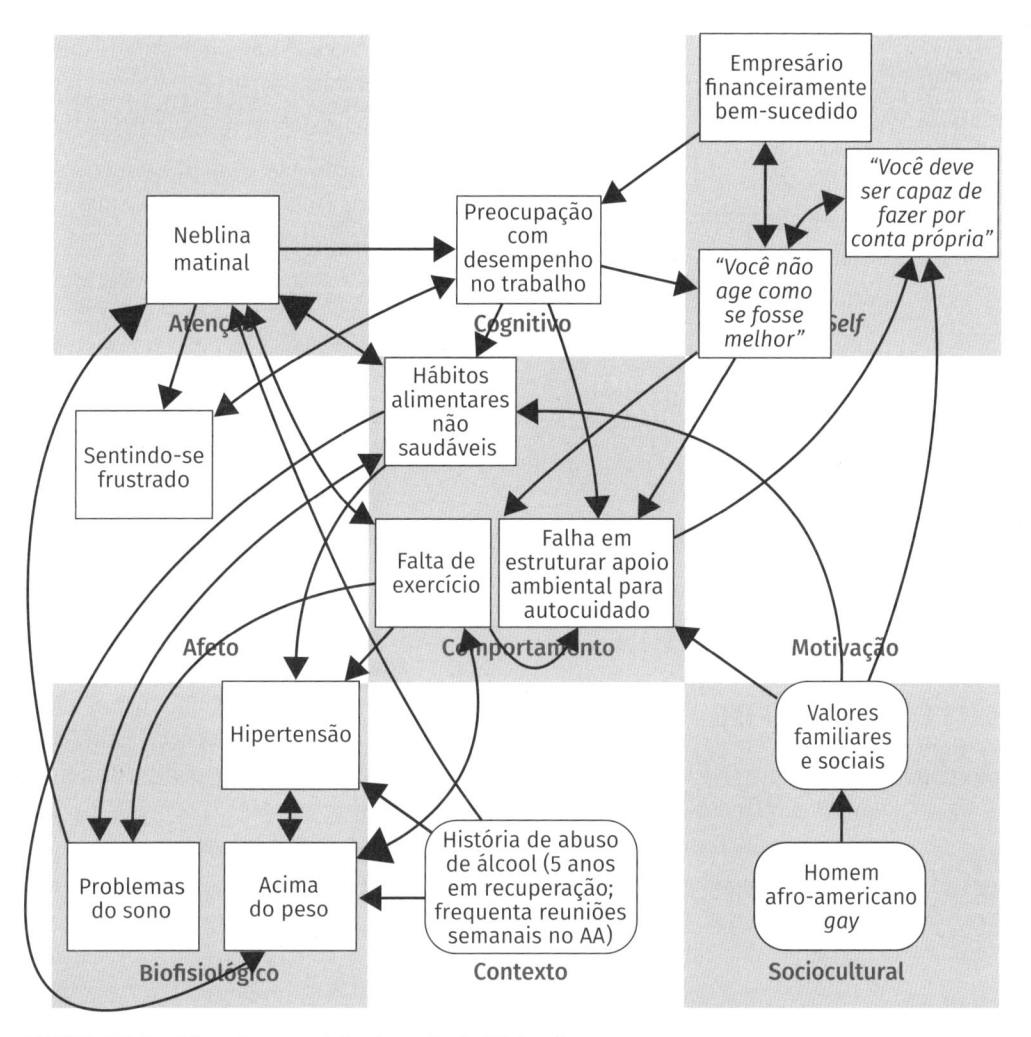

FIGURA 9.1 Revisitando o modelo de rede de Michael.

de que isso diminua os hábitos alimentares não saudáveis. Entretanto, esses hábitos também são, em parte, culturais, e o clínico pode achar que há ainda menos acesso ali, já que Michael pode estar menos disposto a dar atenção a essa questão de preferência alimentar com influência cultural do que daria ao exercício. Esse pode ser especialmente o caso se o terapeuta for branco. Além do mais, o exercício está ainda mais relacionado à sua obesidade e igualmente relacionado aos seus problemas do sono.

Em contrapartida, modificar sua preocupação relacionada ao trabalho para mudar seus hábitos alimentares não saudáveis não terá impacto em seu exercício.

Focar no sono diretamente é outra possibilidade, mas ele pode ser resistente à mudança se o exercício e a dieta permanecerem os mesmos. Além disso, pode ser que Michael queira abordar o sono primeiro com o uso de medicações para dormir, o que acarretaria mais riscos negativos do que o exercício.

Assim, é tarefa do terapeuta diminuir a influência das crenças de Michael sobre aspectos da sua saúde física, autocuidado e exercício. Ele poderá conseguir progredir mais trabalhando com especialistas em preparo físico e nutrição. Antes que isso possa acontecer, no entanto, Michael precisa estar disposto a aceitar ajuda externa quando o assunto for sua saúde. Ele aceitou a ajuda de um psicólogo (ou então não estaria em terapia) e, como proprietário de um negócio, está familiarizado com a delegação de tarefas a outras pessoa. Pensar em termos de processos que promoveriam maior flexibilidade cognitiva pode conduzir a um tipo diferente de conversa com Michael que crie uma intervenção na flexibilidade cognitiva "no momento".

AUTOCUIDADO DE MICHAEL

Terapeuta: Imagino que seja necessário um tempo considerável de planejamento cuidadoso e execução para administrar uma empresa como a sua.

Michael: Sim, seria razoável dizer isso.

Terapeuta: E presumo que você frequentemente tem que delegar tarefas aos seus empregados e confiar nas suas qualificações e *expertise* para realizarem tarefas que você não teria o tempo ou a habilidade necessária, não é?

Michael: Sim, com certeza. Onde você quer chegar com isso?

Terapeuta: Tenho a impressão de que quando se trata do seu negócio você parece ser muito qualificado e não hesita em aceitar ajuda dos outros. No entanto, quando se trata da sua própria saúde, você parece insistir mais em resolver as coisas sozinho.

Michael: Nunca pensei nisso desta maneira.

Terapeuta: Quem sabe se pudéssemos adotar a abordagem que você implementa no trabalho com tanto sucesso, e olhássemos para seus problemas de saúde através das mesmas lentes?

Michael: Você quer dizer encontrar alguém que me ajude?

Terapeuta: Por exemplo, sim. Em certos aspectos, isso é o que já estamos fazendo aqui na terapia, porque você vem a estas sessões de terapia para que eu possa ajudá-lo a entender melhor sua neblina matinal, certo? E se usássemos essa mesma abordagem para trabalhar em coisas como sua condição física ou seus hábitos alimentares?

Michael: Entendo o que você quer dizer. Mas para ser honesto, ainda me parece desnecessário e um pouco pomposo para mim. Quero dizer, ter um "treinador"? Pretencioso.

Terapeuta: Entendo. Mas parece que você já vem enfrentando esses problemas sozinho há algum tempo, certo? Então se você continuar fazendo o que já fez antes, o que sua experiência lhe diz sobre como isso irá funcionar?

Michael: Bem, provavelmente vou ter os mesmos resultados (*risinho*).

Terapeuta: Também penso assim. Mas você sabe, aceitar ajuda externa não requer necessariamente um treinador físico caro. Há uma academia aberta 24 horas por dia,

7 dias por semana muito perto de você e não é cara. Eles têm aulas o tempo todo que são gratuitas para seus membros. Ou você poderia até se juntar a um grupo de treino ou começar a se exercitar com um amigo. Mas você não é uma ilha — não há razão para não trazer sua "mentalidade empresarial" para este desafio.

Michael: Engraçado, eu já notei essa academia e cheguei a pensar em me matricular muitas vezes. Até tenho amigos que vão lá! Mas, então, quase que instantaneamente, eu penso: *"Simplesmente faça você mesmo"*, e a cadeia de pensamento termina. Mas você tem razão sobre isso: eu não faço o mesmo na minha empresa. Se realmente preciso de ajuda, eu busco a ajuda que preciso. Eu teria falhado dez vezes mais se não tivesse feito isso.

Terapeuta: Você não tem que se comprometer com nada ainda se não se sente pronto, mas eu gostaria de pedir que você realmente pensasse sobre os passos que começaria a dar se abordasse sua saúde como faz com um problema na empresa. O que você faria de forma diferente?

Neste segmento de conversa, o terapeuta levantou a ideia de que Michael poderia abordar seus problemas de saúde como um problema empresarial. Esta é uma intervenção de *reestruturação cognitiva*, cujos detalhes foram criados no momento, encontrando um pensamento abrangente que apoiasse melhor novas formas de pensar sobre sua situação. Como Michael está acostumado a delegar tarefas a terceiros e busca ajuda quando se trata de problemas na sua empresa, ele pode se sentir mais inclinado a fazer o mesmo quando se trata da sua própria saúde caso sua situação seja estruturada dessa maneira.

Vendo como essa reestrutura imediatamente relaxa a abordagem de Michael, o terapeuta rapidamente marca e reitera essa "reestrutura" no fim da conversa e então passa uma pequena tarefa de casa para reafirmá-la: "pense bem sobre os passos que começaria a dar se abordasse sua saúde mais como faz com um problema na empresa".

Essa abordagem gira em torno da inflexibilidade cognitiva que se origina da aderência a crenças de que "você deve ser capaz de fazer por conta própria" e "você não age como se fosse melhor". O terapeuta não desafiou essas crenças ou as diminuiu — em vez disso, relacionou o autocuidado com regras verbais bem estabelecidas que são familiares e bem-sucedidas. Se acrescentarmos o novo nó "Aborda problemas de saúde como problemas na empresa" (e suas relações) ao modelo de rede de Michael, ele se parecerá com a Figura 9.2.

Como você pode ver, essa ideia simples já pode diminuir o efeito das crenças rígidas de Michael, que de outra forma o fariam resistir às intervenções. Em contrapartida, essa nova abordagem é estimulada pela experiência de Michael como um empresário de sucesso, e de alguma forma até mesmo pelo seu padrão de "fazer as coisas por conta própria", já que antes de tudo ele se baseou nessa convicção para construir seu negócio. Note que essa intervenção isoladamente não muda nada em relação às principais inquietações de Michael — sua neblina matinal, problemas do sono e preocupação com seu desempenho no trabalho — mas ela define passos concretos que Michael pode dar para imple-

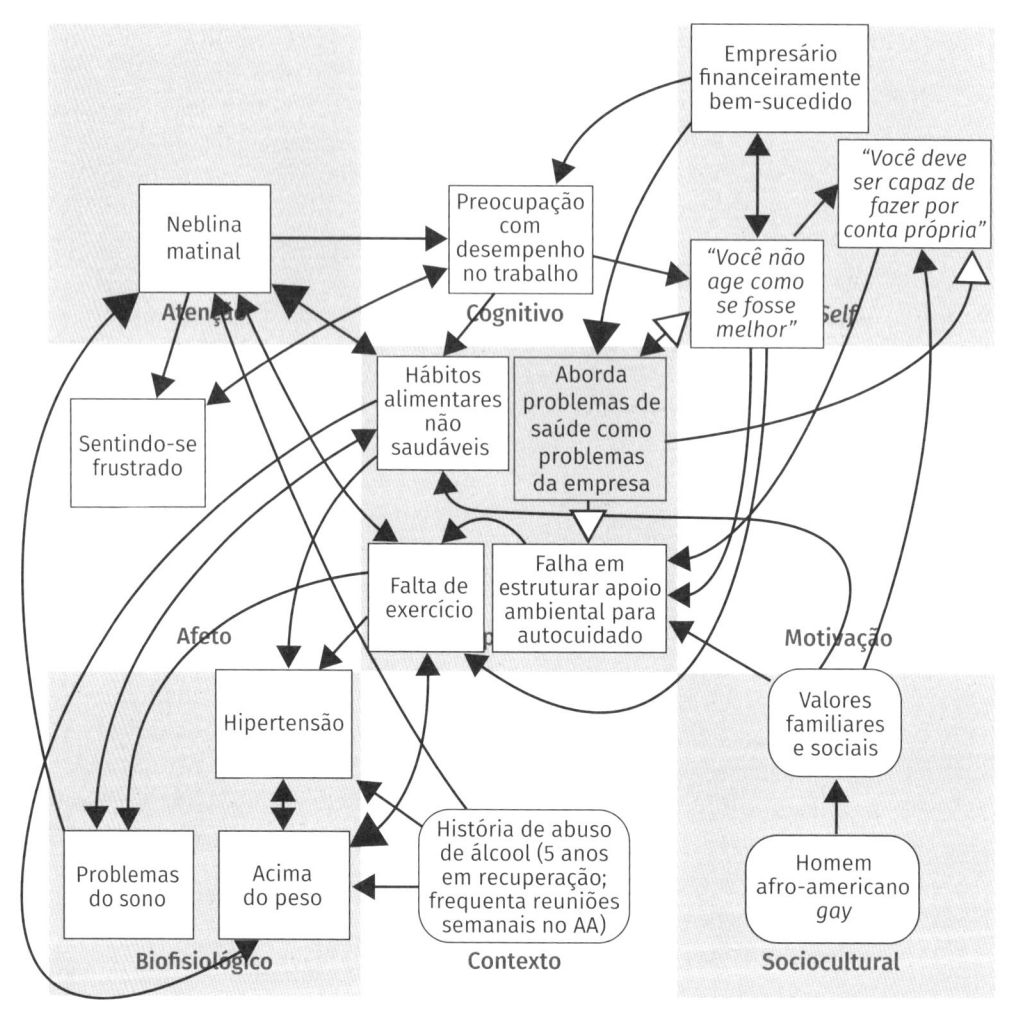

FIGURA 9.2 Reestruturando uma nova abordagem para Michael.

mentar a ideia de abordar seus problemas de saúde de forma similar a como ele abordaria problemas em seu negócio. Depois dessa intervenção, Michael se inscreve na academia e começa a fazer aulas. Ele gosta das aulas, mas logo descobre que trabalhará ainda mais duro como um *personal trainer* que trabalha lá. Alguns de seus amigos também usam esse profissional, e ele logo descobre que isso é responsável e motivador, não parece ser algo como "agir como se você fosse melhor do que os outros". Todas as suas medidas de saúde melhoram (excesso de peso, sono, neblina matinal, hipertensão), mas ele ainda tem um caminho a seguir. Tudo isso pode ser mostrado na próxima rede (Fig. 9.3). Se acrescentarmos o novo nó "Exercício com *personal trainer*" (e suas relações) ao modelo de rede de Michael, ele se parecerá com a Figura 9.3.

Há duas formas de prosseguir com Michael neste ponto. Ainda há a opção de trabalhar diretamente sua preocupação relacionada ao trabalho. Ela está diminuída porque a neblina matinal melhorou, porém

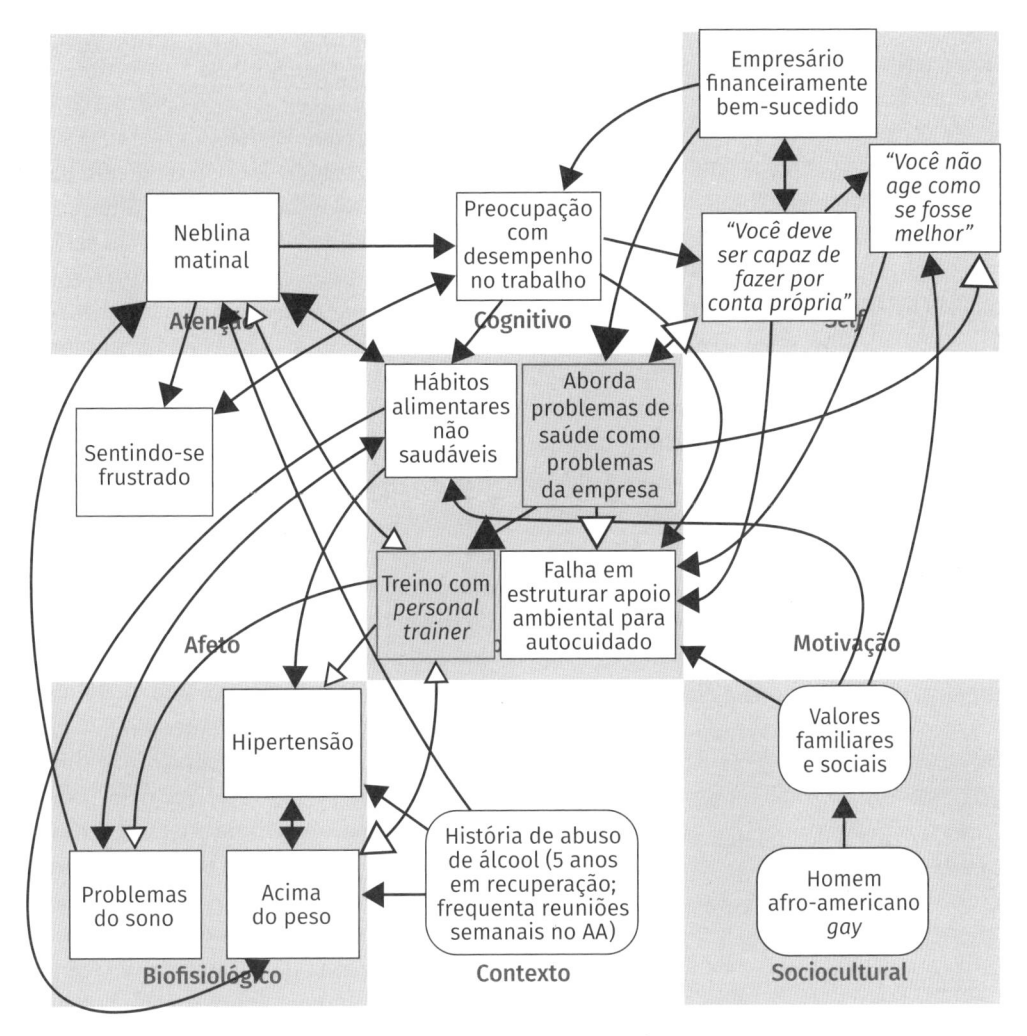

FIGURA 9.3 Efeito do treino de Michael com um *personal trainer*.

a principal razão para atuar ali é obter um impulso adicional em seus hábitos alimentares não saudáveis.

A principal alternativa a essa estratégia é trabalhar os hábitos alimentares diretamente. Isso será desafiador porque este é um padrão cultural familiar, mas Michael já obteve ganhos alterando outro padrão cultural, ou seja, as crenças de que "você deve ser capaz de fazer por conta própria" e "você não age como se fosse melhor do que os outros", reestruturando os passos necessários como uma extensão do seu tino nos negócios.

Na discussão com Michael, o terapeuta coloca esse desafio da "empresa da vida" à sua frente.

Terapeuta: Você fez muito progresso.

Michael: Fiz. Realmente fiz. Estou me sentindo melhor do que em muitos anos. Ainda preciso baixar mais minha pressão e o peso, e os problemas do sono e a neblina matinal ainda são um problema, eu acho, mas já fiz muito progresso.

Terapeuta: O que sua médica diz ser o problema principal agora?

Michael: Bem, ela diz que não vou chegar aonde preciso, a não ser que eu mude a forma como estou comendo. Gordura demais. Carne demais. Mas isso é o que eu conheço; é como eu cozinho; é como a minha família cozinhava. Isso é comida caseira no meu mundo. Quero dizer, até gosto de comida saudável. Gosto de saladas. Gosto de peixe. Gosto de vegetais. Só que não como. Nem mesmo sei como preparar a maioria deles.

Terapeuta: E então...

Michael: Nem me olhe desse jeito! (*sorrindo*) Eu sei o que você está pensando. Olhe, um treinador é uma coisa..., mas não vou contratar uma cozinheira! Quero dizer, eu poderia pagar, mas droga... esse não sou eu. Minha mãe iria revirar no túmulo.

Terapeuta: Ok. Eu admito. Estava pensando isso! Mas e daí? Traga sua mentalidade de "minha saúde é meu negócio" para isto.

Michael: Bem, não sei... Talvez isso. Vi uma propaganda na TV sobre uma dessas coisas que se tornaram populares durante a época da pandemia: "Traremos comida saudável até a sua porta". Essa é a tendência. Até na academia tinha uns panfletos. Na verdade, parecia bom.

Terapeuta: Você estaria disposto a experimentar?

Michael: Por que não? Quem não arrisca não petisca.

Ao sugerir que Michael aborde sua saúde como aborda seu negócio, o terapeuta pode revisar a rede conforme mostra a Figura 9.4. A assinatura do plano para refeições saudáveis mostra uma influência positiva sobre seus problemas com neblina matinal, hipertensão, sono e peso. Esta é uma intervenção efetiva para focar alguns problemas de saúde importantes.

SIMPLIFICANDO A REDE

Se Michael conseguisse ter um progresso continuado, os nós dos problemas na área da saúde começariam a cair da rede. Se todos eles atingirem um nível razoável, a rede se tornaria consideravelmente mais simples. Isto é mostrado na Figura 9.5

Michael ainda se preocupa com o trabalho, mas não em um nível que o veja como um problema. A neblina matinal ainda é um problema menor, um eco dos seus anos de abuso de álcool, mas ele consegue lidar com sucesso com os problemas de saúde ao colocar na mesa todo o seu conjunto de habilidades de gerenciamento de uma empresa e a academia. Em vez de serem uma barreira à sua saúde, seus valores familiares de independência, humildade e trabalho árduo estão agora apoiando seu autocuidado e saúde ao serem uma extensão da sua abordagem dos desafios como empresário de sucesso.

O principal processo de mudança neste caso foi maior flexibilidade cognitiva conforme estabelecida pela reestruturação dos desafios de saúde hierarquicamente dentro da sua abordagem mental de sucesso empresarial. Essa reestrutura evitou o conflito cognitivo direto que estava impe-

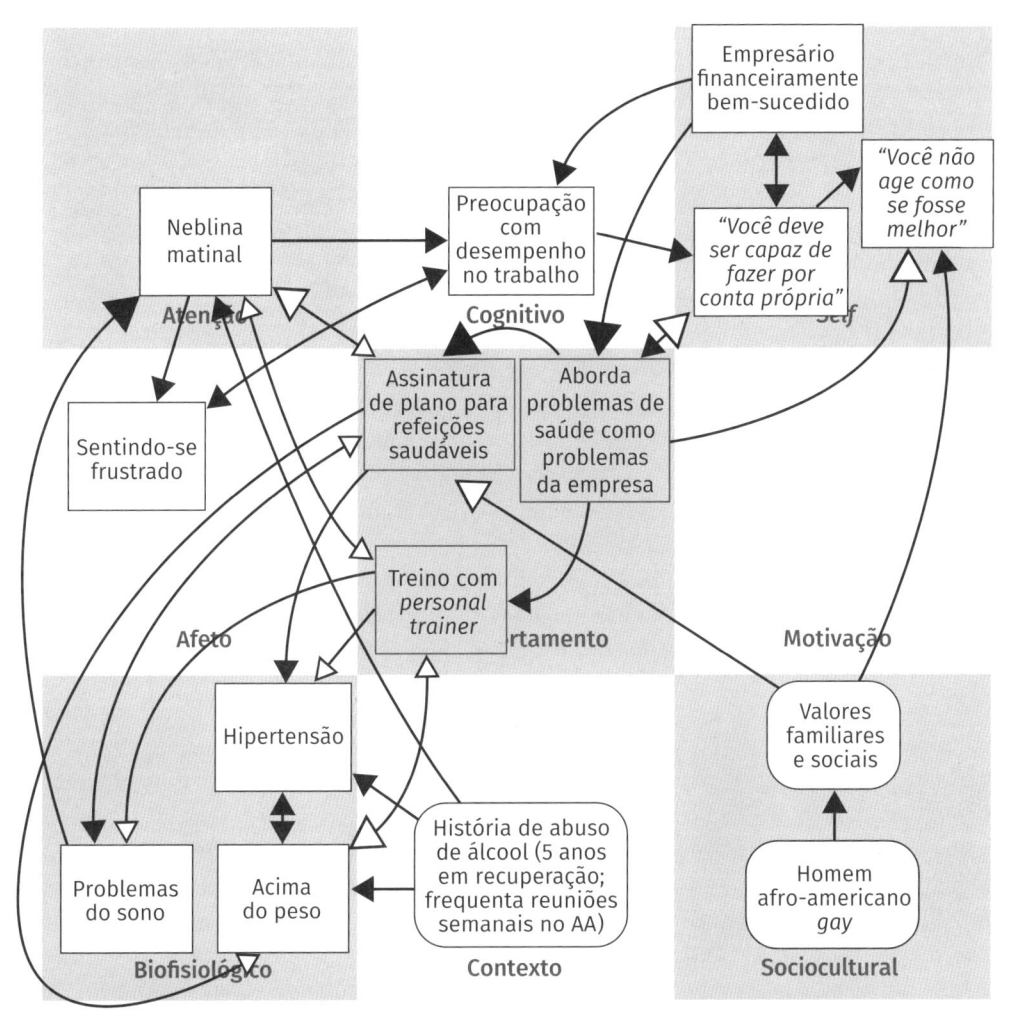

FIGURA 9.4 Efeito da assinatura de plano para refeições saudáveis para Michael.

dindo que ele se adaptasse a estes desafios de saúde de novas formas, e permitiu que sua competência na solução de problemas ficasse em primeiro plano. O alvo de entrada escolhido foi consciência da facilidade de acesso, centralidade, competência, risco, probabilidade de mudança e questões de posicionamento estratégico das várias alternativas para que a probabilidade de sucesso da interferência no sistema fosse maximizada.

PRESTANDO ATENÇÃO AOS PONTOS CRÍTICOS

Uma mudança na rede pode algumas vezes acontecer muito repentinamente. De fato, a mudança terapêutica raramente é um processo lento e contínuo. Muito mais comumente, o sistema mostra apenas muito pouca mudança inicial, apesar do esforço considerável por parte do cliente e do terapeuta. Isso acontece porque uma rede com-

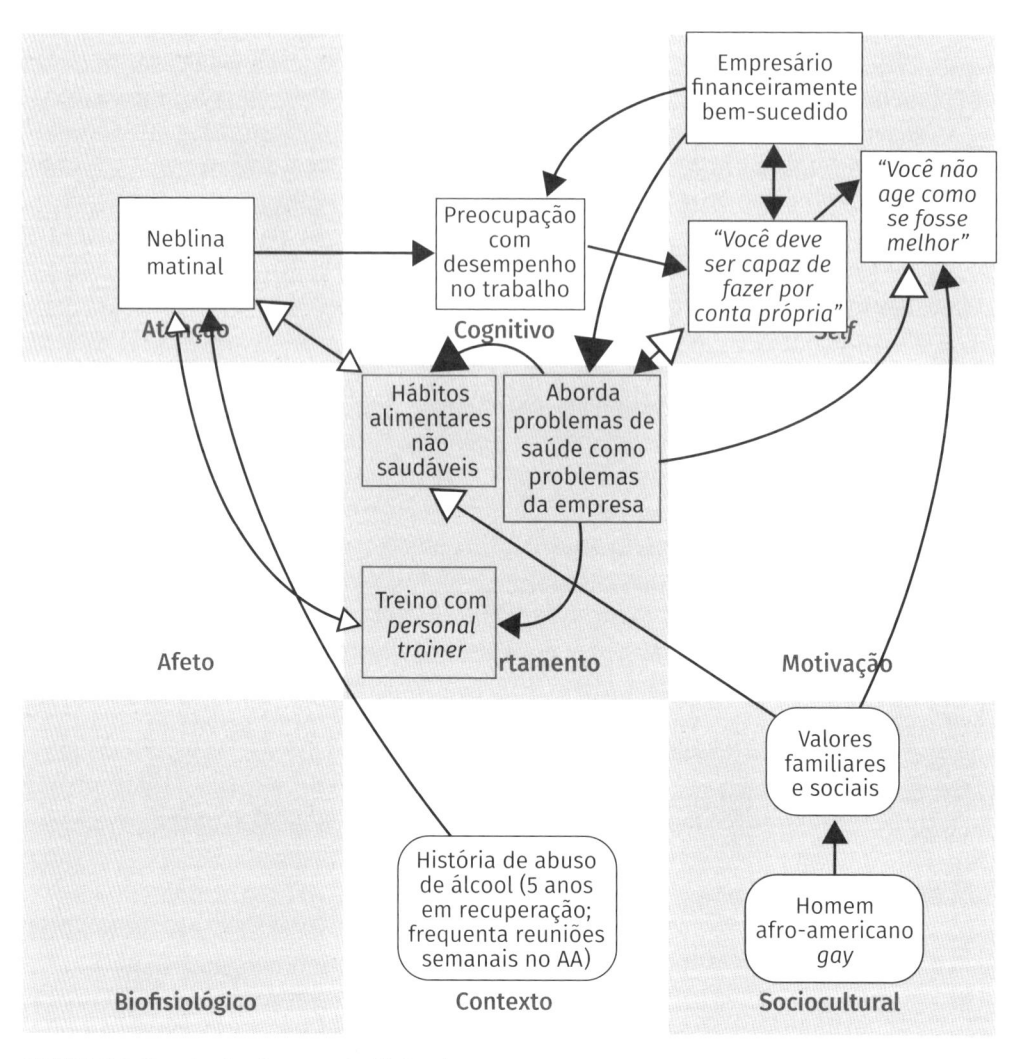

FIGURA 9.5 Resolução do caso de Michael.

plexa é muito resiliente à pressão externa. Quando a mudança finalmente acontece, ela acontece abruptamente depois que a rede atinge um ponto crítico. Essa mudança na estabilidade de uma rede pode ser representada por uma bola rolando de um vale (posição 1) passando sobre uma colina (posição 2) até outro vale (posição 3) (Fig. 9.6).

Uma rede é mais resiliente e estável se o vale for profundo (como na posição 1) porque requer mais esforço para mover a bola para fora do vale e sobre a colina. Mas depois que a bola atinge o ponto crítico (posição 2), pode ocorrer uma mudança repentina após uma pequena perturbação adicional. Em consequência, a rede passa por uma mudança drástica, levando a uma nova alternativa e estado estável (posição 3).

Dependendo de inúmeros fatores, esse novo estado pode ser mais ou menos resistente à mudança. O exemplo na Figura 9.6 mostra que a estrutura da rede é relativa-

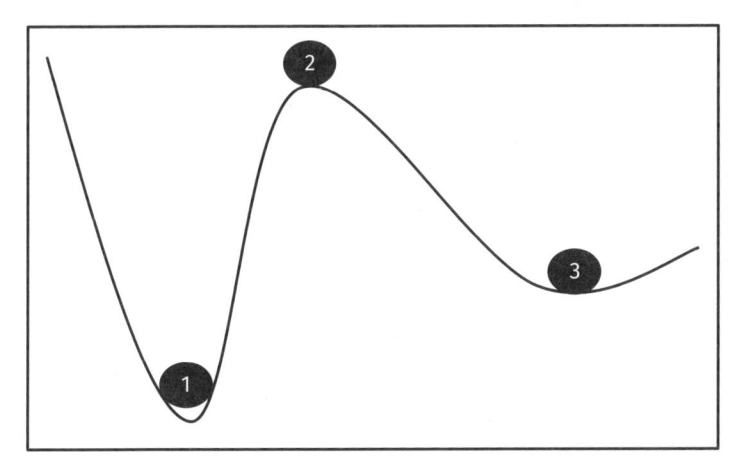

FIGURA 9.6 Ponto crítico de um sistema dinâmico.

mente menos resistente à mudança porque o vale é relativamente pouco profundo (posição 3), sendo exigido menos esforço para movimentar a bola para fora do vale. Obviamente isso seria uma boa notícia para Michael, pois é necessário menos esforço para restabelecer o estado adaptativo.

Em geral, redes que abrangem nós altamente interconectados podem atingir esse ponto crítico quando uma perturbação local causa um efeito dominó, em uma cascata na transição sistêmica depois que distúrbios externos atingem um limiar crítico. Em contrapartida, redes que não são altamente interconectadas (i. e., redes caracterizadas por elementos fraca ou incompletamente conectados) são mais propensas a mudar de maneira mais gradual em resposta a essas perturbações.

Uma condição comum para atingir um ponto de transição é um ciclo de *feedback* positivo que, depois de atingido um ponto crítico, impulsiona o sistema para mudança na direção de um estado alternativo. Duas características são importantes para a resposta geral desses sistemas: primeiro, a heterogeneidade dos nós e, segundo, sua conectividade. A razão para isso é que a conectividade e a homogeneidade da rede determinam a sua estabilidade.

Praticamente, todas as redes complexas têm em comum estas características genéricas que estamos discutindo. Essas características podem ser marcadores importantes da fragilidade que tipicamente precede mudanças abruptas que podem sinalizar uma transição crítica, levando a um ponto crucial. Isso pode ser de grande valor para a saúde mental porque modelos matemáticos dessas redes podem prever a remissão de um transtorno e podem proporcionar uma janela crítica para intervenção precoce para prevenir recaída ou mesmo o início de um problema.

Embora esteja fora do escopo deste livro, a tecnologia digital em saúde mental está chegando ao trabalho da PBT. Em breve ela permitirá que os clínicos reúnam dados de avaliação momentânea ecológica para informar a rede dinâmica de um cliente, que indicará a presença de pontos críticos que podem preceder eventos clinicamente significativos. Já existem indicadores de que a análise idiográfica de redes complexas pode fazer um trabalho melhor de prever eventos importantes, como abandono do tratamento, ganhos no tratamento, o início de ataques de pânico, episódios maníacos, surtos psicóticos e até mesmo risco de suicídio, antes que estes eventos sejam evidentes com o uso de outras medidas e meios. Mas como podemos perturbar efetivamente uma rede mal-adaptativa? Quais são as estratégias de tratamento específicas que temos disponíveis como clínicos efetivos? O próximo capítulo examinará algumas dessas estratégias. Nós as chamamos de *núcleos de tratamento* porque são os elementos básicos das estratégias de intervenção concebidos para modificar os processos de mudança.

10

Núcleos de tratamento

Os seres humanos são sistemas complexos. Isso vale para o nível individual e é igualmente verdadeiro para os sistemas sociais complexos que eles formam. A psicoterapia é um processo dinâmico que visa a promover mudança adaptativa nesses sistemas complexos. Os processos de mudança são sequências funcionais, não meros retratos instantâneos. Para que os processos de mudança sirvam como parte de uma alternativa ao DSM e à CID, esses processos precisam conduzir diretamente e com êxito à seleção e à implementação de estratégias de intervenção. Os elementos básicos dessas estratégias são os *núcleos de tratamento* — métodos de mudança específicos concebidos para modificar os processos de mudança. Discutiremos e ilustraremos alguns desses núcleos neste capítulo.

Embora a intervenção baseada em evidências tenha iniciado em uma direção focada em processos, nos últimos 40 anos, ela se tornou sinônimo de protocolos de tratamento para síndromes psiquiátricas específicas conforme definidas pelo DSM e pela CID. Tornou-se angustiantemente claro que essa abordagem é limitada em termos de eficácia e utilidade clínica. Os clientes nunca indicaram os "sintomas" como o foco de suas vidas — isso se originou da bem-intencionada biomedicalização do sofrimento e a gradual mudança cultural que essa concepção produziu. Depois de receber intervenção baseada em evidências, um número relativamente grande de pacientes permanece "sintomático", e uma porcentagem maior acha que seus problemas (que frequentemente se estendiam além dos sinais e sintomas sindrômicos clássicos em primeiro lugar) não haviam sido abordados plenamente e adequadamente. Pela ótica da equação de aplicação do tratamento, não é viável nem significativo treinar os clínicos em todos os chamados protocolos de tratamento baseados em evidências, muitos dos quais requerem muitos meses de treinamento para vencer os desafios construídos pelos desenvolvedores do tratamento.

Quando todas essas questões são combinadas, o resultado é sombrio: poucos clientes recebem tratamento baseado em evidências que focalize de maneira plausível em seus problemas específicos; poucos atingem um estado final plenamente satisfatório; e poucos clínicos são adequadamente treinados para aplicar esses tratamentos necessários baseados em evidências. Entretanto, como um problema dos sistemas, a prevalência de problemas psicológicos está aumentando, não diminuindo.

Um passo intermediário positivo foi o desenvolvimento de tratamentos modulares. Em vez de protocolos de tratamento inteiros para transtornos específicos definidos pelo DSM ou pela CID, alguns pesquisadores clínicos examinaram a utilidade de um número menor de componentes do tratamento que podem ser usados ou deixados de lado quando necessário. Mesmo nesses primeiros estágios, há evidências de que uma abordagem modular é mais eficiente e efetiva do que uma abordagem de protocolos para síndromes (p. ex., Weisz et al., 2012). Frequentemente, esses módulos focam problemas específicos, como os módulos comportamentais concebidos para reforçar o comportamento prossocial e desencorajar comportamentos agressivos em crianças com transtorno de conduta. Outros pesquisadores clínicos criaram intervenções modulares que se aplicam a muitas áreas-problema com um pequeno conjunto de intervenções componentes. Elas incluem as chamadas intervenções "transdiagnósticas", como o protocolo unificado (Barlow et al., 2010) e a terapia de aceitação e compromisso (ACT) (Hayes et al., 2016).

Um próximo passo lógico nesta abordagem é identificar os principais elementos que constituem os módulos de tratamento e determinar como eles se engajam nos processos de mudança. Com esse conhecimento à mão, torna-se possível que a intervenção envolva a identificação específica da pessoa e a aplicação competente dos núcleos de tratamento que provavelmente modificarão processos de mudança idiograficamente relevantes.

Acreditamos que algumas das evidências necessárias para dar o próximo passo já estão em discussão, por exemplo, em processos de mudança conhecidos ligados a análises dos componentes existentes ou na criação e no uso de uma variedade de protocolos mais limitados, como aqueles na *web*, aplicativos, livros e protocolos baseados no telefone. Outros exemplos de evidências são as mudanças no processo e resultados a partir de protocolos muito curtos (p. ex., uma sessão). Como as sensibilidades da PBT impactam nossa pesquisa, mais dados idiográficos longitudinais de redes complexas também estão se tornando disponíveis.

A visão baseada em processos é que conjuntos de processos de mudança teórica e empiricamente coerentes podem ser aplicados a uma ampla variedade de domínios problemáticos de maneira adaptada individualmente — apresentando aos clínicos uma tarefa de treinamento muito menos assustadora de como usar os processos de mudança para adaptar os núcleos de tratamento às necessidades do cliente. Embora sejam necessários modelos bem elaborados e apoiados empiricamente, essa abordagem não requer que os métodos de tratamento estejam relacionados a um compromisso *a priori* com "abordagens nomeadas" ou com protocolos abrangentes do tipo "tamanho único". De fato, nossa esperança é de que a PBT possa acomodar qualquer núcleo de tratamento que seja empiricamente baseado e apropriadamente vinculado a processos de mudança baseados em evidências, dessa forma tornando obsoletos os pacotes tecnologicamente definidos e as "escolas de terapia".

De modo metafórico, os núcleos de tratamento podem ser pensados como elementos de construção. Se alguém está construindo uma casa, precisará de tijolos e janelas, pias e torneiras, portas e madeira. Seria estranho limitar esses elementos a uma marca particular: as melhores janelas podem ser feitas por uma empresa e as melhores portas por outra. Além disso, faz diferença se você está construindo uma casa ou um galpão de jardim, portanto a utilidade de qualquer elemento de construção particular deve ser vista em termos do propósito e do estágio da construção.

Da mesma forma, os clínicos precisam usar o que é necessário para aquele cliente específico construir uma abordagem de intervenção que provavelmente dará conta do trabalho. No nível dos núcleos ou das técnicas de tratamento, o ecletismo funcional faz sentido, mas não de uma forma vazia e sem sentido. Em uma abordagem de PBT, os núcleos de tratamento estão ali para realizar uma tarefa empiricamente e conceitualmente necessária: engajar e alterar processos de mudança específicos.

Quando nos detemos em quais processos precisam ser alterados e como, que foi o foco deste livro até agora, emerge um conjunto de escolhas mais manejáveis. Os processos são organizados hierarquicamente — alguns são amplos e multifacetados, como a flexibilidade psicológica, enquanto outros são mais elementares, como a mudança de hábitos reforçadores. O mesmo vale para os núcleos de tratamento. Alguns módulos de intervenção, como a prática contemplativa, reconhecidamente modificam vários processos de mudança importantes. Outros, como treinamento de relaxamento, estão mais focados em fileiras particulares do Metamodelo Evolucionário Estendido (EEMM).

Ainda não somos capazes de apresentar uma lista abrangente dos núcleos de tratamento. Isso se deve em parte à hegemonia da era dos "protocolos para síndromes". Tanto esforço de pesquisa foi focado em protocolos de tratamento gerais que as análises dos componentes cronicamente receberam pouca atenção em muitos ramos da PBT. Além disso, um foco sindrômico minou tanto a atenção aos processos de mudança, que os núcleos não foram sistematicamente vinculados de modo empírico aos processos de mudança. Em outras palavras, as limitações da era dos "protocolos para síndromes" ainda permanecem conosco, enquanto a era da PBT se desenvolve.

Felizmente, este panorama está mudando com rapidez. Começam a surgir metanálises dos componentes vinculados a processos (p. ex., Levin et al., 2012), sugerindo que uma lista de núcleos de tratamento empiricamente derivada pode ser possível em algum momento no futuro além da nossa tentativa inicial e limitada (Hayes & Hofmann, 2018). Neste capítulo, só daremos exemplos, além de reconhecermos que os núcleos estão se sobrepondo e diferem em nível de especificidade, de forma que alguns núcleos podem ser concebidos como uma combinação ou modificação de outros.

Podemos dar a seguinte definição operacional de núcleos de tratamento: eles são *classes de métodos de intervenção funcionalmente organizados e empiricamente apoiados que estão vinculados a um modelo teórico razoavelmente abrangente e testável, que reconhecidamente impactam processos de mudança particulares baseados em evidências e os resultados subsequentes como consequência, e que são bem especificados o suficiente na tecnologia para fornecer competências terapêuticas conhecidas para sua aquisição e aplicação.* Dito de modo menos formal, núcleos de tratamento são conjuntos de métodos especificados que, quando aprendidos e empregados, demonstraram mover processos de mudança particulares e os resultados subsequentes de forma previsível.

Vamos usar nossa metáfora da construção para explicar o que pretendemos dizer.

Se você precisa deixar entrar luz natural quando constrói uma casa, vai precisar de uma janela ou claraboia. Tijolos ou pias simplesmente nunca farão este trabalho. Pode haver ampla variedade de janelas e claraboias disponíveis em uma gama de tamanhos, formatos, cores e materiais. Algumas são melhores do que as outras para determinadas aplicações. Um bom construtor precisa ter conhecimento sobre a instalação de um número suficiente destes para atender às necessidades do consumidor e talvez até mesmo saber como criar uma janela a partir do zero para um fim especial. Saber como instalar uma janela de um único tamanho e tipo simplesmente não dará certo.

De igual maneira, cada clínico deve estar familiarizado com uma variedade suficiente de núcleos de tratamento para que seja efetivo quando trabalhar dentro de modelos de análise e intervenções razoavelmente bem apoiados e abrangentes. O que pretendemos dizer com "razoavelmente abrangentes" é que o modelo abranja questões suficientes anotadas no EEMM para que seja um guia bom e flexível para análise e intervenção. O clínico mais efetivo será aquele que for capaz de combinar esses núcleos de forma que eles foquem idealmente os processos cruciais em determinado cliente em um determinado contexto. Este é o fundamento da PBT. Uma implicação de pensar nos núcleos como uma classe funcional é que alguns núcleos podem precisar ser criados ao vivo para se adequarem à necessidade idiossincrásica do cliente. Se os núcleos forem criados "no momento", eles podem rapidamente se tornar baseados em evidências até certo ponto pela especificação cuidadosa dos alvos de processos proximais para os clientes individuais e suas ligações teóricas com núcleos de impacto conhecido. Parte da beleza da PBT como um modelo de prática baseada em evidências é que ela adota e canaliza a criatividade clínica. Contanto que um processo de mudança seja bem estabelecido empiricamente e seja claramente de relevância para o cliente, qualquer método que movimente esses processos em uma direção positiva pode ser considerado como parte de uma abordagem baseada em evidências.

Descrevemos inúmeros núcleos de tratamento em nosso livro *Process-Based CBT* (Hayes & Hofmann, 2018). Eles foram baseados nos resultados de consenso da *Interorganizational Task Force on Cognitive and Behavioral Psychology Doctoral Education* (Klepac et al., 2012). A função dessa força-tarefa era identificar competências nucleares para desenvolver diretrizes para integração do ensino de doutorado e treinamento em psicologia cognitiva e comportamental nos Estados Unidos. A força-tarefa (Klepac et al., 2012) listou um conjunto de competências clínicas nucleares que posteriormente foram ampliadas e elaboradas (Hayes & Hofmann, 2018). Aqui examinaremos algumas delas brevemente, mas o encorajamos a consultar nosso texto anterior para uma discussão mais detalhada e ilustração destas competências e núcleos. Entretanto, deve ser reconhecido que como campo ainda estamos "explorando o caminho". Alguns dos núcleos anotados pela força-tarefa ainda são muito amplos; alguns são mais processos de mudança do que núcleos; e existem núcleos adicionais. Vamos começar a examinar alguns.

ALGUNS NÚCLEOS QUE FOCAM NA ATENÇÃO

Comumente focamos em coisas no nosso ambiente que são de importância e prestamos menos atenção a coisas que não são tão importantes. Dito de forma mais técnica, por meio de nossas ações, podemos aumentar ou diminuir o controle dos estímulos exercido sobre nossas ações psicológicas por eventos internos ou externos.

O ato de prestar atenção é uma ação cognitiva e, como todos os eventos psicológicos, é um recurso limitado. Há apenas um determinado número de segundos por dia, e há apenas um determinado número de coisas que podemos notar ou às quais prestamos atenção. Podemos perceber as limitações deste recurso quando tentamos dividir nossa atenção entre duas ou mais coisas. Em muitas situações, a multitarefa tem um custo para todas as ações que estamos tentando combinar. É por isso que escrever mensagens de texto enquanto dirigimos frequentemente é fatal.

Isso não quer dizer que não conseguimos pular e mascar chicletes ao mesmo tempo. Podemos fazer isso em alguma medida, desde que ambas as tarefas sejam relativamente automáticas e exijam pouco controle cognitivo adicional. Escrever mensagens de texto não é automatizado e, portanto, exige recursos cognitivos e atencionais significativos; até certo ponto, dirigir é automatizado, mas não de forma que possa responder rápida e seguramente à complexidade ou ao inesperado. Não é apenas o comportamento de escrever mensagens que interfere na condução de um veículo; até mesmo falar com alguém sem o uso das mãos enquanto dirigimos aumenta o risco de um acidente porque nossa atenção é capturada por outra tarefa além de dirigir.

Prestamos atenção a coisas que são de importância e ignoramos ou automatizamos outras coisas. Obviamente, a mesma coisa pode ser importante para uma pessoa, mas não muito importante ou mesmo sem importância para outra. O dono de um cachorro ou um amante de cachorros prestará muito mais atenção aos cachorros na vizinhança do que alguém que não se interessa de modo algum por animais de estimação; um ornitologista prestará muito mais atenção a pássaros do que alguém que não liga para eles.

Nossa experiência e nossas atitudes moldam nossa atenção. Se você cresce em um país com muitos insetos e aranhas, provavelmente não terá medo deles. Na verdade, as tarântulas são consideradas uma iguaria em algumas culturas nativas. Se você crescer em uma cultura como essa, terá uma relação muito diferente com tarântulas do que se nunca interagiu com uma antes. Em contrapartida, muitas pessoas com medo excessivo de aranhas evitam até mesmo olhar para elas. Algumas vezes, seu medo diminui quando elas são encorajadas a olhar repetidamente para fotos de aranhas.

Um exemplo de núcleo de atenção está baseado nesta observação. Pesquisadores desenvolveram um procedimento de treinamento computadorizado que se tornou conhecido como *modificação do viés de atenção* (veja Beard et al., 2012 para uma metanálise). Este é um exemplo de núcleo de tratamento relativa e estritamente focado. Esse procedimento de treinamento está baseado no fato de que simplesmente apresentar fotos de aranhas de modo repetitivo — mesmo de maneira subliminar (i. e., apresentando a imagem tão brevemente que a pessoa não tem consciência de ter visto a figura) — pode levar a uma redução no medo para algumas pessoas.

Isso não vale somente para aranhas, é claro. A atenção autofocada mal-adaptativa é uma característica fundamental da ansiedade social para muitas pessoas que enfrentam ansiedade pelo desempenho. Quando confrontadas com uma ameaça social, como fazer um discurso em público, algumas pessoas com ansiedade social focam sua atenção em si mesmas e em seus eventos internos em vez de no tema que estão discutindo e em como melhor atender ao seu público. Como resultado, pode ser difícil prestar atenção ao próprio argumento e identificar se pontos importantes estão sendo abordados de maneira adequada ou expressados claramente — tarefas cognitivas importantes para o desempenho exitoso em um discurso. Em vez disso, elas focam em si mesmas, algumas vezes sentindo como se estivessem olhando para si mesmas. Quando percebem que estão perdendo o foco na tarefa em questão, seus medos podem aumentar ainda mais. Se elas insistem e prestam ainda mais atenção a si mesmas — ao seu corpo, seu batimento cardíaco, etc. — podem perder inteiramente o "fio da meada" na sua fala.

O mesmo ciclo vicioso pode ser visto em algumas pessoas com disfunção erétil: em vez de aumentar o impacto das sugestões visuais, elas podem focar na sua ansiedade e no seu desempenho — eventos que não são intrínseca e sexualmente excitantes. Os processos atencionais são os estágios cognitivos iniciais que frequentemente estão ligados aos medos em torno do desempenho social. *Procedimentos de treinamento da atenção* permitem que a pessoa direcione a atenção de uma forma mais flexível, fluida e voluntária. Uma estratégia muito comum para modificar processos atencionais é o *treinamento em mindfulness*.

Mindfulness é um componente de muitas das terapias comportamentais mais recentes (redução de estresse baseada em *mindfulness*, terapia de aceitação e compromisso, terapia comportamental dialética, terapia cognitiva baseada em *mindfulness* e outras). *Mindfulness* é um termo amplo com muitas variedades diferentes, mas quase todas as formas incluem treinamento atencional. Métodos no estilo Vipassana que envolvem "acompanhar a respiração", por exemplo, permitem que a pessoa note quando a atenção se desvia e trazê-la de volta para a respiração como um foco. Os métodos de *mindfulness* ajudam a liberar os indivíduos de um foco habitual no passado e no futuro — a fonte de ruminação e preocupação — e a ancorar sua consciência no momento presente. Em essência, os processos de *mindfulness* iniciam a realocação da atenção, das ameaças futuras ou perdas passadas para a experiência sensorial no momento presente e dos processos cognitivos para sensações específicas.

As práticas de *mindfulness* incluem meditação do rastreio corporal, meditação com contagem da respiração, *mindfulness* na vida diária e meditação da gentileza amorosa e compaixão, entre muitas outras. Não as resumiremos aqui e, em vez disso, remetemos o leitor ao nosso texto (Hayes & Hofmann, 2018) e outras fontes.

Mindfulness levanta uma questão importante que precisamos notar com referência à nossa definição de "classe funcional" dos núcleos. A maioria das práticas de *mindfulness* engaja inúmeros processos de mudança diferentes. Aprender a prestar atenção desse modo exige algum grau de regulação emocional, abertura cognitiva e desapego de uma autonarrativa. Essa amplitude não anula a sua utilidade como um núcleo. Não há razão *a priori* para que todos os núcleos foquem em um único processo de mudança. Alguns sim, outros não. É mais importante saber quais processos estão engajados por determinado núcleo e saber quais de todos esses processos são de relevância para um caso particular ou pelo menos que processos importantes provavelmente serão movimentados e outras mudanças de processos que não irão interferir. Mesmo núcleos simples podem envolver múltiplos processos. O treinamento de habilidades sociais, por exemplo, foca no comportamento explícito, mas normalmente é feito de modo que seja uma forma de exposição de fato, com o impacto afetivo resultante. Assim, embora *mindfulness* possa se destacar devido ao seu nível de complexidade, seu impacto abrangente não a desqualifica como um núcleo.

ALGUNS NÚCLEOS QUE FOCAM NAS COGNIÇÕES

A maioria das formas de PBT, e certamente aquelas que fazem parte das terapias comportamentais e cognitivas, incluem muitos núcleos que focam nas cognições. Um dos modelos mais populares que estrutura o uso dos processos e dos núcleos é o modelo da TCC desenvolvido por Aaron Beck (1976) e colegas. Nesta abordagem, o argumento é de que alterações nos estilos de pensamento, como pensamentos automáticos e esquemas cognitivos, são responsáveis por benefícios terapêuticos. Essa abordagem de tratamento é assim direcionada para a modificação de crenças mal-adaptativas do cliente e sua desativação, ao mesmo tempo tornando outros esquemas disponíveis. Os pensamentos são considerados hipóteses que são expressas na forma de pensamentos automáticos em determinada situação ou crenças abrangentes sobre si mesmo, sobre o futuro ou sobre o mundo.

Antes de examinarmos exemplos de como o modelo de Beck associa os processos de mudança cognitiva aos núcleos de tratamento, vale a pena observar que os modelos são atualmente necessários para que se faça o pleno uso de uma abordagem baseada em processos. O EEMM é um modelo dos modelos — não é um modelo em si. Saber que a cognição é importante e que a rigidez cognitiva pode ser inútil não é por si só suficiente para intervir nesta dimensão. Para ajudar neste argumento, descreveremos os processos cognitivos do modelo de Beck (1976) juntamente com os núcleos cognitivos que focalizam neles, e então examinaremos brevemente um processo inferido de maneira mais recente de terapia comportamental e cognitiva e os núcleos que ela sugere.

A noção central do modelo de Beck é simples. É a ideia de que nossas respostas comportamentais e emocionais são fortemente influenciadas por nossas cognições (i. e., pensamentos), as quais determinam como percebemos as coisas. Ou seja, só ficamos ansiosos, com raiva ou tristes se achamos que temos razão para estarmos ansiosos, com raiva ou tristes. Em outras palavras, não é a situação em si, mas nossas percepções, expectativas e intepretações (i. e., a avaliação cognitiva) dos eventos que são responsáveis por nossas emoções (veja Hofmann, 2011, para mais detalhes). Isso pode ser mais bem ilustrado para um cliente usando o exemplo clássico dado por Beck (1976), que é apresentado a seguir.

Esse exemplo pode ser usado como ponto de discussão com o cliente para ilustrar que o mesmo evento (ouvir o bater da porta) desperta diferentes emoções dependendo de como a pessoa interpreta o contexto situacional. A porta batendo não provoca por si só qualquer emoção de uma forma ou outra. Mas quando acreditamos que o bater da porta sugere que há um assaltante na casa, podemos sentir medo. Podemos nos apressar em tirar esta conclusão mais facilmente se, de alguma forma, estivermos a postos depois de termos lido no jornal sobre tenta-

> ## A essência da abordagem cognitiva
> ("A dona de casa", Beck, 1976, p. 234-235)
>
> Uma [mulher] ouve uma porta bater. Várias hipóteses lhe ocorrem: "pode ser Sally voltando da escola"; "pode ser um assaltante"; "pode ser o vento que bateu a porta". A hipótese favorecida vai depender que ela leve em conta todas as circunstâncias relevantes. No entanto, o processo lógico de teste das hipóteses pode ser perturbado pelo cenário psicológico da dona de casa. Se o seu pensamento for dominado pelo conceito de perigo, ele pode se apressar em concluir que é um assaltante. Ela faz uma inferência arbitrária. Embora essa inferência não seja necessariamente incorreta, ela está baseada primariamente em processos cognitivos internos em vez de na informação real. Se então correr e se esconder, ela adia ou perde a oportunidade de refutar (ou confirmar) a hipótese.

tivas de assalto ou se nossa crença nuclear (esquema) é de que o mundo é um lugar perigoso e que é só uma questão de tempo até que um assaltante invada nossa casa. Nosso comportamento, é claro, seria diferente se achássemos que o evento não teve maior significado.

Ao tratar os pensamentos como hipóteses que podem conter erros cognitivos, os clientes são colocados no papel de observadores ou cientistas em vez de vítimas passivas de problemas psicológicos. Alguns problemas podem ser fomentados pela *superestimação da probabilidade*, a crença de que um evento improvável provavelmente acontecerá. Outros podem estar baseados no *pensamento catastrófico*, no qual o impacto negativo dos resultados possíveis assume proporções exageradas.

Exemplos de núcleos de tratamento que podem focar esses erros cognitivos seriam usar as informações de experiências passadas dos pacientes para salientar o quanto as estimativas da probabilidade podem ser realistas ou irrealistas (p. ex., "Qual é a probabilidade com base na sua experiência passada?"); fornecer informações mais acuradas por meio da psicoeducação (p. ex., "Isto é o que se sabe sobre a chance de que o pânico provoque um ataque cardíaco repentino"); usar questionamento socrático para ajudar a reavaliar o desfecho de uma situação (p. ex., "Qual é a pior coisa que poderia acontecer?"); e dar aos clientes testes comportamentais para avaliarem suas hipóteses ao vivo, expondo-os a atividades e a situações temidas ou evitadas (p. ex., "Vamos ver se é verdade que você já não pode fazer mais nada de valor pela sua família. O que você quer tentar fazer amanhã que poderia ser útil?"). Por fim, *métodos de reavaliação cognitiva* seriam usados para encorajar formas alternativas de pensar sobre o evento, como perguntar aos clientes: "Quais são as formas alternativas de interpretar este evento particular?" ou "Como outras pessoas interpretariam este evento?" e usar formas de automonitoramento para orientar esse processo.

Formas mais novas de TCC, como a ACT, conceitualizam a inflexibilidade cognitiva de forma um pouco diferente. Os praticantes da ACT podem aplicar o modelo de flexibilidade psicológica ao EEMM de forma simples porque os seis processos de flexibilidade/inflexibilidade comportam as seis fileiras psicológicas do EEMM. No modelo de flexibilidade psicológica subjacente à ACT, o maior problema com a cognição é que ela tende a ser muito habitual, restrita e focada na verdade literal em vez da aberta, flexível e focada na exequibilidade. Um dos principais processos de mudança mal-adaptativos nesta abordagem é a fusão cognitiva — a tendência da cognição dominar desnecessariamente sobre outras fontes úteis de controle comportamental porque os clientes tratam os pensamentos literalmente ou não notam que os pensamentos estão estruturando seu mundo. *Desfusão cognitiva* é o processo adaptativo que combate a fusão, e núcleos de desfusão podem ser usados para reduzir essa dominação automática inútil.

Os escores dos métodos de desfusão que foram testados são todos funcionalmente similares: eles alteram o contexto da cognição para experimentar a presença dos pensamentos de forma mais aberta, curiosa e autocompassiva, ao mesmo tempo não permitindo que eles restrinjam a ação desnecessariamente. Exemplos de métodos que fazem parte de um núcleo de desfusão incluem refinar um pensamento mal-adaptativo até uma única palavra e verbalizá--la rápida e repetidamente em voz alta por 30 segundos; dizer pensamentos difíceis em voz alta na sua própria voz como uma criança pequena; e exercícios de imaginação guiada que envolvem imaginar os pensamentos escritos em folhas que flutuam em um córrego. Como os núcleos são classes de métodos funcionais, um único núcleo pode conter centenas de alternativas funcionalmente similares, assim como há centenas de tamanhos e tipos de janelas, mas todas são janelas. O que faz a seleção entre elas são os detalhes do caso. Esse processo de refinamento se tornará totalmente empírico apenas quando os dados forem reunidos.

Enfatizamos repetidamente que a PBT abre a porta para a consideração de todos os processos e núcleos baseados em evidências, mas também enfatizamos que os processos devem ser teoricamente coerentes. Os dois exemplos a seguir mostram por que essas duas coisas são verdadeiras. Primeiro, um clínico de TCC tradicional que adota uma abordagem baseada em processos pode usar núcleos de desfusão associados ao tipo de distanciamento cognitivo que Beck achava ser necessário para reavaliar com sucesso padrões cognitivos habituais. Um núcleo de desfusão também pode ser usado para focar a *fusão pensamento-ação* — a dificuldade de separar cognições de comportamentos (p. ex., Hofmann, 2011). Ao que parece, a fusão pensamento-ação compreende a crença de que experienciar um pensamento particular aumenta a chance de o evento realmente ocorrer (probabilidade) ou a crença de que pensar sobre uma ação é praticamente idêntico a realmente realizar a ação (moralidade). Presume-se que esse componente moral é resultante da conclusão errônea de que ter "mau" pensamento é indicativo da nossa "verdadeira" natureza e intenções. Por exemplo, o pensamento de matar outra pessoa pode ser considerado moralmente equivalente a realizar o ato. Nesse caso, um núcleo de desfusão está sendo usado para focar em um processo que é coerente com o modelo de terapia cognitiva.

No segundo exemplo, uma pessoa que trabalha com ACT como forma de PBT pode igualmente usar métodos extraídos do núcleo de reavaliação cognitiva (provavelmente depois que os métodos de desfusão cognitiva foram aplicados com sucesso) para ajudar no *brainstorm* de uma gama maior de pensamentos possíveis que poderiam ser testados quanto à sua exequibilidade. Nesse caso, a reavaliação não seria usada para desafiar e mudar pensamentos existentes, mas para permitir mais flexibilidade cognitiva e de resposta na presença de pensamentos que estão induzindo rigidez psicológica.

O que provavelmente não faria sentido é misturar processos e núcleos de forma filosófica e conceitualmente incoerente, como usar um núcleo de desfusão para desafiar pensamentos ou usar reavaliação para promover atenção consciente ao pensamento. A PBT não é um convite a despejar todos os métodos de tratamento em um grande pote e chamar de gumbo*. Funcionalmente falando, os núcleos focam em processos de mudança, e processos de mudança requerem teoria e modelos para que sejam apropriadamente entendidos.

ALGUNS NÚCLEOS QUE FOCAM NO AFETO

Uma variedade de núcleos está particularmente associada ao foco no afeto. Uma estratégia de regulação emocional mal-adaptativa conhecida é a *evitação experiencial* (Hayes, 2004), a tentativa de eliminar ou diminuir forma, frequência ou sensibilidade situacional do afeto mesmo quando fazer isso causa dificuldade psicológica. Um núcleo focado no afeto associado à evitação experiencial é a *aceitação*, tomar um tempo para sentir a emoção e outras experiências e aprender com elas sem defesas desnecessárias. Os métodos de aceitação incluem exercícios guiados para notar como a emoção impacta as sensações corporais, memória, impulsos comportamentais ou pensamentos; explorar a experiência emocional de formas não típicas (p. ex., se fosse uma cor, que cor seria; se tivesse uma forma, que forma teria); aprender a deixar de lado defesas desnecessárias durante o imaginário emocional; observar e descrever o impacto emocional dos eventos de maneira mais refinada; etc. Todos esses métodos podem ser pensados como um tipo de exposição, mas a serviço da exploração do domínio afetivo, não subtraindo dele ou eliminando-o.

Treinamento de relaxamento muscular progressivo é um dos núcleos mais estudados empiricamente vinculado ao afeto. Em sua forma clássica, ele envolve deliberadamente contrair e relaxar grupos musculares específicos para aprender a sentir a diferença e ser capaz de "relaxar" a tensão muscular voluntariamente. Uma grande variedade de outras formas deliberadas de relaxamento ou regulação emocional emergiram ao longo dos anos, incluindo imaginário guiado, formas de meditação, ioga, treinamento da respiração e similares.

A estreita ligação entre afeto e cognição nos humanos significa que muitos métodos cognitivos também são usados para fins afetivos. Supressão emocional, por exemplo, muitas vezes tem demonstrado ser inútil, e caracteristicamente esses esforços são apoiados por crenças inúteis. O efeito paradoxal da supressão é que quanto mais tentamos não ser incomodados por alguma coisa, mais essa coisa nos incomodará, seja na forma de sentimentos, pensamentos, imagens ou eventos no ambiente ao nosso redor (como uma torneira pingando ou o tique-taque de um relógio). Esse fenômeno pode ser ilustrado pelo Experimento do Urso Branco, de Dan Wegner (Wegner, 1994), apresentado a seguir.

---

* N. de T. Prato da culinária do sul dos Estados Unidos, consistindo em um ensopado com vários tipos de carne ou mariscos.

> **O experimento do urso branco**
>
> (Wegner, 1994)
>
> 1. Imagine um urso branco felpudo.
> 2. Pense por 1 minuto em alguma coisa que você gosta, exceto o urso branco felpudo.
> 3. Cada vez que o urso branco surgir na sua mente, conte nos dedos.
>
> Agora considere o seguinte:
>
> - Quantos ursos brancos apareceram na sua mente? As chances são de que o urso tenha surgido na sua mente algumas vezes. Algumas pessoas pensam nele apenas algumas vezes; outras pensam muito. É muito raro que alguém não pense absolutamente nada.
> - Note que você só pensou no urso branco depois que lhe foi solicitado não pensar em um urso branco. A mera tentativa de não pensar nele foi a razão de ter pensado nele.
> - O quanto parece bom pensar em um urso branco? As chances são de que o pensamento se torne incômodo porque é intrusivo, semelhante a uma canção que você não consegue tirar da cabeça.

Wegner (1994) descobriu que as tentativas de suprimir pensamentos paradoxalmente aumentavam a frequência desses pensamentos durante um período pós-supressão em que os participantes estavam livres para pensar sobre qualquer assunto. A razão para que uma imagem neutra de um urso branco se torne uma imagem intrusiva foi simplesmente devido à tentativa de suprimi-la. Para não pensar em alguma coisa, temos que monitorar nossos processos cognitivos. Como parte desse processo de monitoramento, focamos na própria coisa que estamos tentando não focar, o que leva ao paradoxo e, quando feito de modo regular, pode potencialmente originar transtornos emocionais. As pesquisas de fato mostraram ligações entre esse efeito rebote como um fenômeno laboratorial e os transtornos clínicos. Por exemplo, a supressão do pensamento leva ao aumento nas respostas eletrodérmicas aos pensamentos emocionais (Wegner, 1994), sugerindo que ela eleva a excitação simpática. De igual modo, ruminar sobre eventos desagradáveis prolonga a raiva e o humor deprimido, e tentativas de suprimir a dor são igualmente improdutivas.

Pense no que aconteceria se a imagem não fosse um urso branco neutro, mas um evento emocional, como o trauma de um estupro. Pensamentos ou imagens pessoalmente significativos ou emocionalmente carregados são sobretudo mais difíceis de suprimir. De modo geral, muitos problemas psiquiátricos estão relacionados a tentativas inefetivas de regular experiências indesejadas, como sentimentos, pensamentos e imagens. Assim, a maioria dos núcleos de tratamento cognitivo (p. ex., *mindfulness*, reavaliação, desfusão) também pode ser utilizada para fins afetivos.

ALGUNS NÚCLEOS QUE FOCAM NA MOTIVAÇÃO

Um exemplo de um núcleo motivacional é a *entrevista motivacional*. Ela pode ser um núcleo de tratamento altamente efetivo para ajudar a iniciar a mudança comportamental. Embora a entrevista motivacional seja amplamente aplicável, ela é particularmente comum no tratamento da adição. A seguir, apresentamos um exemplo dessa técnica no contexto de um problema com álcool.

Problema de Charlie com álcool

Terapeuta: Por favor, ajude-me a entender algumas das razões pelas quais você bebe.

Charlie: Bem, isso faz com que eu me sinta bem. Para mim é uma forma de relaxar e descontrair com meus parceiros.

Terapeuta: Então você bebe porque esta é uma forma de aproveitar o tempo que você passa com seus amigos.

Charlie: Certo.

Terapeuta: O que aconteceria se você não bebesse quando se reúne com seus amigos?

Charlie: Seria muito esquisito. Acho que não seria muito divertido. Meus amigos achariam que tem alguma coisa errada comigo, sabe?

Terapeuta: Entendo, então seus amigos ficariam surpresos porque isso faz parte da sua amizade.

Charlie: Sim, eu acho.

Terapeuta: O que você faria se não saísse para beber com seus amigos?

Charlie: Seria muito chato. Provavelmente ficaria em casa.

Terapeuta: Entendo. Então ficar em casa é chato, ao passo que você se diverte saindo para beber com seus amigos.

Charlie: Certo. Não seria apenas chato. Seria terrivelmente deprimente.

Terapeuta: Porque você está sozinho?

Charlie: Sim.

Terapeuta: Isso significa que beber com seus amigos ajuda a não ficar deprimido?

Charlie: Com certeza.

Terapeuta: Entendo. Quais você acha que são algumas consequências negativas de beber?

Charlie: Bem, isso me coloca em problemas algumas vezes (*ri*).

Terapeuta: Você está se referindo aos problemas com sua esposa e seu chefe?

Charlie: Sim.

Terapeuta: Você pode me contar um pouco mais sobre esses problemas?

> *Charlie:* Minha esposa ameaça me deixar, e meu chefe quer me demitir se eu não fizer alguma coisa a respeito. É por isso que estou aqui, doutor.
>
> *Terapeuta:* Entendo. Diga, como você se sente com isso?
>
> *Charlie:* Frustrado. Com raiva.
>
> *Terapeuta:* Posso imaginar. Então, se entendi a situação corretamente, parece que beber é para você uma forma de desfrutar dos laços com seus amigos e talvez também uma forma de lidar com a solidão e a depressão a curto prazo. E beber tem claramente algumas consequências positivas a curto prazo. Ao mesmo tempo, beber também tem potencialmente algumas consequências pessoais, sociais e profissionais negativas a longo prazo. Entendi corretamente?

Pode ser muito útil comparar diretamente as consequências positivas e negativas de beber e não beber. A Tabela 10.1 apresenta um exemplo de alguns desses prós e contras. Listar os prós e contras de beber e não beber esclarece os fatores que reforçam os comportamentos relativos à bebida. Também oferece uma oportunidade para o terapeuta explorar as consequências de beber a curto e a longo prazo. De importância particular aqui, obviamente, são as consequências negativas a longo prazo de beber. Os problemas com sua esposa e seu empregador podem facilmente levar a consequências significativas e indesejáveis, como, mas não limitadas a, divórcio, desemprego, pobreza e privação de abrigo. Depois que Charlie perceber as consequências negativas do seu comportamento, ele estará pronto para admitir a possibilidade de mudar seu comportamento.

Outro núcleo motivacional é *escolha de valores*. Conhecer as qualidades intrínsecas que você está procurando em suas escolhas na vida é mais do que meramente definir objetivos (Chase et al., 2013). Mesmo breves períodos de escrita sobre o que é importante para você em uma determinada situação podem motivar mudança a longo prazo. Explorar em detalhes momentos na vida, considerar por que você admira seus heróis ou examinar que aspirações foram violadas em momentos difíceis na vida reconhecidamente ajudam a elucidar os valores pessoais que você deseja adotar, os quais podem servir como motivador pessoal poderoso.

TABELA 10.1 Os prós e os contras de beber

	Prós	Contras
Beber	Sinto-me bem. É parte da amizade.	Problema com a esposa e com o chefe. Ressaca.
Não beber	Relação melhor com esposa e com o chefe. Sinto-me melhor comigo mesmo.	Não poder relaxar com a bebida. Não sair com os amigos.

ALGUNS NÚCLEOS QUE FOCAM O COMPORTAMENTO EXPLÍCITO

O termo "comportamento" é um construto complicado que é definido diferentemente com base na orientação teórica. Os comportamentalistas modernos definem esse termo muito amplamente para incluir todas as ações de todo o organismo que podem ser pensadas em termos de história e circunstância. Cada uma das fileiras psicológicas do EEMM são, para eles, tipos de ação ou "comportamento" (p. ex., comportamento emocional; ações atencionais). A maioria dos terapeutas orientados cognitivamente define "comportamento" mais estritamente para significar apenas o comportamento explícito, distinguindo de emoção, atenção, etc. Assim, ao discutir fenômenos comportamentais, é importante considerar como as mesmas palavras podem ser interpretadas de formas diferentes dependendo da audiência.

Intervenções psicológicas que focam comportamentos explícitos, como *modelagem* e *reforço*, são alguns dos procedimentos mais efetivos e confiáveis. Modificar sistematicamente comportamentos mal-adaptativos é sempre parte da psicoterapia, e mesmo uma revisão rápida desses procedimentos operantes excede muito os limites deste capítulo.

Ativação comportamental é um núcleo de tratamento poderoso que é usado para fortalecer padrões de ação positivos e mais significativos. Pessoas que experienciam humor deprimido e anedonia frequentemente carecem de reforços, gratificação e prazer. Elas podem não ter energia suficiente ou controle atencional voluntário para examinar crenças, pensamentos automáticos e aspectos cognitivos que podem manter a depressão. Isso ajuda a explicar por que a ativação comportamental sozinha pode ter resultados inesperadamente positivos, mesmo com problemas afetivos relativamente severos. Comumente ela é recomendada, sobretudo no começo do tratamento, para aumentar o nível de energia do paciente e produzir ganhos iniciais no tratamento que podem formar uma base para o trabalho terapêutico adicional.

No primeiro passo, o cliente é tipicamente solicitado a monitorar suas atividades durante a semana e registrá-las em um diário. Na sua forma mais simples, o diário de atividades inclui a hora e a data, a localização, uma breve descrição das atividades e uma classificação do quanto a atividade foi agradável em uma escala de 0 (nada agradável) a 100 (muito agradável). No passo seguinte, o terapeuta e o cliente frequentemente exploram as razões por que algumas atividades foram agradáveis e por que outras foram classificadas como desagradáveis. O objetivo é construir e aumentar o número de atividades agradáveis e reduzir as atividades desagradáveis e os períodos de inatividade durante uma semana normal. Além disso, é recomendável que o cliente estabeleça rotinas em sua vida diária e implemente padrões regulares de alimentação e sono.

Os comportamentos mal-adaptativos também são frequentemente vistos na forma de estratégias de evitação explícita focadas na eliminação dos estados, experiências subjetivas ou sensações biofisiológicas desagradáveis. Essas estratégias, entretanto, mantêm uma atitude mal-adaptativa em relação às experiências e alimentam o raciocínio emocional inútil. A evitação explícita pode ser focada por meio de *estratégias de exposição* que produzem o contato organizado com eventos previamente evitados com o fim de encorajar maior flexibilidade das respostas.

ALGUNS NÚCLEOS QUE FOCAM EM PROCESSOS BIOFISIOLÓGICOS

Dieta, exercício, sexo e sono são alguns dos processos biofisiológicos que são importantes contribuintes para a saúde psicológica. Muitos dos núcleos discutidos anteriormente também se aplicam a esses processos. Aqui, focamos no sono como um caso em questão. *Higiene do sono* refere-se a hábitos que afetam a qualidade

---

Melhorando sua higiene do sono

1. Evite beber álcool e cafeína (incluindo refrigerante e chá) e comer chocolate. Se não puder evitá-los completamente, não os consuma dentro de quatro a seis horas antes de ir para a cama. Chocolate e cafeína são psicoestimulantes. O álcool inicialmente produz sonolência; no entanto, ocorre um efeito estimulante algumas horas depois, quando o cai o nível de álcool no sangue.

2. Evite alimentos açucarados, condimentados e pesados. Se não puder evitá-los completamente, não ingira esses alimentos dentro de quatro a seis horas antes de ir para a cama. Em vez disso, faça refeições leves que sejam fáceis de digerir (p. ex., frango, arroz branco, pão branco, vegetais cozidos, canja de galinha, macarrão simples).

3. Dê a si mesmo algum tempo para relaxar antes de ir para a cama e evite realizar atividades mentais extenuantes logo antes de se deitar.

4. Evite lidar com situações emocionalmente excitantes, incluindo filmes comoventes, logo antes de ir para a cama.

5. Certifique-se de que seu quarto seja um ambiente agradável. Sua cama deve ser confortável. O quarto deve ter uma temperatura agradável (fresco), a umidade certa e ser bem ventilado (i. e., não deve ser abafado ou malcheiroso).

6. O quarto deve ser escuro e silencioso. Se houver muito ruído perturbador, tente usar fones de ouvido ou escolha um quarto diferente.

7. Estabeleça um ritual do sono para implementar antes de ir para a cama. Você pode tentar um dos seguintes: escute uma canção ou álbum particular (p. ex., música clássica relaxante ou *jazz*), escute rádio ou tome um banho quente. Tente não assistir a TV, pois pode ser demasiado estimulante. Além disso, tenha cuidado ao ingerir líquido antes da hora de dormir (como leite quente ou chá), pois isso pode interromper seu sono mais tarde se precisar levantar no meio da noite para ir ao banheiro. Se você acha que beber líquido imediatamente antes de ir para a cama não perturba seu sono, experimente leite quente com mel.

8. Monitore qual posição de dormir funciona melhor para você. Algumas pessoas acham mais fácil deitar de costas; outras preferem deitar para o lado direito. Ao deitar do lado esquerdo, o batimento cardíaco é mais perceptível, o que pode distrair algumas pessoas.

do sono, muitos dos quais já discutimos anteriormente. A seguir, fornecemos estratégias para a higiene do sono que você pode recomendar aos clientes que têm problemas do sono (para mais detalhes, veja Hofmann, 2011).

ALGUNS NÚCLEOS QUE FOCAM NO *SELF* E EM PROCESSOS SOCIAIS

A saúde emocional e psicológica está associada a um viés positivo de atribuir eventos positivos a si mesmo e eventos negativos a outras causas. Esse *viés de atribuição autorreferido* parece faltar ou ser deficiente em pessoas com problemas emocionais, as quais tendem a atribuir eventos negativos a causas internas (alguma coisa sobre si mesmo), estáveis (duradouras) e globais (gerais) (p. ex., falta de habilidade, falhas de personalidade). Esse estilo de atribuição implica que os eventos negativos provavelmente vão se repetir no futuro em uma variedade de domínios, dando origem a desesperança generalizada. Esta ruptura dos vieses cognitivos positivos faz o mundo parecer incontrolável e imprevisível. A se-

---

O humor de Maria

(adaptado de Hofmann, 2011)

Maria é uma mulher de 39 anos que mora com seu marido, Carlos, e o filho Alex, de 13 anos. Ela tem diploma universitário em literatura inglesa e não trabalha desde que Alex nasceu. Carlos trabalha como arquiteto. Maria descreve seu casamento como algumas vezes "acidentado". Embora Carlos concorde que ocasionalmente eles têm discussões, ele não acha que elas indiquem algum problema conjugal sério.

Maria tem passado por episódios depressivos desde que tinha 20 anos, logo depois que Alex nasceu. Desde aquela época, sua depressão tem recorrido pelo menos uma vez por ano, tipicamente durante seis meses ou mais. Embora frequentemente imprevisíveis, os episódios tendem a ocorrer após mudanças importantes na vida, como a mudança para uma casa nova. Durante um episódio depressivo, ela tende a se afastar da sua família e experimenta fortes sentimentos de vazio e desesperança. Ela se percebe como sem valor, não merecendo ser amada e inadequada como esposa, além de se culpar pelos problemas no seu casamento. Ela também perde o interesse em seus *hobbies* (escrever, ler e ir a peças de teatro com Carlos), perde o apetite e passa muito tempo na cama, frequentemente só querendo desaparecer. Durante seus episódios depressivos, ela se sente incapaz de cuidar das responsabilidades básicas da casa. Maria e Carlos acham que a depressão dela com frequência afeta de maneira negativa seu casamento e, em contrapartida, que seus desentendimentos — até os menores — desencadeiam um episódio depressivo. As discussões reforçam seus sentimentos de desvalia e de não ser amada, e frequentemente acha que seu marido vai deixá-la, mesmo que ele nunca tenha ameaçado fazer isso. Maria já contemplou o suicídio como forma de escapar dos seus sentimentos de vazio, mas nunca tece um plano e diz que na verdade nunca tentaria se machucar porque ama demais sua família.

guir, apresentamos a história de Maria, que ilustra esses problemas.

Embora Maria ame sua família e faria qualquer coisa por seu filho, ela acha que renunciou a muitos dos seus sonhos ao se tornar uma mãe que fica em casa. Durante o tratamento, lembrou que sua relação com seu pai era muito conflituosa e que frequentemente se sentia incompreendida e não amada por ele. Embora não ache que seu marido algum dia a deixe, ela está preocupada que ele encontre outra mulher e a abandone. Maria deu-se conta de que seus temores de abandono podem ter se intrometido em seu relacionamento com seu marido. Embora as brigas com ele não pareçam ser muito intensas, ela tende a ruminar excessivamente sobre elas, mesmo depois que se passaram semanas. Crenças catastróficas (p. ex., "Meu marido quer me deixar") levam ao afastamento das relações sociais e do seu casamento, exacerbando e talvez até provocando seu episódio depressivo.

O estresse é um desencadeante comum para o estresse psicológico, e estressores interpessoais podem ser especialmente poderosos. Os fortes autoconceitos negativos de Maria são evidentes (p. ex., "Não tenho valor e não gostam de mim"), mas, no caso dela, podemos considerar núcleos de tratamento centrados em *estratégias que melhoram o relacionamento*, em que Maria e seu marido possam aprender a expressar as necessidades emocionais mais diretamente, ouvir sem afastamento ou crítica, validar o que é válido e criar vínculos mais seguros por meio de atividades que melhorem o relacionamento.

O FUTURO DOS NÚCLEOS DE TRATAMENTO

Um grande número de núcleos de tratamento está disponível para os clínicos iniciarem mudança no tratamento focando nos processos terapêuticos. Demos apenas alguns exemplos aqui, e nenhuma lista poderia ser exaustiva. Organizar os núcleos de forma abrangente em classes funcionais de métodos de intervenção exigirá que o programa inteiro de pesquisa em PBT (p. ex., veja Hofmann & Hayes, 2019) continue a progredir. Como campo, tivemos um bom começo e discutimos uma ampla variedade de núcleos em outro lugar (Hayes & Hofmann, 2018), incluindo aqueles que focam em processos cognitivos, afetivos, atencionais, autorrelacionados, motivacionais, comportamentais, biofisiológicos e socioculturais.

Conforme discutido no Capítulo 3, esses processos não são independentes, mas altamente interativos, e qualquer um dos núcleos muitas vezes focará em vários processos. Cada núcleo precisará ser adaptado às necessidades específicas do cliente, e alguns núcleos novos precisarão ser gerados com base nos problemas do cliente específico, assim como um construtor precisa fabricar uma janela a partir do zero quando as considerações do projeto assim exigirem. Flexibilidade na PBT é fundamental, para os clientes e também para os terapeutas. A PBT é um processo flexível com duas (ou mais) pessoas sendo engajadas em uma interação dinâmica, semelhante a uma dança lúdica tendo o terapeuta como o parceiro que gentilmente conduz a dança. No próximo capítulo, ilustraremos esta dança durante a PBT.

11

O curso do tratamento

O curso do tratamento muda ao longo do tempo. Na PBT, adotamos as características dinâmicas da experiência de um indivíduo. Para isso, vamos revisitar o caso de Maya. Como você deve lembrar, ela era a cliente com dor crônica nas costas devido a um acidente no trabalho. Nossa avaliação inicial revelou que ela foca preponderantemente na sua dor e em preocupações de que a dor persista ou até mesmo que ela volte a se lesionar, o que pode tornar a dor ainda pior. Isso resultou em tendências à evitação, restringindo sua vida ocupacional e social. Maya achava que o acidente e a consequente dor podiam ter sido evitados, pois haviam sido causados por seu empregador, que era descuidado com a implementação de medidas de segurança no ambiente de trabalho. Isso a deixou com raiva e ressentida.

O terapeuta inicialmente achou que as estratégias mais promissoras para focar em seus sintomas predominantes — ruminação e preocupação, atenção à dor e à raiva e medo de se lesionar novamente — envolviam melhorar seu nível de *mindfulness* para se desvincular da experiência desagradável e focar em suas cognições repetitivas. Assim sendo, o terapeuta ensinou a Maya habilidades de *mindfulness* para que ela pudesse aprender a focar sua atenção de forma mais flexível e menos crítica para estimular a variação saudável e a seleção flexível. A expectativa do terapeuta era de que Maya fosse capaz de direcionar sua atenção mais deliberadamente, em vez de ser controlada pela sua dor.

REVISITANDO O MODELO DE REDE

O terapeuta de Maya a instruiu a observar sua experiência atentamente sempre que sua mente se desviasse para sua dor ou outros pensamentos, imagens, sentimentos ou experiências de raiva. O terapeuta esperava que os fatores que anteriormente tinham feito parte de um padrão mal-adaptativo alimentassem o ciclo adaptativo para fortalecer sua habilidade de direcionar sua atenção de forma mais adaptativa. Isto é representado, mais uma vez, na Figura 11.1. Introduzir práticas de meditação era uma estratégia fundamental para perturbar a rede mal-adaptativa de Maya. Seu terapeuta esperava que essa intervenção também melhorasse seu sentimento de autoeficácia, mudasse seu foco para objetivos valorizados, em vez do medo de nova contusão, atenuasse sua ruminação e diminuísse seus sentimentos negativos em relação à contusão e ao seu empregador.

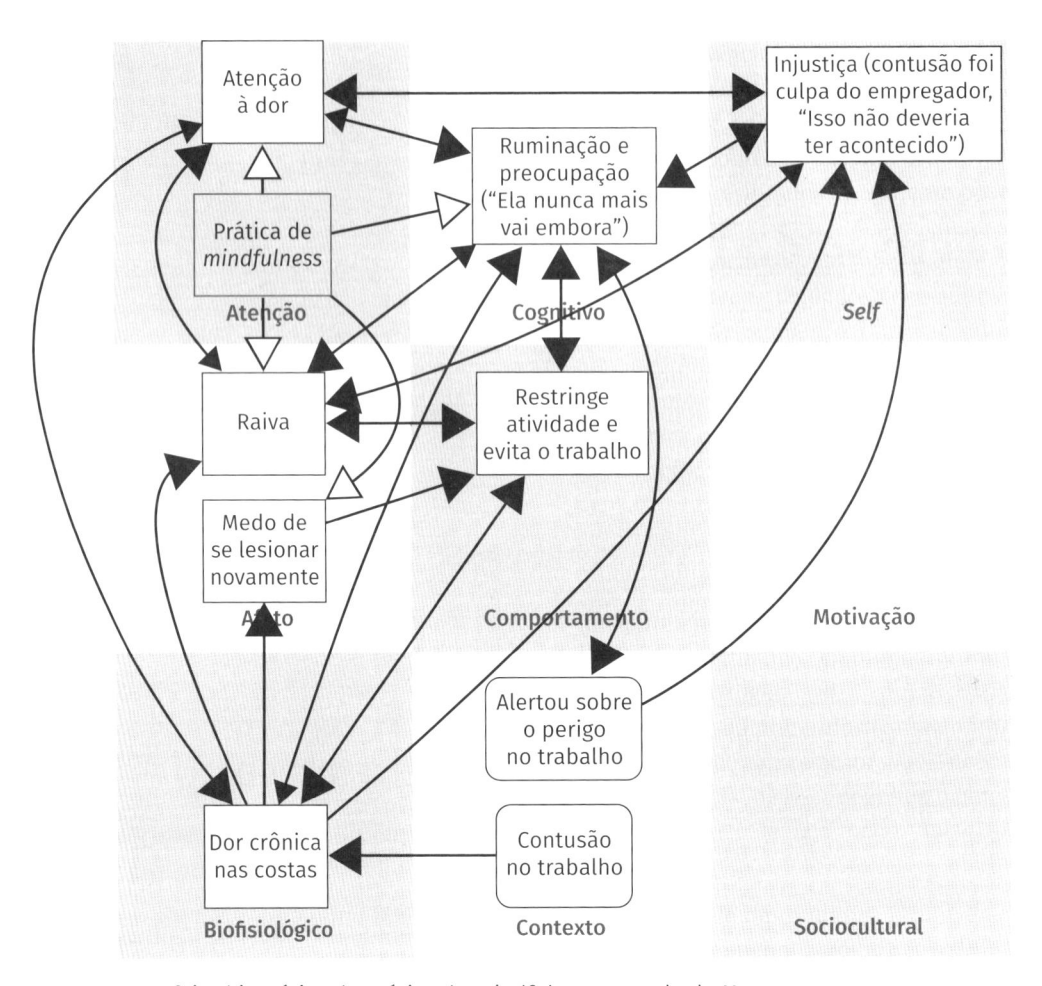

FIGURA 11.1 Efeito hipotético da prática de *mindfulness* na rede de Maya.

Toda rede da terapia é um sistema dinâmico que muda com o tempo. Também é um conjunto hipotético de suposições que requerem corroboração empírica. Dessa forma, a rede de um cliente é um mapa temporário que muda durante o curso do tratamento e com a simples passagem do tempo. Portanto, você precisará checá-la frequentemente para se assegurar não só de que você e o cliente estão no caminho certo mas também se o mapa precisa ser redesenhado. Depois que a rede inicial estiver determinada, você precisa reunir evidências para examinar a sua validade.

OBTENDO *FEEDBACK* PARA GUIAR O TRATAMENTO

A melhor maneira de se obter *feedback* acurado é coletar dados de alta densidade das principais medidas que refletem as mudanças dos principais nós e suas conexões que constituem a rede. Se a rede reflete a hipótese de que existe uma forte influência entre dois nós, então as medidas que avaliam esses nós também devem mostrar forte relação. No caso de Maya, o terapeuta presumiu que as práticas de meditação afetariam diretamente (e positivamente) seu medo de contusão, atenção à dor, ruminação e preocupação, e raiva. Além disso, a rede reflete a hipótese do terapeuta de que as práticas aumentariam seu foco em objetivos valorizados e na sua autoeficácia.

Para reunir alguns desses dados relevantes, o terapeuta primeiro explorou formas de medir alguns desses construtos. A questão inicial mais crítica no caso de Maya é se as práticas de *mindfulness* têm o efeito pretendido no medo de se machucar novamente, ruminação e preocupação, e raiva.

Reunir esses dados de alta densidade aumenta a carga para o cliente, sendo por isso que pode ser útil a utilização de ferramentas tecnológicas. Por exemplo, um *smartphone* pode coletar muitos dados potencialmente valiosos, especialmente quando usado em conjunto com biossensores (p. ex., medir a variabilidade ou atividade da frequência cardíaca). Todos os *smartphones* já coletam atividade (como os passos durante o dia), fornecem a localização e acompanham os contatos sociais (como a quantidade de engajamento em certos aplicativos de mídia social ou texto). O *smartphone* também pode permitir a coleta ativa de dados, por exemplo, usando um aplicativo que frequentemente peça que o cliente forneça avaliações simples na escala *Likert* de nós relevantes na rede (p. ex., classificação das emoções em uma escala de zero a 10 pontos). Se você incorporar a PBT à sua prática clínica, recomendamos que integre ao máximo o potencial do *smartphone* ao tratamento para coletar dados válidos e de alta densidade, ao mesmo tempo minimizando a carga do cliente e maximizando seu engajamento. Uma versão de baixa tecnologia para coleta dessas informações é, obviamente, o monitoramento simples com papel e caneta das informações relevantes. Para fins de simplicidade, aqui escolhemos esta opção com Maya.

DIFICULDADE DE MEDITAÇÃO DE MAYA

Terapeuta: Maya, conforme discutimos, há uma boa possibilidade de que práticas de *mindfulness* diminuam seu medo de voltar a se machucar, sua ruminação e sua preocupação, e também a raiva — ou pelo menos seu impacto indesejado. Você ainda está disposta a tentar estabelecer uma prática?

Maya: Com certeza. Estou interessada. Vamos tentar.

Terapeuta: Isso é ótimo. Mas por que não nos certificamos de que as práticas realmente têm o efeito pretendido? Este é um pequeno incômodo porque vou precisar lhe pedir para fazer um registro de algumas dessas coisas.

Maya: Oh, tudo bem. Não me importo, desde que não seja trabalho demais (*ri*).

Terapeuta: Não será. Mas é muito importante para que possamos entender como estas coisas se interligam. Depois que entendermos, poderemos intervir efetivamente. Faz sentido?

Maya: Com certeza.

Terapeuta: Ótimo. Então vamos manter o mais simples possível para que possamos minimizar o tempo que você passa fazendo isso enquanto reúne as informações mais importantes para adaptar seu tratamento. O que você acha mais importante saber com base na rede que desenvolvemos?

Maya: Sem dúvida, a minha dor. Quero sentir menos dor.

Terapeuta: Com certeza. Então vamos incluir uma coluna de intensidade da dor. Digamos que você classifica a intensidade da sua dor em uma escala de zero a 10 pontos quando medita. Vamos dar uma olhada na rede. O que mais parece importante que deveríamos registrar para ver se a nossa rede é acurada?

Maya: Acho que estou preocupada em me machucar de novo e que estou pensando muito sobre isso.

Terapeuta: Concordo. Então vamos registrar o seguinte sobre sua prática de *mindfulness* todos os dias pelas próximas duas semanas (entrega o formulário à cliente [Tab. 11.1]).

Terapeuta: Para determinar se a prática de *mindfulness* tem o efeito pretendido, vou pedir que você medite duas vezes por dia durante as próximas duas semanas e registre por quanto tempo meditou, em minutos, e a profundidade da meditação em uma escala de zero a 10, e então registre seu nível de medo, ruminação/preocupação e raiva durante a prática. Por favor, pratique mais ou menos na mesma hora, uma vez durante a primeira metade do dia e uma vez durante a segunda metade. Programe isso para um horário e lugar em que você não possa ser facilmente distraída por outras pessoas. Você tem alguma pergunta?

Maya: Não. Eu posso fazer isso. Sem problema.

Terapeuta: Eu entendo que isso é muita coisa para fazer, mas pelas próximas duas semanas, realmente precisamos fazer isso para determinar se estamos no caminho certo. Caso contrário, na melhor das hipóteses, estaremos desperdiçando nosso tempo, ou então estaremos piorando ainda mais as coisas. Portanto, é muito importante reunirmos esses dados. Você prevê algum problema?

Maya: Não. Nenhum problema.

Terapeuta: Ótimo. Obrigado. Você já sabe quando e onde pode encontrar tempo para fazer isso?

TABELA 11.1 Parte do formulário de monitoramento de Maya

Dia e hora	Duração da meditação (min.)	Profundidade da meditação (0-10)	Medo de se machucar novamente (0-10)	Ruminação/ preocupação (0-10)	Raiva (0-10)	Dor (0-10)
Primeira:						
Segunda:						

DISCUTINDO O *FEEDBACK*

Independentemente do tipo e da fonte dos dados, os coletados precisam ser cuidadosamente examinados no próximo passo. A TCC tradicional rotineiramente envolve reunir dados similares, mas com muito menos frequência. Esses dados são frequentemente usados como uma breve verificação se o tratamento tem efeito no problema presente do cliente.

Na PBT, esses dados têm função muito mais importante. Eles são usados para examinar a funcionalidade de diferentes problemas, por exemplo, examinando o padrão de covariação das avaliações. No caso mais simples, isso é feito examinando se as mudanças em uma variável estão consistentemente associadas a mudanças na outra variável na direção esperada. A tendência geral (p. ex., melhora com o tempo) é consideravelmente menos importante que o padrão de covariação entre as medidas que se presume formarem uma relação causal.

Como parte da intervenção, o terapeuta e Maya decidiram tentar meditação para perturbar sua rede mal-adaptativa. A hipótese era de que a introdução de práticas regulares de meditação melhoraria seu nível de *mindfulness* e reduziria seu medo de se machucar novamente, ruminação, preocupação e raiva associados à sua contusão. O monitoramento de Maya, no entanto, revelou um padrão muito diferente (Tab. 11.2).

Embora Maya praticasse meditação regularmente, seu medo de voltar a se machucar, ruminação/preocupação e raiva permaneceram praticamente inalterados. O terapeuta e ela discutiram isso na sessão para examinar o efeito da meditação em seu estado emocional.

Terapeuta: Obrigado por fazer as práticas de meditação e preencher o formulário. Como foi isso?

Maya: Obrigada. Bem, acho que tudo correu bem. Tive dificuldade para ficar sentada por muito tempo sem interrupção, mas por fim peguei o jeito.

Terapeuta: Ótimo. Você gostou das práticas de meditação?

Maya: Não sei. Lamento dizer, mas não acho que funcione. Na verdade, isso não fez muita diferença para a minha dor e minhas preocupações a respeito. Mas talvez só precise de muito mais tempo e talvez eu devesse continuar tentando.

Terapeuta: Esta é com certeza uma possibilidade. Talvez devêssemos continuar tentando por mais tempo e ver como funciona. Mas também é possível que simplesmente esta não seja a abordagem certa para você, e queremos garantir que estamos escolhendo a estratégia certa para o seu problema. O que você acha? Devemos examinar mais de perto antes de decidirmos seguir em frente?

Maya: Certamente, faz sentido.

Também é possível que por meio da prática repetida de *mindfulness*, Maya possa aprender a responder à sua dor de forma diferente e redirecionar seu foco atencional para estímulos adaptativos. No entanto, não está claro se e quando esse efeito benéfico de *mindfulness* pode ser esperado. Sem benefícios claros e imediatos, buscar esta prática para Maya pode levar à piora dos seus problemas, desencorajar e frustrá-la

TABELA 11.2 Formulário de monitoramento de Maya completado — 1ª semana

Dia e hora	Duração da meditação (min.)	Profundidade da meditação (0-10)	Medo de se machucar novamente (0-10)	Ruminação/preocupação (0-10)	Raiva (0-10)	Dor (0-10)
Primeira: Quarta-feira, 9h	10	5	9	9	9	9
Segunda: Quarta-feira, 15h	10	5	9	8	9	9
Primeira: Quinta-feira, 9h	15	6	9	9	9	9
Segunda: Quinta-feira, 16h	15	6	8	9	9	9
Primeira: Sexta-feira, 9h	20	6	8	9	9	9
Segunda: Sexta-feira, 15h	20	6	9	9	9	9
Primeira: Sábado, 10h	30	7	8	9	9	9
Segunda: Sábado, 12h	30	7	8	9	9	9
Primeira: Domingo, 10h	30	7	9	9	9	9
Segunda: Domingo, 14h	30	6	9	9	9	9
Primeira: Segunda-feira, 9h	10	5	9	9	9	9
Segunda: Segunda-feira, 14h	10	6	9	9	9	9
Primeira: Terça-feira, 8h	20	6	9	9	9	9
Segunda: Terça-feira, 18h	20	6	8	9	8	9

e a seu terapeuta, e até mesmo aumentar o risco de Maya descontinuar o tratamento prematuramente. Em vez de prosseguir com uma estratégia normalmente benéfica, mas questionável no caso de Maya, o terapeuta de PBT reexamina a abordagem.

SONDANDO A REDE

Se a rede refletir a hipótese de que os dois nós estão fortemente conectados, então as mudanças na medida de um nó devem estar consistentemente associadas a mudanças na medida do outro. Se eles estiverem associados, podemos reter a rede por enquanto (até que mude novamente). Se este não for o caso, é porque os nós foram medidos imprecisamente e/ou os nós não estão diretamente conectados.

Lembre-se de que a mera associação não implica causação. No entanto, nossa rede faz suposições sobre a direcionalidade e, portanto, também sobre a causalidade da associação. A exploração da relação de causa e efeito entre os nós frequentemente requer algumas discussões detalhadas nas sessões de terapia. Algumas vezes, o efeito é mais óbvio do que outras. Por exemplo, é muito evidente que o medo de Maya de se machucar novamente é causado pela sua dor crônica nas costas, e que sua dor nas costas faz com que ela rumine e se preocupe. Muitos outros nós na rede de Maya são bidirecionais, mas a causalidade dos dois nós é algumas vezes assimétrica (p. ex., a ruminação faz Maya se sentir com raiva, e a raiva a faz ruminar, mas em menor grau). Ao usar dados do *smartphone* ou dados do biossensor, podemos examinar a relação temporal entre as duas medidas para determinar a direcionalidade e a causalidade das medidas.

Demonstrar causalidade pode ser difícil se houver influência significativa no intervalo de tempo de uma variável sobre outra. Por exemplo, problemas do sono na noite anterior podem causar humor deprimido no dia seguinte, muito embora o cliente não esteja consciente dessa associação, em parte devido ao intervalo de tempo. Monitorar dados relevantes, examinar o padrão de covariação e determinar a direcionalidade e a causalidade pode trazer maior clareza para um problema e proporcionar uma oportunidade para intervir efetivamente.

Terapeuta: Quero entender melhor por que meditar não está ajudando e pode até deixar as coisas piores. Isso pode esclarecer o processo em que precisamos focar. Você poderia, por favor, fazer a meditação aqui na sessão e compartilhar comigo cada pensamento e imagem que aparecer na sua mente enquanto faz o exercício? Seria mais fácil se eu puder lhe perguntar em vários pontos o que você está pensando naquele exato momento. Então quando eu perguntar: "Agora?", quero que você verbalize e me conte seus pensamentos, imagens ou experiências que tem naquele momento enquanto está realizando a prática. Não é preciso dar uma resposta elaborada. Você pode apenas dizer alguma coisa como "foco na respiração" ou "ouvi o som" ou "formigamento na perna", etc. Vou lhe perguntar "Agora?" a intervalos bem aleatórios a cada poucos minutos. Isso faz sentido?

Maya: Sim.

Terapeuta: Ótimo. Comece!

Maya: (*Medita*)

Terapeuta: (*Depois de aproximadamente dois minutos*). Agora?

Maya: Respiro mais lentamente.

Terapeuta: Ótimo (*depois de aproximadamente dois minutos*). Agora?

Maya: Respiro mais lentamente.

Terapeuta: Ok (*faz anotações...depois de aproximadamente dois minutos*). Agora?

Maya: As costas doem.

Terapeuta: Ok (*faz anotações...depois de aproximadamente dois minutos*). Agora?

Maya: Frustrada que as costas doem. Preciso mudar de posição para que doa menos.

Maya respondeu aos estímulos do terapeuta com pensamentos e imagens relacionados ao momento presente, mas também endossou continuamente um foco em declarações relacionadas à dor, como "As costas doem" ou "Preciso mudar de posição para que doa menos".

Ficou evidente que a prática de *mindfulness* focava sua atenção na sua dor. Assim sendo, a prática de *mindfulness* não teve a influência pretendida e suposta nos problemas de Maya relacionados ao medo de voltar a se machucar, ruminação/preocupação e raiva. Em contrapartida, a prática pareceu inadvertidamente exacerbar o problema. Pode ser possível trabalhar mais em como meditar para evitar esses problemas, mas uma mudança na direção pode produzir benefícios mais imediatos.

Este exemplo destaca uma característica importante da PBT: utilizar a sessão de terapia como arena experimental em vez de como sessão de consulta tradicional, que é mais desvinculada da experiência real do cliente. A abordagem da PBT é experimentar no aqui e no agora e trazer o terapeuta para dentro de todo o processo.

REDESENHANDO A REDE NO MOMENTO

Experimentar a meditação e monitorar seus efeitos sobre seu medo, sua ruminação/preocupação e sua raiva foi uma experiência valiosa, apesar de mostrar que aquela não era a estratégia certa para Maya no momento presente. Trazer a prática para a sessão mostrou que a prática de meditação chamou a sua atenção para a experiência da dor.

A PBT segue o princípio de variação, seleção e retenção do EEMM em determinado contexto em todos os níveis. Aqui o terapeuta variou diferentes estratégias que foram guiadas por evidências e modelos teóricos sólidos (i.e., a prática de *mindfulness* reduz o medo e a raiva ao reduzir a ruminação e a preocupação). Porém, como a estratégia de meditação não teve o efeito pretendido, o terapeuta optou por não a selecionar e manter a estratégia pedindo que Maya continuasse com a prática. Em vez de considerá-la um insucesso, eles usaram a experiência para entender melhor a natureza do problema de Maya.

O terapeuta redesenhou a rede de Maya com a ajuda dela para incluir o verdadeiro papel da prática de meditação (Fig. 11.2). Conforme refletido na rede, a meditação teve um efeito não pretendido de aumentar seu medo de se machucar, a ruminação e a preocupação e a raiva, e até a própria dor nas costas. É possível que a meditação esteja diretamente relacionada a essas experiências ou indiretamente ligada devido ao aumento da sua atenção à experiência da dor. Trazê-la para dentro da sessão de terapia proporciona algum apoio para esta última.

SELECIONANDO UMA NOVA ESTRATÉGIA

Obviamente, é bem possível que a estratégia inicial (prática de *mindfulness*) tivesse um efeito muito diferente com um cliente diferente ou com mais esforço. Se a meditação tivesse mostrado sinais de mais eficácia, o terapeuta teria trabalhado com Maya para encontrar formas de maximizar seus benefícios e manter a prática (p. ex., estabelecendo um regime de prática). Entretanto, os terapeutas devem estar preparados para apresentar um grau máximo de flexibilidade ao escolher a estratégia que seja mais adaptativa para determinado cliente em determinado contexto. No caso de Maya, isso não funcionou conforme pretendido. Não quer dizer que o terapeuta tenha que recomeçar do zero cada vez que uma estratégia encontra um obstáculo no caminho. A estratégia anterior não foi um "fracasso" — mas um passo adiante na compreensão da natureza do problema do cliente. Isso é ilustrado no diálogo a seguir.

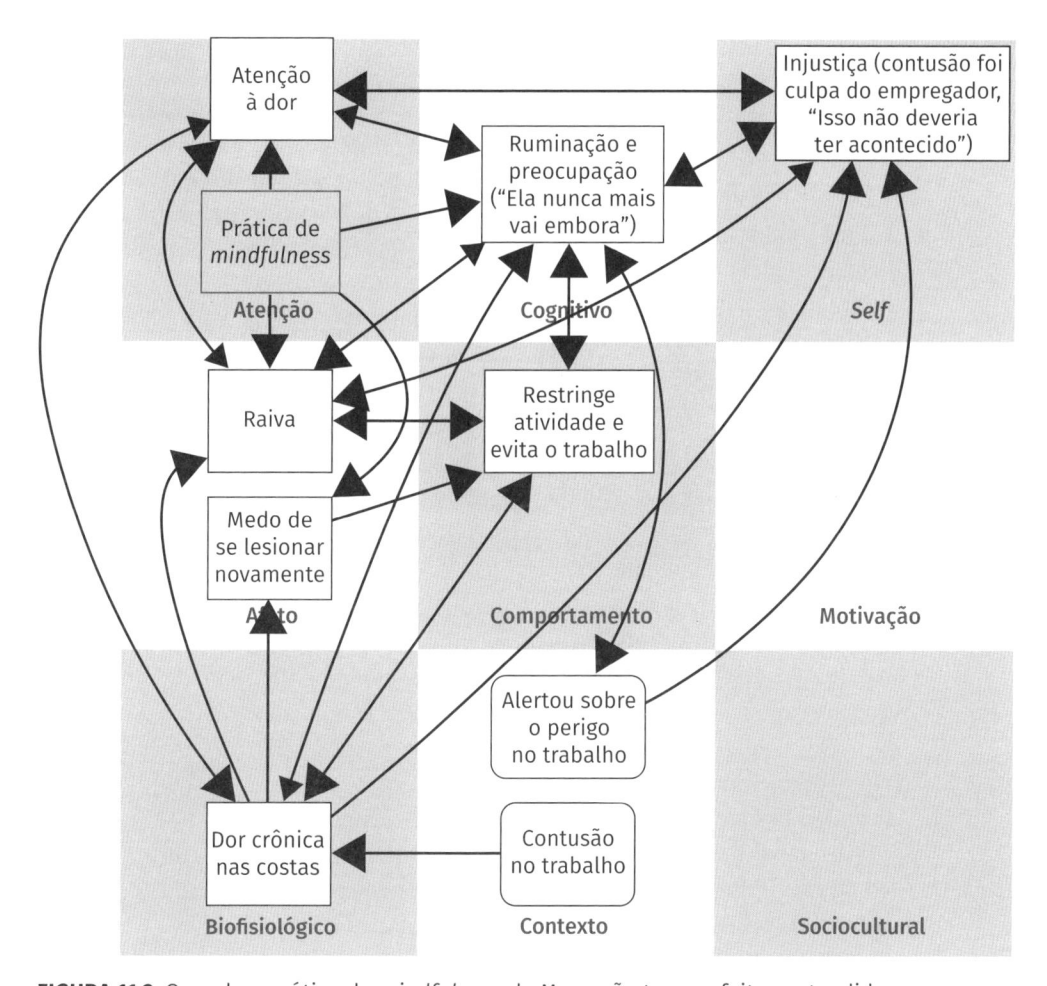

FIGURA 11.2 Quando a prática de *mindfulness* de Maya não tem o efeito pretendido.

Terapeuta: Esta rede e sua influência de *mindfulness* fazem sentido?

Maya: Sim, acho que sim.

Terapeuta: Eu realmente não acho que você precise lamentar. Nós aprendemos uma coisa muito importante: a meditação aumenta sua dor e sua raiva, e até mesmo seu medo de se machucar novamente, a ruminação/preocupação e atenção à dor. O que você pensa sobre o processo pelo qual isso acontece? Como é que meditar pode aumentar sua experiência de dor?

Maya: Bem, talvez eu não esteja fazendo direito.

Terapeuta: Eu acho que você está fazendo direito. De verdade. Nós pudemos demonstrar que essa prática, que pode ser muito útil, não está funcionando para você na sua situação atual. Talvez mais adiante ela funcione para você, mas não agora. Então por que você acha que estamos obtendo o efeito que estamos obtendo?

Maya: Parece que estou me concentrando demais na minha dor. Ela está sempre comigo, está constantemente ali. Não consigo fugir. Simplesmente me sentar aqui a torna pior porque minha mente se volta direto para ela.

Terapeuta: Isso faz muito sentido. Então poderíamos redesenhar a rede para mostrar que a meditação aumenta a sua atenção em relação à dor, o que, por sua vez, aumenta sua experiência de dor, raiva, etc. Correto?

Maya: Sim.

Terapeuta: Ok. Sabendo disso, o que poderia ajudá-la com a dor?

Maya: Bem, se a minha mente não estiver constantemente focada nela.

Terapeuta: Concordo. É muito difícil não pensar em alguma coisa quando você não quer pensar nela. Por exemplo, se eu lhe dissesse para não pensar em um urso branco, esse urso branco se transformaria em uma imagem intrusiva (*o terapeuta ilustra isso*). O que podemos fazer, no entanto, é tirar umas férias da sua preocupação. O que você acha?

Maya: Isso seria ótimo! Mas como eu faria isso?

Inúmeras outras opções são viáveis aqui. Algumas das estratégias de tratamento nucleares mais efetivas ou competências terapêuticas nucleares (as quais, você recorda, chamamos de núcleos de tratamento) foram descritas em detalhes em nosso livro *Process-Based CBT* (Hayes & Hofmann, 2018), no qual designamos um capítulo para cada núcleo com dicas práticas concretas.

Não há resposta certa ou errada absoluta. Mas alguns desses núcleos serão mais benéficos do que outros. De fato, muitos núcleos não serão adequados no caso de Maya porque eles não focam nos processos subjacentes e, portanto, não perturbarão sua rede. Frequentemente, mais de um núcleo será adequado, e com frequência um núcleo adequado focará mais de um processo e mais de um nó na rede. A seguir, apresentamos uma lista de núcleos de tratamento comuns baseados em evidências.

Esses núcleos são organizados em unidades relativamente grandes, e esperaríamos que todos os terapeutas, independentemente da sua orientação, estivessem

Núcleos de tratamento

Manejo de contingências

Controle de estímulos

Modelagem

Autogerenciamento

Solução de problemas

Redução da excitação

Enfrentamento/regulação emocional

Exposição

Ativação comportamental

Habilidades interpessoais

Reavaliação cognitiva

Modificação de crenças nucleares

Desfusão cognitiva

Aceitação experiencial

Treinamento atencional

Escolha e clarificação de valores

Prática de *mindfulness*

Melhora da motivação

Gerenciamento de crise

familiarizados com todos eles. A PBT encoraja você a escolher o núcleo mais adequado para movimentar mais efetivamente o processo subjacente em determinado cliente, em determinado contexto, e isso não será possível se apenas um conjunto muito limitado puder ser empregado. Mesmo antes de falar com um cliente, um terapeuta comportamental mais tradicionalmente orientado pode ser propenso a focar em exposição, controle de estímulos e modelagem; um terapeuta com abordagem da ACT no trabalho com valores e desfusão; um terapeuta da TCC tradicional na reavaliação cognitiva; etc. Isso não faz sentido. Todos esses métodos podem se encaixar na maioria dos modelos de PBT. O que precisa direcionar o uso de núcleos é a necessidade do cliente com base em uma análise funcional baseada em processos.

Passo de ação 11.1   Escolhendo um núcleo de tratamento

Vamos dar outra olhada no problema que você escolheu para si mesmo e examinar quais núcleos de tratamento são mais apropriados para você. Por favor, indique o(s) alvo(s) para cada intervenção e a probabilidade de sucesso em uma escala de zero a 10 pontos.

Núcleo de tratamento	Alvo(s)	Probabilidade de sucesso (0-10)
Manejo de contingências		
Controle de estímulos		
Modelagem		
Autogerenciamento		
Solução de problemas		
Redução da excitação		
Enfrentamento/regulação emocional		
Exposição		
Ativação comportamental		

Núcleo de tratamento	Alvo(s)	Probabilidade de sucesso (0-10)
Habilidades interpessoais		
Reavaliação cognitiva		
Modificação de crenças nucleares		
Desfusão cognitiva		
Aceitação experiencial		
Treinamento atencional		
Escolha e clarificação de valores		
Prática de *mindfulness*		
Melhora da motivação		
Gerenciamento de crise		

Exemplo

Para ilustrar como usar esta tabela como um guia para selecionar núcleos de tratamento, considere nosso cliente com ansiedade social cuja tabela preenchida era semelhante à que apresentamos a seguir. Faria todo o sentido focar mais nos núcleos avaliados com 8 e 9 do que aqueles com um nível inferior, como 5.

Núcleo de tratamento	Alvo(s)	Probabilidade de sucesso (0-10)
Exposição	Exposição a situações sociais que provocam medo e nervosismo	7
Modificação de crenças nucleares	Modificar a crença de que existem "Vencedores e perdedores", que "Sou um perdedor", que "Tenho que me provar".	8
Desfusão cognitiva	Desfusão de pensamentos penosos de que "Sou um perdedor".	7
Aceitação experiencial	Praticar aceitação de sentimentos de medo e nervosismo.	9
Treinamento atencional	Praticar flexibilidade para ajustar meu foco externamente para outras pessoas.	5
Escolha e clarificação de valores	Clarificar o que é importante para mim, como um ponto focal em situações sociais.	5
Prática de *mindfulness*	Praticar estar presente comigo mesmo, com minhas emoções, no aqui e no agora.	8

Retornando ao caso de Maya, já escolhemos meditação como prática de *mindfulness* para focar na redução do — ou pelo menos melhor controle contextual sobre — seu medo de nova contusão, ruminação e preocupação, raiva e experiência de dor. Os processos atencionais ainda parecem importantes, mas o núcleo de tratamento que inicialmente escolhemos a movimentou na direção errada. O que o terapeuta fez foi focar a atenção de outra maneira, como veremos no próximo segmento da conversa.

Terapeuta: Vamos designar um tempo durante o qual você se preocupa com a sua dor. Digamos, talvez, duas horas, das 14h às 16h, todos os dias. Você pode se preocupar o quanto quiser durante essas duas horas, mas terá umas férias da preocupação fora deste tempo de preocupação. Portanto, se tiver impulso de se preocupar com sua dor pela manhã, adie até as 14h, quando poderá se preocupar tanto quanto quiser por duas horas. O que você diz?

Maya: Interessante. Não acho que eu queira me preocupar por duas horas inteiras. Mas vamos tentar.

Terapeuta: Porém, antes de fazermos isso, vamos ver o que esperamos que aconteça à rede se você tiver umas férias da preocupação. Você concorda com esta rede? (*entrega à cliente a Figura 11.3, mostrada a seguir*).

As férias da preocupação (uma reformulação positiva da intervenção com o tempo de preocupação) não eram um núcleo específico na lista dos núcleos de tratamento apresentada anteriormente. É uma estratégia que inclui sobretudo núcleos de treinamento atencional e, em certa medida, controle de estímulos e autogerenciamento. Esses núcleos são os componentes básicos para as estratégias de tratamento específicas que focam o processo específico no caso de Maya. Embora essa opção não seja um núcleo frequentemente usado, o impacto no processo focado deve ser rápido e evidente — assim, não abandonamos uma abordagem empiricamente focada.

REUNINDO MAIS *FEEDBACK*

Juntamente com Maya, o terapeuta examinou se o processo proposto é de fato válido — ou seja, se as "férias da preocupação" estão associadas a menos ruminação e preocupação, atenção à dor e medo de se machucar novamente. Em caso afirmativo, isso deve então reduzir sua raiva e a intensidade da experiência de dor (indiretamente, mas talvez até diretamente). Outra fase de monitoramento de alta densidade de duas semanas esclareceria estes pressupostos e demandaria outra modificação na rede, se necessário.

Terapeuta: O que devemos medir para ver se esta nova rede é acurada?

Maya: Poderíamos ver se as férias da preocupação são úteis.

Terapeuta: Ótima ideia. Vamos registrar o seguinte todos os dias durante as próximas duas semanas (*entrega à cliente o formulário a seguir* [Tab. 11.3]). Primeiro, quero que você use esta folha de monitoramento para registrar seu tempo livre da preocupação; quão bem você está se sentindo, em uma escala de zero, nada bem, a 10,

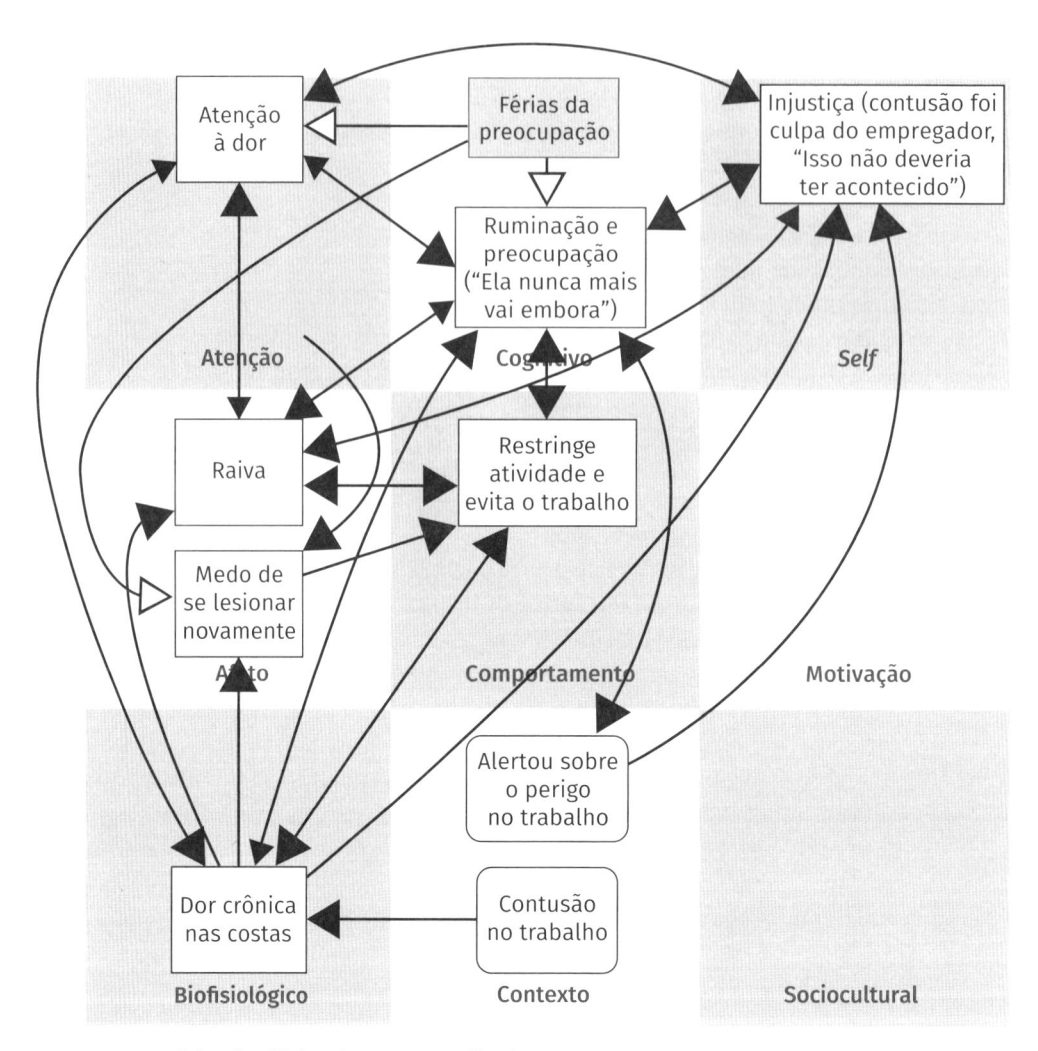

FIGURA 11.3 Efeito das férias da preocupação de Maya.

muito bem; seu medo de se machucar novamente em uma escala de zero, que significa sem medo, a 10, que significa medo extremo; o quanto você rumina e se preocupa, de zero a 10; e seu nível de raiva, de zero a 10.

O propósito desse formulário de monitoramento é examinar se a intervenção tem o efeito pretendido. Em outras palavras, ter umas férias da preocupação estará associado a melhor humor, menos medo de nova lesão e também menos preocupação, raiva e dor? Se de fato tiver o efeito pretendido, Maya deve manter essa estratégia simples e desenvolvê-la ainda mais. Se não tiver êxito em dar uma boa chance para que funcione, outras estratégias devem ser consideradas. Eventualmente, a PBT evolui de processos simples para mais complexos. Isso se dá da seguinte forma.

TABELA 11.3 Parte do formulário de monitoramento de Maya

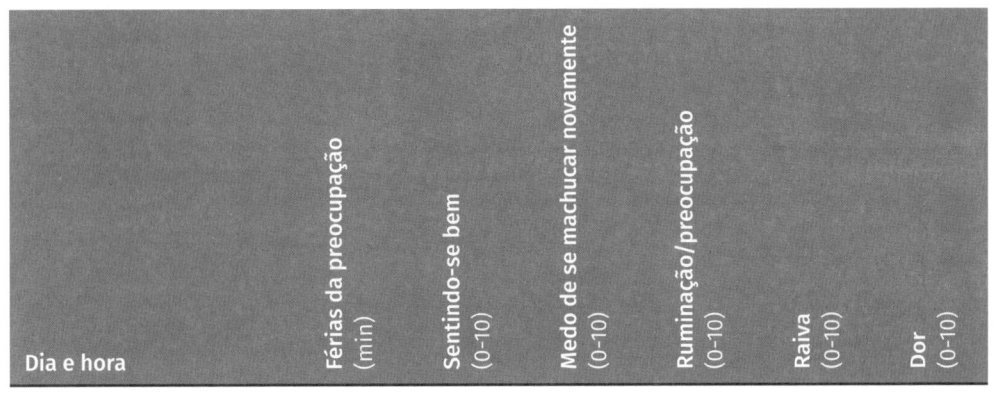

Dia e hora	Férias da preocupação (min)	Sentindo-se bem (0-10)	Medo de se machucar novamente (0-10)	Ruminação/preocupação (0-10)	Raiva (0-10)	Dor (0-10)
Primeira:						
Segunda:						

AVANÇANDO PARA PROCESSOS MAIS COMPLEXOS

A intervenção que acabamos de selecionar pode ser benéfica ao proporcionar à Maya alívio da sua dor a curto prazo por meio do foco repetitivo no pensamento negativo, incluindo preocupação e ruminação. Existem processos cognitivos específicos relacionados à sua experiência de dor.

Depois que Maya perceber que é capaz de administrar sua dor e tiver maior controle sobre estes processos cognitivos relacionados à dor, outras estratégias de intervenção que focam em processos mais complexos podem ser consideradas. Elas podem incluir aquelas que focam no *self* ou problemas sociais, participando do sindicato dos empregados e se engajando em outros comportamentos que a fazem avançar na direção dos seus objetivos valorizados, como já discutimos. Outras estratégias importantes que o terapeuta deve considerar para Maya são aquelas que visam à reconstrução da sua rede social e à sua qualidade de vida, que têm sido prejudicadas pela sua dor. Isso pode incluir fazer exercícios matinais regulares com seu vizinho e se engajar em outras atividades sociais. Assim como fizeram para a prática de meditação, o terapeuta e Maya devem avaliar atentamente e testar o impacto de cada estratégia para identificar e medir o processo proposto por meio do qual a intervenção pode funcionar.

Se uma intervenção não tiver o efeito pretendido e não focar no processo certo para um cliente, você precisará explorar flexivelmente outros núcleos de tratamento para encontrar a abordagem mais adequada para um determinado cliente naquele contexto específico. Tanto quanto possível, essas estratégias não devem se restringir a tarefas como o dever de casa; o processo também deve ser executado em seu consultório. Desencorajamos dramatizações e, em vez disso, encorajamos você a estar atento e a identificar um processo na sessão sempre que ele acontecer.

Você pode usar as perguntas orientadoras a seguir para ajudá-lo a determinar os melhores núcleos de tratamento para um determinado cliente em um contexto particular e fazer as mudanças necessárias durante o percurso com base no *feedback* que você e seu cliente reunirem.

Perguntas orientadoras — Curso do tratamento

Entenda o problema
- Quais são os principais problemas/nós críticos?
- Como os nós estão funcionalmente conectados?
- Onde estão os ciclos de *feedback* autossustentáveis e positivos?
- Todas as dimensões do EEMM foram consideradas?

Planeje o tratamento
- Quais são os objetivos a curto prazo?
- Quais são os objetivos a longo prazo?
- Quais são os elementos na rede que proíbem ou interferem nesses objetivos?
- Quais são as estratégias possíveis para intervir efetivamente?

Implemente estratégias
- Como você adapta uma estratégia particular à rede particular do cliente?
- Como você se assegura de que a estratégia é implementada corretamente?
- A estratégia pode ser praticada em seu consultório?
- Como você monitora a implementação?

Examine o efeito da estratégia na rede
- Como você melhor quantifica a mudança?
- O processo de mudança está se movimentando na direção esperada?
- Os nós mostram o grau de covariação (e direcionalidade) esperado?
- A estratégia/rede deve ser revisitada/revisada?

12

Dos problemas à prosperidade:
Mantendo e expandindo os ganhos

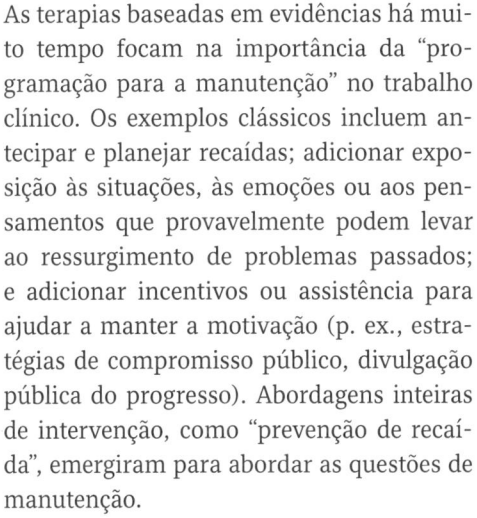

As terapias baseadas em evidências há muito tempo focam na importância da "programação para a manutenção" no trabalho clínico. Os exemplos clássicos incluem antecipar e planejar recaídas; adicionar exposição às situações, às emoções ou aos pensamentos que provavelmente podem levar ao ressurgimento de problemas passados; e adicionar incentivos ou assistência para ajudar a manter a motivação (p. ex., estratégias de compromisso público, divulgação pública do progresso). Abordagens inteiras de intervenção, como "prevenção de recaída", emergiram para abordar as questões de manutenção.

Essas abordagens clássicas para manutenção são o primeiro passo, mas pode-se dizer que estão baseadas em uma abordagem baseada em processos. Manutenção em uma abordagem da PBT requer mudança no foco, tanto para o cliente quanto para o terapeuta. Os sucessos na manutenção, segundo um ponto de vista da PBT, envolvem:

1. focar nos processos em vez de nos resultados imediatos;
2. construir ciclos autossustentáveis que apoiam processos de mudança saudáveis;
3. praticar e repetir processos de mudança importantes;
4. integrar esses processos saudáveis em padrões de ação maiores; e
5. estabelecer o ressurgimento de áreas-problema como sinais para processos de mudança positivos.

FOCANDO EM PROCESSOS EM VEZ DE NOS RESULTADOS IMEDIATOS

Os "resultados" proximais em uma abordagem da PBT são os próprios processos. É importante *como* a mudança acontece, e não apenas *que* a mudança aconteça, pois, no futuro, as habilidades do processo positivo permitirão que a pessoa desenvolva sua vida com propósito.

Suponha que dois alunos estão estudando para uma prova, e ambos acabam recebendo a mesma nota. O primeiro aluno inicialmente não sabia o assunto muito bem, mas estudou com afinco com um colega e se desafiou com perguntas de testes e exames práticos até que se sentiu confiante de que sabia o material. O segundo aluno tinha uma "queda" pelo tema, e sua irmã havia assistido à mesma aula dois anos antes e previu com precisão como provavelmente seria a prova.

Para qual desses dois alunos você preveria uma boa nota na próxima prova? Se você estimar com base nos resultados isolados, ambos seriam igualmente prováveis, mas qualquer pessoa ponderada irá prever que o primeiro aluno estaria mais bem posicionado para sucesso futuro, pois a origem da boa nota é mais confiável e está mais no controle da pessoa. Assim também é com os processos de mudança.

Para começo de assunto, o mesmo argumento ajuda a explicar por que as pessoas frequentemente desenvolvem problemas recalcitrantes. Todos os seres humanos desenvolvem habilidades com o tempo, e seria lógico acreditar que todos eles com o tempo ficam cada vez melhores na realização dos seus objetivos por meio de tentativa e erro. Isso seria lógico, mas seria errado porque as pessoas podem aprender a lição errada com a experiência. Processos de mudança em geral inúteis frequentemente produzem resultados positivos a curto e até a médio prazo. Isso pode fortalecer aqueles processos em grande parte negativos, e a pessoa os usará em outros momentos e em outros lugares, em seu próprio prejuízo a longo prazo. Os meios importam tanto quanto o resultado.

Por exemplo, suponha que uma pessoa sente um profundo sentimento de inadequação. Ela pode ter medo de ser indesejada, incapaz e não amada. Para escapar desse estado doloroso, ela se esforça para alcançar sucesso, usando as ameaças e demandas internas, enquanto oculta estas emoções e crenças mais profundas, certa de que ninguém iria querer estar perto dela se essas vulnerabilidades ficassem evidentes. Sim, isso pode resultar em "sucesso" — mesmo um cavalo açoitado pode chegar ao destino — mas esse "sucesso" soará falso porque em vez de ser capaz de desfrutar da sua crescente competência, ela dará mais um passo na direção de um crescente sentimento de inadequação e solidão apesar da sua competência. O que é pior, de certa forma, o "sucesso" consolidará os processos estabelecidos e então, em outros momentos e lugares em que habilidades de processos mais saudáveis sejam necessárias, como na construção de relações genuínas, essa pessoa recorrerá a processos que não podem produzir o resultado desejado.

Clientes e terapeutas podem ser facilmente iludidos pelos resultados, e há uma tendência humana a se apegar aos resultados imediatos, mesmo que isso não seja sensato a longo prazo. Isso piora ainda mais quando da criação deliberada de mudança psicológica pois, no mundo dos resultados, algumas vezes, as coisas superficialmente precisam piorar antes de melhorarem. Metaforicamente, se um copo tem uma camada espessa de sujeira no fundo, limpá-lo vai agitar as coisas e, por alguns momentos, o copo parecerá ainda pior do que antes. Se um casal precisa ter conversas difíceis sobre um problema que vem acontecendo há anos, você pode esperar que algumas vezes as conversas sejam acaloradas, conflituosas ou penosas, mesmo que o processo em si seja de um modo geral saudável. Qualquer terapeuta baseado em evidências conhece esses exemplos: explosões comportamentais de extinção, a curta recaída frequentemente vista nos primeiros estágios da terapia cognitiva para depressão que marca um engajamento mais profundo, emoções difíceis durante a exposição, etc. Em situações como essas, se o cliente e o terapeuta mantêm os processos como resultados proximais, os resultados *per se* acima de tudo, o cliente estará mais preparado para dar os passos necessários para alimentar o padrão geral de progresso.

Considere uma pessoa com ansiedade social que está prestes a fazer um discurso. Passos saudáveis, como praticar previamente, manter maior grau de atenção consciente e abertura emocional, ajudarão a pessoa a focar no que funciona e no que não funciona, aumentando a probabilidade de sucesso nos discursos a longo prazo. "Acima de tudo, foque apenas em estar presente", poderia dizer um terapeuta orientado para processos, ajudando os próprios processos a se tornarem o principal foco do resultado. Um terapeuta pouco sensato focaria mais nas características do próprio discurso, mesmo que isso implicasse uma sugestão não saudável de que o palestrante pode e deve eliminar a ansiedade.

É importante notar aqui que uma abordagem focada em processos para criar mudança robusta e duradoura pode ser aplicada ao próprio terapeuta. Um dos principais pontos fortes de uma abordagem baseada em processos é que focar em processos de mudança ajuda a dar *feedback* imediato ao clínico. O foco mais comum é a aliança terapêutica e a mudança positiva do sintoma conforme relatado pelos clientes. Mas ambos são guias mais fracos do que os processos de mudança apropriadamente selecionados, seja porque eles são mais tardios ou porque são menos precisos.

A aliança terapêutica tipicamente está relacionada aos resultados, mas principalmente porque boas alianças moldam e fomentam processos de mudança positivos, como ter mais autocompaixão, ser menos autocrítico ou assumir uma atitude mais ativa em relação à própria situação de vida. Sabemos que isso é verdade porque quando é permitido aos processos de mudança saudáveis competir de maneira estatística com a aliança terapêutica, a aliança comumente já não é mais um mediador de mudança significativa (p. ex., Gifford et al., 2011). Dito de outra forma, a aliança é um meio para um fim, e o "fim" é a internalização de processos de mudança saudáveis que são moldados e apoiados na relação terapêutica.

A mudança apenas nos sintomas como um resultado proximal é preocupante porque pode ocorrer por meio da supressão ou de outros meios que não predizem sucesso futuro. Assim, adotar um foco de "processo é o resultado proximal" pode ajudar não só o cliente, mas também o terapeuta porque dá aos terapeutas a melhor e mais confiável informação proximal, de acordo com a ciência intervencionista, sobre como a terapia está progredindo. É por isso que reivindicamos o desenvolvimento de medidas dos processos sessão a sessão que possam ser aplicadas de modo longitudinal — e felizmente, agora elas estão aparecendo (p. ex., Probsta et al., 2020).

Resultados amplamente focados e a longo prazo são uma questão diferente, como uma métrica tanto para o terapeuta quanto para os clientes. Se eles estiverem de acordo com os verdadeiros objetivos do cliente, os resultados amplamente focados e a longo prazo são de fato o árbitro final da eficácia. No entanto, não confunda cegamente esses resultados com o nível dos sinais ou sintomas a longo prazo. A nosologia psiquiátrica tradicional é muito mais restritamente focada e não tem o direito de ignorar as escolhas do cliente quanto aos seus propósitos, portanto a menos que um cliente escolha a redução desses sintomas como seu objetivo amplo e a longo prazo, não deve ser presumido que os sinais e os sintomas são de relevância central para os resultados finais que estão sendo buscados. Os resultados cuidadosamente escolhidos baseados na escolha do cliente são o árbitro final do tratamento, mas, usualmente, por definição, eles são um guia proximal fraco para os clínicos, e assim são apenas prováveis de serem de relevância na pesquisa organizada.

CONSTRUINDO CICLOS AUTOSSUSTENTÁVEIS QUE APOIAM PROCESSOS DE MUDANÇA SAUDÁVEIS

O desenvolvimento é intencionalmente estimulado pelo alinhamento da variação contextualmente apropriada e a retenção seletiva com o processo de mudança adequado. Os ciclos autossustentáveis são o sinal claro desse alinhamento. Por exemplo, se uma pessoa que está ansiosa porque tem que fazer um discurso focar em "estar presente" durante a palestra, ela pode notar quando sua atenção se desviar ou quando surgirem pensamentos emaranhados. Se habilidades de processos estiverem disponíveis para redirecionar sua atenção ou permitir que pensamentos desafiadores passem despercebidos em favor de pensamentos mais úteis, será maior não só a probabilidade de um discurso bem-sucedido, como também a probabilidade de emprego em uma próxima vez dessas habilidades de processos em outras palestras ou em outas situações que envolvam comunicação. Pode então ser fortalecida uma série de reações autoamplificadoras, em que procurar oportunidades de falar, praticar e se preparar, estar presente, empregar processos psicológicos saudáveis e buscar melhores empregos gradualmente levam à competência e à confiança nessas situações.

O pensamento de rede é útil nesse aspecto do planejamento do tratamento. O terapeuta precisa pensar sobre quais seriam as possíveis consequências naturalmente sustentáveis das mudanças de processos positivas. Se elas existem na vida do cliente, como essas mudanças de processos saudáveis podem ser associadas a elas? Se não existem, como podem ser criadas?

Por exemplo, suponha que um cliente com uma história de trauma está aprendendo a assumir a perspectiva de outras pessoas e também a usar essa habilidade para aprofundar sua consciência atenta às próprias necessidades. A prática da escuta compassiva pode apoiar a autocompaixão se essa ligação for construída deliberadamente, mas se a pessoa for socialmente isolada, não há lugar para que isso ocorra. Em contrapartida, a busca de um papel de defesa de crianças abusadas pode permitir que o cliente crie um ciclo autossustentável em que demonstrar mais bondade e consciência consigo mesmo apoie e sirva como um modelo para esse trabalho com crianças, e ser compassivo com as crianças pode apoiar e manter padrões de autocompaixão. Os ciclos autossustentáveis úteis podem ser identificados ou procurados da mesma forma que os ciclos autossustentáveis inúteis são identificados na análise funcional baseada em processos.

PRATICANDO E REPETINDO PROCESSOS DE MUDANÇA ESSENCIAIS

O processo de retenção mais importante para os processos de mudança psicológica é a repetição. "Praticar" é uma frase comum entre pessoas que meditam, mas não há razão para que isto deva ser um mantra para aqueles que estão tentando aprender todos os processos de mudança saudáveis, desde habilidades de reavaliação até valores, desde autoeficácia até autoaceitação. Há muito tempo, as metanálises mostravam que a tarefa de casa e a prática deliberada estimulam os resultados positivos da terapia baseada em evidências. O desenvolvimento da tarefa de casa focado em processos e a prática deliberada de intervenção é uma característica fundamental da PBT por essa razão. Você poderá ter notado que, ao longo deste livro, pedimos que você, como leitor, praticasse novas habilidades e fizesse isso em uma série gradual de passos de ação que se desenvolvem um a partir do outro. O mesmo deve se aplicar aos seus clientes.

INTEGRANDO PROCESSOS SAUDÁVEIS A PADRÕES DE AÇÃO MAIORES

Os padrões de ação têm sua própria dinâmica — o melhor previsor de ação futura é a ação passada, pois ajustes psicológicos ocorrem repetidamente. A aquisição de uma nova habilidade pode requerer foco especial, mas a retenção de uma habilidade envolve aprender como empregá-la quando necessário, mesmo quando ela não está em foco. Uma boa maneira de fazer isso é relacionar novas formas de fazer as coisas a hábitos positivos existentes. Por exemplo, suponha que um terapeuta baseado em processos esteja ensinando um cliente a fazer um escaneamento corporal rápido de um minuto no começo de cada dia para detectar algum problema emocional que esteja sendo desnecessariamente transferido do dia anterior. Se esse cliente sempre toma uma xícara de café pela manhã e lê o jornal, pode ser melhor tentar associar o escaneamento corporal ao momento em que a xícara de café pousa sobre a mesa e o cliente senta em sua cadeira. Isso pode ser feito por meio de prática até que esteja integrado a um padrão maior.

Geralmente, os clientes terão uma lista mental de coisas a fazer quase todos os dias — coisas que simplesmente não são "opcionais". Essas são áreas do "canteiro do jardineiro" a serem usadas para cultivar novas sementes de processos.

ESTABELECENDO O RESSURGIMENTO DE ÁREAS-PROBLEMA COMO SINAIS DE PROCESSOS DE MUDANÇA POSITIVOS

A mudança psicológica não é regular — ela tem altos e baixos. Em vez de esperar pela "recaída", é melhor considerar onde e como um sistema estável pode se romper e onde ele provavelmente seria visto. Uma das indicações mais confiáveis de uma mudança em um sistema dinâmico é a "oscilação" — breves períodos em que as relações dentro de uma rede mudam e depois retornam a um estado anterior.

Você provavelmente observou este fenômeno quando tentava estabelecer um hábito. Por exemplo, se você tem uma nova dieta em que, digamos, jura a si mesmo que evitará o açúcar e alimentos ricos em carboidratos, você pode se flagrar inesperadamente apanhando um doce quando passa pela cozinha, apenas algumas horas ou dias antes de quebrar a dieta completamente.

A análise de sistemas dinâmicos demonstrou que a oscilação pode prever mudança em grande escala no sistema em uma direção positiva e negativa. Os clínicos têm consciência intuitiva disto. Um clínico que trabalha na maior abertura emocional perceberá um olho lacrimejando ou um lábio estremecendo e saberá que uma oportunidade de crescimento está disponível. Um clínico que está realizando um treinamento parental ensinará ao genitor como "identificar que seu filho está sendo bom" para que os pequenos passos na direção certa possam ser notados e desenvolvidos.

Os clínicos devem estar atentos a oscilações positivas e negativas na sessão, mas os clientes também podem aprender a notar esses mesmos sinais. Pequenos deslizes ou ações arriscadas aparentemente irrelevantes podem ser integrados a uma vigorosa ênfase dos processos de mudança quando forem detectados. Por exemplo, um olhar atento à ocasião de pegar um doce de um armário pode revelar um pensamento como *Eu mereço um presente, já que há tanto tempo tenho me saído tão bem com a minha alimentação e finalmente obtive ganhos reais*. Esse padrão cognitivo ("Eu quebro as regras porque mereço") pode ser muito antigo e estar arraigado. Isso pode ter uma longa história de autoindulgência quase infantil.

Com um pequeno ajuste, um terapeuta sábio pode ajudar a estabelecer um padrão cognitivo similar, porém mais útil (p. ex., "Devo ser bom comigo mesmo quando tiver feito mudanças difíceis" e "Devo ser bom comigo mesmo quando mantenho minha palavra — mas não a violando"). Esse tipo de consciência pode estimular um padrão mais saudável de observação da tendência ao deslize e usar um "mimo" deliberado para apoiar um padrão desejado, como comprar uma peça de roupa ou agendar uma visita ao *spa* quando surgirem pensamentos do tipo "Eu mereço".

APLICANDO REGRAS DE MANUTENÇÃO

É importante lembrá-lo de como estas cinco características foram aplicadas anteriormente neste livro. Tomemos o caso de Maya, a cliente com dor crônica nas costas que havia se machucado no trabalho e estava enredada em ruminação, raiva, sentimento de injustiça e restrição da atividade. *Mindfulness* e, na repetição, umas férias da preocupação foram empregadas para inibir ou regular a ruminação, medo de nova lesão e atenção à dor, em grande parte por meio dessas duas formas diferentes de focar os processos atencionais. Vale notar, no entanto, que embora os processos atencionais que focam nesses aspectos fossem fundamentais, outras partes da rede provavelmente permaneceriam intocadas pela flexibilidade atencional isoladamente, sobretudo restrição da atividade e o sentimento de injustiça. O terapeuta usou um foco nos objetivos valorizados para ajudar a gerar um hábito de se exercitar com seu vizinho e o envolvimento com um sindicato dos empregados para ajudar a dar significado e um comportamento-alvo para as experiências de Maya e o sentimento de injustiça que elas continham. O terapeuta de Maya focou na abertura emocional e em maior noção das suas necessidades de saúde para encorajar o exercício — esse é um exemplo de um *foco nos processos de mudança* mais do que nos resultados do exercício propriamente.

A vinculação do exercício diário com um vizinho tem a possibilidade de repetição, associada a uma experiência positiva socialmente gratificante. Isso não só ajudará a trazer propósito de volta à sua vida mas também ajudará a colocar mais vida em seus propósitos saudáveis — construindo um tipo de ciclo de *feedback* autossustentável. Suas novas maneiras de responder aos pensamentos e aos sentimentos podem entrar neste exercício e padrão social, construindo um padrão de ação maior ou mais integrativo que será mais resistente à mudança. O terapeuta até previu que poderia emergir raiva para perturbar o padrão, mas encorajou a cliente a ver que a raiva também é um sinal útil, já que pode esconder motivação positiva. Assim, todas as cinco características que descrevemos foram incluídas nesse plano.

A VIDA É UM PROCESSO A SER VIVIDO, NÃO UM PROBLEMA A SER RESOLVIDO

Uma das lições profundas da PBT é de que a terapia não é "uma e pronto". A terapia não é apenas para uma em cada cinco pessoas portadoras de um diagnóstico psiquiátrico tradicional. Em vez disso, os processos de mudança podem se tornar guias para o crescimento e a resiliência humana. Em outras palavras, os processos de mudança podem se tornar um conjunto de ferramentas de "cinco em cada cinco" entre os métodos de melhoria da vida e empoderamento, organizado segundo uma visão de "problemas para a prosperidade".

Ninguém pensaria em dizer a uma pessoa com problema de saúde físico, "Oh, meu caro! Acho que você precisa se exercitar!" Mas, estranhamente, isso é exatamente o que é mais comum na área da saúde mental e resiliência. Existe uma razão simples: o modelo de doença latente induz ao erro, tanto o público como também os clínicos. Uma abordagem baseada em processos convida a seguir um outro caminho porque, nas mais variadas áreas, pesquisas estão mostrando que os processos de mudança saudáveis que estão sendo identificados na ciência intervencionista também podem ser aplicados para estimular mudanças positivas na vida. Ao reconhecermos as implicações mais abrangentes das mudanças baseadas em processos adaptativos, somos mais capazes de "ampliar e construir" esses processos adaptativos.

Há muito tempo a psicologia aplicada sabe que pessoas que são resilientes, em crescimento, flexíveis e socialmente conectadas têm menos probabilidade de se enquadrar em problemas de saúde mental e são mais propensas a enfrentar desafios importantes na vida. Esse efeito existe em parte porque os processos de mudança saudáveis são responsáveis pelo crescimento positivo.

Na PBT, podemos usar o EEMM para ajudar a aplicar os processos de mudança ao crescimento positivo na vida, não apenas aos problemas de saúde mental. Mesmo que a razão original para consulta fosse puramente "orientada para o problema", antes de concluir o trabalho com um cliente, você deve considerar cada uma das seis primeiras fileiras do EEMM em termos de processos de mudança psicologicamente positivos e os objetivos aspiracionais do cliente. Você deve então fazer o mesmo para o nível sociocultural do EEMM, examinando sobretudo as amizades, a família e os relacionamentos íntimos da pessoa. Por fim, você deve considerar o nível biofisiológico do EEMM.

Em cada fileira do EEMM, procure a variação saudável, a seleção e a retenção no contexto e considere o que melhor movimentaria seu cliente em direção à maior prosperidade que ele anseia, usando habilidades de processos aprendidas na terapia para encarar o crescimento por uma perspectiva de "ampliação e construção". Em alguns sistemas de atendimento, esse tipo de trabalho não pode continuar por muito tempo porque o sistema de saúde, na verdade, não é orientado para a saúde, mas é focado apenas no tratamento de doenças, e o pagamento para o trabalho desse tipo é restringido.

Por essa razão, nos atuais sistemas de atendimento, muitas vezes este trabalho precisa continuar sob a rubrica da prevenção de recaída, planejamento de alta, programação de manutenção e generalização e similares. Em outros sistemas, trabalho de prevenção em saúde mental e comportamental, eficácia no trabalho, liderança, trabalho em equipe, treinamento para a diversidade, perda de peso, cessação de tabagismo, prevenção de lesões, etc., podem oferecer formas de incorporar recursos para a implementação da visão de "problemas para prosperidade" que é implícita na PBT.

Agora você está altamente familiarizado com as fileiras psicológicas do EEMM, portanto não precisamos representá-las aqui, mas falamos menos sobre como os processos socioculturais e biofisiológicos podem ser abordados. Na Tabela 12.1, mostramos uma versão de um EEMM sociocultural, focado em díades e em relações íntimas, o qual se presta para essa fase do trabalho baseado em processos quase que independentemente do problema presente original. A título de ilustração, o modelo que exemplificaremos para dar vida a essa ideia de usar processos psicológicos socialmente estendidos para focar em objetivos de prosperidade é extraído do modelo de flexibilidade psicológica que é usado na terapia de aceitação e compromisso (ACT).

O que este EEMM diádico mostra é que não é difícil melhorar habilidades de flexibilidade nas dimensões cognitiva, afetiva, *self*, atencional, motivacional e comportamental explícita e estendê-las socialmente. Em um modelo de flexibilidade psicológica, as habilidades de flexibilidade de desfusão, aceitação, um senso de *self* de tomada de perspectiva, atenção flexível ao agora, valores e ação comprometida podem ser facilmente estendidos aos processos de mudança social nas áreas de compreensão mútua, compaixão, apego e conexão consciente, atenção conjunta, valores compartilhados e reconhecimento e compromissos compartilhados. Isso fornece um tipo de mapa do caminho para como passar de um foco problemático para um foco de prosperidade, usando os processos de mudança como um guia.

TABELA 12.1 Processos de flexibilidade psicológica adaptativos socialmente estendidos

Dimensões grupais		Variação saudável	Critérios de seleção	Retenção	Contexto
	Cognitivo	Compreensão mútua	Coerência funcional	Ampliar e construir usando a prática e a integração em padrões maiores	Usar atenção consciente para manter o equilíbrio
	Afetivo	Compaixão	Sentimento		
	Self	Apego e conexão consciente	Pertencimento		Força principal deste processo
	Atencional	Atenção conjunta	Orientação		
	Motivacional	Valores compartilhados e reconhecimento	Significado	Força principal destes processos	Usa o monitoramento para detectar a manutenção de compromisso baseado em valores
	Comportamento explícito	Compromissos compartilhados	Competência		

Copyright Steven C. Hayes. Usada com permissão.

Suponha que um cliente foi ajudado em uma abordagem de PBT estabelecendo ótimas habilidades de aceitação e desfusão, associada a um programa de exposição baseado em valores. No outro lado desse trabalho, o cliente tem um novo conjunto de habilidades baseadas em processos. Dessa forma, o cliente pode mais facilmente compartilhar valores com outras pessoas e empregar habilidades de aceitação e desfusão para ajudar a construir graus mais elevados de compaixão social e compreensão mútua nos grupos sociais. Essa combinação é uma fórmula para a criação de grupos mais apoiadores socialmente.

Já vimos isso em certa medida no caso de Maya. Ao focar no envolvimento em um sindicato dos empregados no fim da terapia, isso lhe deu um lugar onde colocar sua maior abertura emocional e a motivação baseada em valores que era o outro lado da moeda do seu sentimento de injustiça.

A questão é que a ciência intervencionista tem muito a contribuir para a psicologia positiva e o desenvolvimento cultural em uma ampla variedade de áreas, do racismo até a cura política, da imigração até as mudanças climáticas, da pobreza à pró-socialidade. Depois que os processos de mudança estão claros, não há razão para restringir a ciência intervencionista clínica a prédios com portas de vidro. Esses processos pertencem às nossas casas e às casas de governo, às nossas ruas e às nossas telas de televisão. Esses processos pertencem às vidas daqueles a quem servimos.

13

Usando as ferramentas da PBT na prática

Queremos concluir este livro com um conjunto de recomendações adicionais para como construir sensibilidades baseadas em processos e ferramentas analíticas em trabalho de intervenção prática. Alguns destes tópicos e recomendações específicos podem não se aplicar a você. A PBT é uma vasta área, e, embora este livro tenha se destinado principalmente a clínicos em saúde mental, as ferramentas que estamos descrevendo podem se aplicar a praticantes de qualquer intervenção — de *life coaches* a treinadores de pais, de especialistas em desenvolvimento infantil a gerontologistas.

Devemos também observar desde o princípio que uma abordagem de PBT está baseada no pensamento de rede, mas não é sinônimo de análise de redes complexas como tal. Enfatizamos as ferramentas da análise de rede neste livro porque ela é um dos métodos mais poderosos para promover o pensamento baseado em redes, mas o objetivo é o uso organizado e dinâmico de processos de mudança, não uma metodologia específica.

De fato, com o tempo, terapeutas baseados em processos experientes são capazes de construir intuitivamente sistemas dinâmicos no momento, mesmo sem desenhar redes formalmente. A esse respeito, é importante reconhecer que algumas das ferramentas práticas em que você já deve ter sido treinado a empregar (análise funcional tradicional, conceitualização de caso, a técnica da seta descendente na terapia cognitiva, a matriz na ACT, etc.) são na verdade ferramentas de minirredes que podem ser empregadas como parte de uma abordagem de PBT mais abrangente. Essas ferramentas são numerosas demais para as listarmos aqui, mas o encorajamos a usar essas ferramentas adicionais se elas propiciarem um foco baseado em processos. Não devemos confundir uma ferramenta particular com a essência da abordagem, e, à medida que a PBT se desenvolve, esperamos um crescimento rápido das ferramentas de avaliação e analíticas que têm demonstrado auxiliar na PBT.

Por falar em ferramentas, todos os diagramas neste livro podem ser desenhados com o uso de ferramentas que você provavelmente tem em seu computador agora na forma de gráficos ou programas de apresentação. Nós desenhamos os diagramas usando um programa *on-line* gratuito denominado "diagrams.net" e, depois de estarmos treinados no seu uso, podemos facilmente redesenhar redes inteiras em minutos.

Vamos começar com algumas recomendações de como melhor nos certificarmos de que a análise de rede é exequível e útil. Você não vai aderir a um método complicado que não melhora os resultados, portanto um foco na eficiência e no impacto deve fazer parte do próprio processo de aprendizagem.

CONSTRUINDO REDES COM SEUS CLIENTES

Provavelmente, a maneira mais rápida de tornar a análise de rede mais fácil, mais relevante e mais eficaz em termos de tempo é construir redes durante o tempo da sessão com os clientes. Obviamente, nem todos os clientes são apropriados para essa abordagem, e você precisará aprender como melhor fazer isso acontecer, mas há várias vantagens importantes em adotar essa abordagem.

Com efeito, os nós e as bordas em uma rede na PBT devem ser empíricos, não apenas conceituais. A longo prazo, isso pode acontecer melhor com o uso de ferramentas automatizadas vinculadas à avaliação longitudinal repetida, mas uma forma rápida de começar é se basear na experiência real do cliente. Você pode facilmente criar redes na própria sessão, sendo guiado pelo cliente e ir verificando à medida que prossegue se o diagrama se encaixa ou não na experiência do cliente. As flechas nos diagramas de rede são apenas probabilidades condicionais — e o cliente em geral saberá muito sobre quais são essas probabilidades condicionais na sua experiência se você perguntar da maneira certa. Você deve se manter afastado de termos sindrômicos ou outros termos avaliativos (como "depressão maior" ou "TEPT") e, em vez disso, adotar termos mais descritivos usando a própria linguagem do cliente. Sabemos por estudos idiográficos de autorrelato dos clientes que é mais difícil comparar as estimativas de frequência entre clientes do que no mesmo cliente. Felizmente, no entanto, redes bem elaboradas se baseiam mais na consistência intrapessoal sobre o que é mais ou menos dominante do que a consistência entre as pessoas sobre que estimativas verbais se traduziriam em ações observadas. Ao decidir quais flechas têm pontas maiores ou menores e quais têm uma ponta ou duas pontas, etc., muitos, se não a maioria dos clientes, podem fazer um trabalho relativamente adequado de dizer o que conduz a que.

Existem exceções. Alguns clientes foram tão completamente dominados pelas categorias do DSM e da CID que não conseguem descrever sua experiência. Eles também podem ter perdido um senso da sua própria memória autobiográfica, dentro de um rótulo ou estado da mente vago, porém doloroso (p. ex., "Estou muito deprimido"). Assim, a recomendação de trabalhar com as estimativas do cliente não pode ser absoluta, mas, quando for possível, ela pode ser muito eficiente.

As perguntas orientadoras nos Capítulos 4, 5 e 6 podem ser úteis neste esforço de se aprofundar na experiência real de um cliente. Perguntas específicas sobre o que ele está fazendo, como sua vida está se desenrolando, quando as coisas dão certo e quando não funcionam frequentemente revelarão que a pessoa, na verdade, tem muitas informações que podem ser usadas para entender e mudar a variação e os processos de seleção, mas não está fazendo isso porque não sabe para onde olhar ou como formular. A pessoa média não olha para sua própria vida como uma rede ou pensa sobre variação e retenção seletiva no contexto associado a formas de ser e fazer. Não precisamos tentar ensinar essa linguagem técnica — isso é mais para o terapeuta — mas podemos perguntar sobre o que conduz a que, quando e o que então acontece.

Um importante benefício potencial de realizar uma análise de rede colaborativamente com os clientes é aumentar a probabilidade de adquirir conhecimento comum. À medida que a rede assume forma, você pode dizer coisas como:

- Ela parece correta?
- Ela se encaixa na sua experiência?
- Está faltando alguma coisa?
- Há alguma coisa que estamos enfatizando demais, ou muito pouco?
- O que você acha? Esta é realmente uma relação com flechas com duas pontas ou é mais uma via de sentido único?

Você terá *feedback* imediato — e, quando ele estiver desenvolvido, você terá mais probabilidade de ter maior adesão.

Fazer análises de rede na sessão também reduz enormemente sua carga de tempo. Quando o volume de casos for alto e o tempo entre os clientes for curto, o tempo pode ser essencial. Elaborar redes na sessão pode ser extremamente eficiente em termos de tempo. Felizmente, é mais do que isso: você também está fazendo terapia mesmo quando expõe os problemas. A análise de rede pode ser um caminho poderoso para a eficácia.

O maior impacto da aliança de trabalho em termos de resultados positivos é conseguir que o cliente e você estejam de acordo sobre qual é o problema e o que fazer a respeito. O cliente é o especialista na sua própria vida, mas não é especialista em processos de mudança. Quando introduzimos nosso conhecimento dos processos de mudança e adaptamos esse conhecimento à vida do cliente como ela é realmente vivida, ajudamos a pessoa a ver que ela não está danificada — mas que um sistema a enredou.

Esse esforço colaborativo pode ser terapêutico por si só. Ver como padrões irracionais servem a funções inúteis, por exemplo, frequentemente remove ou diminui essas funções inúteis. Por exemplo, saber que você está evitando alguma coisa necessariamente significa que a evitação não está completa, o que pode fortalecer uma nova maneira de seguir adiante.

CRIANDO UM SISTEMA DE ANOTAÇÕES DA SESSÃO DE PBT

A questão das anotações da sessão suscita outro benefício prático da análise de rede: não é difícil escrever anotações da sessão associadas às estratégias da PBT. Muitos sistemas de saúde querem que as notas estejam associadas aos resultados, e a clareza de uma abordagem baseada em processos torna isso relativamente fácil. Se o sistema de atendimento demandar um diagnóstico psiquiátrico tradicional, é claro que isso precisará ser fornecido.

Se o sistema demandar um foco nos sintomas, tente fazer anotações usando termos mais observacionais (p. ex., "humor deprimido" em vez de "depressão"), mas então foque nos objetivos da terapia combinados com alvos proximais do processo. Por exemplo, suponha que uma pessoa está evitando o trabalho devido à ansiedade. O alvo do processo pode ser maior abertura emocional, conforme indicado por maior flexibilidade na resposta e funcionalidade na presença de emoções desafiadoras, incluindo vir à terapia, ser mais capaz de examinar e descrever emoções difíceis na sessão, estar mais disposto a se engajar em exercícios de exposição e reduzir as ausências ao trabalho. Seja qual for o sistema em vigor (p. ex., registros médicos orientados para o problema, notas em prontuário eletrônico que descrevem dados subjetivos e objetivos antes de uma avaliação e plano) geralmente podem acomodar esse tipo de foco baseado em processos.

Associando os alvos do processo aos resultados que são imediatos, intermediários e a longo prazo, a inclusão dos resultados em efeito se torna um processo organizacional, de modo que os processos de mudança do cliente se tornam resultados proximais. Esse mesmo espírito pode ser usado na sessão para que você se responsabilize com o cliente pelos resultados, o que muda o foco para os processos.

Um benefício desta abordagem é que os dados da avaliação momentânea ecológica (EMA, do inglês *ecological momentary assessment*), medidas periódicas do processo, medidas no final da sessão, observação das ações na sessão, etc., tornam-se uma coisa só. Fazer anotações sobre a disposição da pessoa para, digamos, falar sobre emoções difíceis na terapia sem evitação pode ter o mesmo valor que procurar situações na vida e aprender a funcionar bem, mesmo que essas situações evoquem as mesmas emoções difíceis. Em essência, tomar notas e avaliação idiográfica formal e informal se tornam um modo de rastrear os processos de mudança, tendo em conta os objetivos dos resultados.

Essa abordagem se tornará mais automatizada à medida que dados da avaliação longitudinal e EMA estiverem disponíveis por meio de aplicativos de suporte clínico e a força e a estrutura das redes ou sub-redes puderem ser medidas automaticamente. Ferramentas desse tipo já estão emergindo, porém mesmo antes que se tornem prontamente disponíveis, você pode usar as outras ferramentas que descrevemos.

É claro que focar em sub-redes tem que ser moderado pelo lugar desta intervenção no conjunto maior das relações. Neste livro, enfatizamos que todo processo de mudança faz parte de um sistema em geral. Portanto, você precisa examinar periodicamente a rede em geral e dar uma espiada em como as coisas estão mudando.

SIMPLIFICANDO MODELOS DE REDE

As vidas humanas são complexas. Pense sobre o que seria necessário para escrever uma biografia adequada de quase todas as pessoas que você conhece bem. Provavelmente, seria um volume substancial e, ainda assim, haveria mais a ser dito.

Felizmente, as intervenções clínicas são apenas parte da história da vida de um indivíduo. Uma rede complexa de um cliente não é uma biografia — ela é uma ferramenta para chegar à essência do que é importante para fazer escolhas inteligentes para intervenção e acompanhar o progresso na direção da realização dos objetivos estabelecidos.

Se este propósito é flexibilizado, as redes podem crescer exageradamente. Elas podem se tornar excessivamente complexas. Inicialmente, você quer uma visão suficientemente abrangente para ter uma imagem integral da situação do cliente, moderada pelo propósito prático do exercício. Uma rede inicialmente complexa não é uma coisa ruim se parecer adequada, mas não há necessidade de usar a ideia de uma rede "completa" que o empurre em direção à complexidade excessiva. Se alguma coisa realmente importante estiver faltando, ela tenderá a aparecer enquanto você intervém.

O padrão ainda mais dominante é que a intervenção focalize em áreas particulares, e a rede complexa é revisitada apenas periodicamente e vai simplificando à medida que o tratamento progride. Quando as sub-redes se tornam o foco do tratamento, por exemplo, normalmente não é difícil descrever a monitorar as bordas ou sub-redes usando apenas uma sentença ou duas para resumir esse aspecto da rede. Uma rede com dois ou três nós é fácil de desenhar à mão e de usar na sessão ou colocar nas anotações da sessão.

As redes podem ser simplificadas de várias maneiras. A melhor rede é a mais simples que puder atingir os propósitos da análise funcional baseada em processos. O propósito mais importante da utilidade de todo tratamento é selecionar e aplicar a intervenção de formas que maximizem a probabilidade de atingir os objetivos. Outros objetivos incluem ser capaz de entender e descrever o caso, acompanhar o progresso e reunir conhecimentos que aumentem a progressividade no campo. Em suma, você está usando essas ferramentas para ajudar a saber o que fazer, e tudo o que puder simplificar o tratamento sem reduzir o impacto positivo será útil.

Uma estratégia simplificada é combinar os nós de uma rede com base em funções similares. Suponha que uma pessoa está ruminando, preocupando-se e procrastinando. Inicialmente, essas funções podem ser modeladas como nós separados, mas caso revelem ter funções similares e se engajarem em processos similares, um único nó poderá listar todas elas. Por exemplo, todas as três podem demonstrar ser características de perfeccionismo em determinado cliente, talvez motivado pelo medo de rejeição social. Quando as funções se tornarem mais claras, você poderá ser capaz de simplificar a rede sem custo prático.

Outro caminho para a simplificação é incluir somente informações de importância prática, considerando o propósito da intervenção. Isso é semelhante à ideia clássica na terapia comportamental de uma avaliação em funil (Hawkins, 1979), que inicia com foco amplo que se estreita com o tempo à medida que as questões nucleares se tornam mais claras. Igualmente, quando os objetivos particulares são mais enfatizados, objetivos e eventos menores relacionados a eles podem ser abandonados. Obviamente, estas questões não são esquecidas, e se a sua relevância ficar evidente posteriormente, elas podem ser trazidas de volta para a análise.

Um caminho maravilhoso para a simplificação pode ocorrer quando os problemas são abordados tão suficientemente que não há razão particular para incluí-los. No caso de Maya, por exemplo, sua ruminação pode se apaziguar a um ponto que já não precise mais ser monitorada. Em um caso como esse, remova-a da rede. Você não precisa mais dela ali como uma ferramenta clínica viva — não é como se você a tivesse esquecido. Você pode reexaminar a questão como parte do planejamento do término.

Outra fonte de simplificação é a teoria. Quando você aplica o EEMM à rede e depois aplica medidas a ela, os nós e as bordas podem diminuir de importância. Quando você perceber que eles não são centrais, empírica e conceitualmente, abandone-os. Complexidade sem propósito é outro nome para distração.

NOTANDO A HIERARQUIA DOS PROCESSOS

Alguns dos processos de mudança mais importantes e estudados se estendem entre as fileiras do EEMM. *Mindfulness* é atencional mas também afetiva e cognitiva, e toca em questões do *self*. Ruminação e preocupação são atencionais e cognitivas, e tocam em questões de afeto. Flexibilidade psicológica atravessa todas as seis dimensões psicológicas. E cada vez mais estão sendo descobertas dimensões biofisiológicas que se relacionam com esses processos e suas extensões socioculturais.

O que isso sugere é que quando a abordagem da PBT reúne forças, podemos encontrar maior agrupamento de casos individuais em categorias analíticas funcionais. Em breve, poderá ser possível vincular um caso a um "protótipo de processo" em que está nomoteticamente disponível uma rede característica que resume muitas redes idiográficas e processos hierárquicos que contêm e organizam processos de mudança mais específicos.

Esse dia será precipitado pela observação de como os processos de mudança se reúnem em agrupamentos hierárquicos. Você pode ver o começo disto na forma com que a retenção e a sensibilidade contextual naturalmente enfatizam algumas dimensões do processo em detrimento de outras.

Por enquanto, precisaremos ser mais minuciosos porque os dados empíricos não são suficientes para saber quais serão essas organizações hierárquicas e protótipos de processos. Já notamos que os clínicos que usam as ferramentas de rede estão criando e modificando-as mentalmente no momento. Ainda não chegamos ao ponto em que a maioria dos pesquisadores pode olhar uma rede em um estudo empírico e saber o que ela significa. Se estivermos certos e o campo estiver seguindo em uma direção baseada em processos idiograficamente focados, ficar mais à vontade com o pensamento neste modo dinâmico levará a mudanças importantes na pesquisa e na prática.

COMPARTILHANDO REDES COM OS COLEGAS

À medida que o pensamento baseado em processos se insere na clínica e nos sistemas de saúde, equipes inteiras agora estão usando análise funcional baseada em processos em conferências de casos e ferramentas de rede nas apresentações de casos. Isto é maravilhoso, e descobrimos que um foco baseado em processos rapidamente rompe as barreiras entre as perspectivas comportamental, cognitiva, psicodinâmica, dos sistemas, humanista e outras.

Sugerimos que se você está em uma equipe de trabalho diversificada, comece introduzindo os processos de mudança como foco, mas evite discutir outros termos. Se um supervisor ou um administrador superior privilegiar o modelo ou foco no processo X sobre seu modelo ou foco no processo Y, você poderá avaliar ambos e considerar abertamente seu caso segundo os dois pontos de vista. Seja católico com "c" pequeno e deixe que a experiência e os dados sejam o guia a partir dali.

Depois que um foco em processos for familiar, procure explicar o espírito funcional e contextual que se encontra dentro de uma síntese evolucionária estendida da variação, seleção, retenção e contexto. Você pode começar usando termos de maior senso comum se os termos evolucionários forem controversos (todos os clínicos falam de uma forma ou outra sobre mudança saudável, funções positivas, manutenção dos ganhos e ser situacionalmente sensível). A partir daí, uma minirrede pode ajudar a fazer a equipe pensar de modo mais preciso, e a análise de rede será um próximo passo natural.

A maior resistência que encontramos não é por parte daqueles que se apegam a uma orientação teórica particular, mas por alguns que se apegam a síndromes e protocolos como a única forma de PBT. Para esse segmento do público, um foco na medicina personalizada — da necessidade de adequar métodos empíricos à complexidade do indivíduo — parece ser a melhor maneira de reduzir a resistência desnecessária ao uso desses métodos.

Epílogo

Chegamos ao fim da nossa jornada conjunta. Esperamos que este livro tenha ajudado você a aprender como fazer terapia baseada em processos. A PBT não é uma nova forma de terapia. Ela emergiu da tradição comportamental e cognitiva, mas se aplica, em princípio, a qualquer abordagem de intervenção para qualquer população e para qualquer orientação teórica. A PBT é um modelo do que a intervenção baseada em evidências significa. Todas as abordagens, as disciplinas e os métodos focados em mudar o funcionamento humano podem jogar este jogo.

Nosso foco dominante neste livro foi a psicoterapia, mas a abordagem geral poderia se aplicar igualmente bem à mudança organizacional, ao ensino, à terapia ocupacional, à análise de comportamento aplicada a crianças com autismo, e assim por diante, a partir de toda a lista das disciplinas comportamentais aplicadas focadas no sujeito.

Vivemos por muito tempo dentro de um sistema de diagnóstico falho que biomedicalizou o sofrimento humano. Essa abordagem falhou conosco e com aqueles a quem servimos — e é hora de dizer isso diretamente. A era dos "protocolos para síndromes" já encerrou seu ciclo, mas deixou para trás um vasto corpo de conhecimento sobre processos de mudança que pode ser reformulado para uma abordagem nova, idiográfica, funcional e contextual que evita o erro ergódico, rompe as barreiras desnecessárias entre as abordagens e atrai pesquisadores e profissionais para uma aliança mais igualitária que coloca o cliente, a criatividade clínica e os fundamentos científicos de volta ao melhor equilíbrio.

Estamos inaugurando um novo capítulo da história da ciência e da prática intervencionista que tem a chance de mudar a forma como fazemos o trabalho clínico mas também mudar nosso papel na cultura. À medida que aprendemos a aliviar o sofrimento e a promover a prosperidade humana, nos tornamos culturalmente relevantes de uma forma nova e mais poderosa. E, à medida que aprendemos a implantar núcleos de tratamento baseados em evidências de maneira específica para pessoas e processos, saímos da era de uma abordagem do tipo "tamanho único" e ingressamos em um novo mundo, no qual as necessidades e o contexto individual da pessoa *importam*.

O mundo precisa de um conhecimento como esse. Agora.

A ciência, a tecnologia e as rápidas mudanças sociais ampliaram nossa capacidade de viver de forma equilibrada. O mundo moderno é um desafio contínuo para os seres humanos. Como profissionais, precisamos apoiar a humanidade para avançar nesse novo mundo de uma nova maneira, gerenciando os desafios psicológicos de forma mais compassiva e efetiva. Para que isso aconteça, precisamos repensar fundamentalmente o que é "intervenção baseada em evidências". Ninguém pode aprender todos os protocolos para todas as formas sindrômicas, mas pode ser bem possível aprender a encorajar maneiras de pensar, sentir, viver e se relacionar que incorporam processos de mudança baseados em evidências e que se aplicam a muitas situações na vida. É ótimo começar com o alívio de um problema de saúde mental, mas a ciência e a prática intervencionista não devem acabar aí.

Nossos clientes querem mais de nós; nossas comunidades e a sociedade precisam mais de nós. Os dados existentes dentro de nossa pesquisa sobre tratamentos psicológicos formam uma base para muito mais. Contudo, para empreender essa jornada, precisamos de uma nova visão e de uma nova agenda empírica para a ciência de ajudar as pessoas a mudar. Precisamos aprender a construir e a manter processos de mudança que verdadeiramente façam a diferença — processos saudáveis que empoderam vidas saudáveis.

Referências

Barlow, D. H., Farchione, T. J., Fairholm, C. P., Ellard, K. K., Boisseau, C. L., Allen, L. B., & Ehrenreich-May, J. (2010). *Unified protocol for transdiagnostic treatment of emotional disorders: Therapist guide*. Oxford University Press.

Baron, R. M., & Kenny, D. A. (1986). The moderator-mediator variable distinction in social psychological research: Conceptual, strategic, and statistical considerations. *Journal of Personality and Social Psychology, 51*(6), 1173–1182. https://doi.org/10.1037/0022-3514.51.6.1173

Beard, C., Sawyer, A. T., & Hofmann, S. G. (2012). Efficacy of attention bias modification using threat and appetitive stimuli: A meta-analytic review. *Behavior Therapy, 43*(4), 724–40. https://doi.org/10.1016/j.beth.2012.01.002

Beck, A. T. (1976). *Cognitive therapy and the emotional disorders*. International Universities Press.

Border, R., Johnson, E. C., Evans, L. M., Andrew Smolen, A., Berley, N., Sullivan, P. F., & Keller, M. C. (2019). No support for historical candidate gene or candidate gene-by-interaction hypotheses for major depression across multiple large samples. *American Journal of Psychiatry, 176*(5), 376–387. https://doi.org/10.1176/appi.ajp.2018.18070881

Chase, J. A., Houmanfar, R., Hayes, S. C., Ward, T. A., Vilardaga, J. P., & Follette, V. M. (2013). Values are not just goals: Online ACT-based values training adds to goal-setting in improving undergraduate college student performance. *Journal of Contextual Behavioral Science, 2*(3–4), 79–84. http://doi.org/10.1016/j.jcbs.2013.08.002

Dawkins, R. (1976). *The selfish gene*. Oxford University Press.

Dobzhansky, T. (1973). Nothing in biology makes sense except in the light of evolution. *American Biology Teacher, 35*(3), 125–129. https://doi.org/10.2307/4444260

Gates, K. M., & Molenaar, P. C. M. (2012). Group search algorithm recovers effective connectivity maps for individuals in homogeneous and heterogeneous samples. *NeuroImage, 63,* 310––319.

Gifford, E. V., Kohlenberg, B., Hayes, S. C., Pierson, H., Piasecki, M., Antonuccio, D., & Palm, K. (2011). Does acceptance and relationship-focused behavior therapy contribute to bupropion outcomes? A randomized controlled trial of FAP and ACT for smoking cessation. *Behavior Therapy, 42*(4), 700–715. https://doi.org/10.1016/j.beth.2011.03.002

Hawkins, R. P. (1979). The functions of assessment: Implications for selection and development of devices for assessing repertoires in clinical, educational, and other settings. *Journal of Applied Behavior Analysis, 12*(4), 501–516. https://doi.org/10.1901/jaba.1979.12-501

Hayes, S. C. (2004). Acceptance and commitment therapy, relational frame theory, and the third wave of behavior therapy. *Behavior Therapy, 35*(4), 639–665. https://doi.org/10.1016/S0005-7894(04)80013-3

Hayes, S. C., & Hofmann, S. G. (Eds.) (2018). *Process-based CBT: The science and core clinical competencies of cognitive behavioral therapy.* New Harbinger Publications.

Hayes, S. C., & Hofmann, S. G. (2020). *Beyond the DSM: A process-based approach.* Context Press / New Harbinger Publications.

Hayes, S. C., Hofmann, S. G., Ciarrochi, J., Chin, F. T., & Baljinder, S. (2020, December). *How change happens: What the world's literature on the mediators of therapeutic change can teach us.* Invited address given to the Evolution of Psychotherapy Conference, Erickson Foundation.

Hayes, S. C., Hofmann, S. G., Stanton, C. E., Carpenter, J. K., Sanford, B. T., Curtiss, J. E., & Ciarrochi, J. (2019). The role of the individual in the coming era of process-based therapy. *Behaviour Research and Therapy, 117,* 40–53. https://doi.org/10.1016/j.brat.2018.10.005

Hayes, S. C., Hofmann, S. G., & Wilson, D. S. (in press). Clinical psychology is an applied evolutionary science. *Clinical Psychology Review.* https://doi.org/10.1016/j.cpr.2020.101892

Hayes, S. C., Strosahl, K. D., & Wilson, K G. (2016). *Acceptance and commitment therapy* (2nd ed.). Guilford Press.

Hesser, H., Westin, V., Hayes, S. C., & Andersson, G. (2009). Clients' in-session acceptance and cognitive defusion behaviors in acceptance-based treatment of tinnitus distress. *Behaviour Research and Therapy, 47*(6), 523–528. https://doi.org/10.1016/j.brat.2009.02.002

Hofmann, S. G. (2011). *An introduction to modern CBT: Psychological solutions to mental health problems.* Wiley-Blackwell.

Hofmann, S. G., Curtiss, J. E., & Hayes, S. C. (2020). Beyond linear mediation: Toward a dynamic network approach to study treatment processes. *Clinical Psychology Review, 76,* 101824. https://doi.org/10.1016/j.cpr.2020.101824

Hofmann, S. G., & Hayes, S. C. (2019). The future of intervention science: Process-based therapy. *Clinical Psychological Science, 7*(1), 37–50. https://doi.org/10.1177/2167702618772296

Insel, T., Cuthbert, B., Garvey, M., Heinssen, R., Pine, D. S., Quinn, K., Sanislow, C., & Wang, P. (2010). Research domain criteria (RDoC): Toward a new classification framework for research on mental disorders. *The American Journal of Psychiatry, 167*(7), 748–751. https://ajp.psychiatryonline.org/doi/full/10.1176/appi.ajp.2010.09091379

Kazantzis, N., Luong, H. K., Usatoff, A. S., Impala, T., Yew, R. Y., & Hofmann, S. G. (2018). The processes of cognitive behavioral therapy: A review of meta-analyses. *Cognitive Therapy and Research, 42*(5), 349–357. https://doi.org/10.1007/s10608-012-9476-1

Klepac, R. K., Ronan, G. F., Andrasik, F., Arnold, K. D., Belar, C. D., Berry, S. L., Christofff, K. A., Craighead, L. W., Dougher, M. J., Dowd, E. T., Herbert, J. D., McFarr, L. M., Rizvi, S. L., Sauer, E. M., & Strauman, T. J. (2012). Guidelines for cognitive behavioral training within doctoral psychology programs in the United States: Report of the Inter-Organizational Task Force on Cognitive and Behavioral Psychology Doctoral Education. *Behavior Therapy, 43*(4), 687–697. https://doi.org/10.1016/j.beth.2012.05.002

Levin, M. E., Hildebrandt, M. J., Lillis, J., & Hayes, S. C. (2012). The impact of treatment components suggested by the psychological flexibility model: A meta-analysis of laboratory-based component studies. *Behavior Therapy, 43*(4), 741–756. https://doi.org/10.1016/j.beth.2012.05.003

Olfson, M., & Marcus, S. C. (2010). National trends in outpatient psychotherapy. *American Journal of Psychiatry, 167*(12), 1456–1463. https://doi.org/10.1176/appi.ajp.2010.10040570

Paul, G. L. (1969). Behavior modification research: design and tactics. In C. M. Franks (Ed.), *Behavior therapy: Appraisal and status* (pp. 29–62). McGraw-Hill.

Probsta, T. Mühlbergerb, A., Kühner, J., Eifert, G., Pieh, C., Hackbarth, T., & Mander, J. (2020). Development and initial validation of a brief questionnaire on the patients' view of the in-session realization of the six core components of acceptance and commitment therapy. *Clinical Psychology in Europe, 2*(3), e3115. https://doi.org/10.32872/cpe.v2i3.3115

Tinbergen, N. (1963). On aims and methods of ethology. *Zeitschrift fuer Tierpsychologie, 20*(4), 410–433. https://doi.org/10.1111/j.1439-0310.1963.tb01161.x

Waddington, C. H. (1953a). Genetic assimilation of an acquired character. *Evolution, 7,* 118–126.

Waddington, C. H. (1953b). Epigenetics and evolution. *Symposia of the Society of Experimental Biology, 7,* 186–199.

Wegner, D. M. (1994). *White bears and other unwanted thoughts: Suppression, obsession, and the psychology of mental control.* Guilford Press.

Weisz, J. R., Chorpita, B. F., Palinkas, L. A., Schoenwald, S. K., Miranda, J., Bearman, S. K., Daleiden, E. L., Ugueto, A. M., Ho, A., Martin, J., Gray, J., Alleyne, A., Langer, D. A., Southam-Gerow, M. A., Gibbons, R. D., & the Research Network on Youth Mental Health. (2012). Testing standard and modular designs for psychotherapy treating depression, anxiety, and conduct problems in youth: A randomized effectiveness trial. *Archives of General Psychiatry, 69*(3), 274–282. https://doi.org/10.1001/archgenpsychiatry.2011.147